CG设计案例课堂

After Effects CC影视特效设计与制作案例课堂（第2版）

魏玉勇　编著

清华大学出版社

北　京

内 容 简 介

本书基于After Effects CC 2017影视视频制作软件,精心设计了130个案例,由优秀的视频动画教师编写,循序渐进地讲解了使用After Effects CC制作和设计影视作品所需要的知识。全书共分15章,讲解After Effects的基本操作,关键帧动画,蒙版与遮罩,3D图层,文字效果,滤镜特效,图像调色,抠取图像,音频特效,光效和粒子的制作、水墨特效、节目预告、婚礼片头、制作产品广告、电影片头的制作等内容。每个完整的大的项目都有详细的讲解,使读者技术掌握得更全面,水平提升得更快。

本书采用案例教程的编写形式,兼具技术手册和应用专著的特点,附带的DVD教学光盘如同老师亲自授课一样,讲解内容全面、结构合理、图文并茂、案例丰富、思路清晰,非常适合After Effects的初、中级读者自学使用,也可以供大中专院校相关专业及After Effects影视、广告、特效培训基地的师生学习查阅。

本书配套光盘内容为本书所有案例精讲的素材文件、效果文件,以及视频教学文件。

本书封面贴有清华大学出版社防伪标签,无标签者不得销售。

版权所有,侵权必究。 举报:010-62782989,beiqinquan@tup.tsinghua.edu.cn。

图书在版编目(CIP)数据

After Effects CC影视特效设计与制作案例课堂 / 魏玉勇编著. —2版. —北京:清华大学出版社,2018(2024.9重印)
(CG设计案例课堂)
ISBN 978-7-302-49060-9

Ⅰ.①A… Ⅱ.①魏… Ⅲ.①图像处理软件 Ⅳ.①TP391.413

中国版本图书馆CIP数据核字(2017)第296265号

责任编辑:张彦青
装帧设计:李 坤
责任校对:王明明
责任印制:杨 艳
出版发行:清华大学出版社
　　　　　网　　　址:https://www.tup.com.cn, https://www.wqxuetang.com
　　　　　地　　　址:北京清华大学学研大厦A座　　邮　　编:100084
　　　　　社 总 机:010-83470000　　　　　邮　　购:010-62786544
　　　　　投稿与读者服务:010-62776969, c-service@tup.tsinghua.edu.cn
　　　　　质量反馈:010-62772015, zhiliang@tup.tsinghua.edu.cn
印 装 者:涿州市般润文化传播有限公司
经　销:全国新华书店
开　本:203mm×260mm　　印　张:21　　字　数:510千字
　　　　　(附DVD1张)
版　次:2015年6月第1版　2018年2月第2版　　印　次:2024年9月第6次印刷
定　价:89.00元

产品编号:074480-01

前　言

Preface

1. After Effects CC 2017 简介

Adobe After Effects CC 2017(以下简称 After Effects) 是为动态图形图像以及专业的电视后期编辑人员所设计的一款功能强大的影视后期特效软件。其简单友好的工作界面、方便快捷的操作方式，使得视频编辑人员的工作量大大减轻，也使其进入千家万户。从普通的视频处理到高端的影视特技，After Effects 都能应付自如。

2. 本书的特色以及编写特点

本书通过 130 个精彩实例详细介绍了 After Effects 强大的视频后期制作功能。本书注重理论与实践的紧密结合，实用性和可操作性强，相比同类 After Effects 书籍，本书具有以下特色。

● 信息量大：通过 130 个实例使读者能够快速掌握 After Effects 的使用与操作方法，使每一位初学者能够融会贯通、举一反三。

● 实用性强：130 个实例经过精心设计、选择，不仅效果精美，而且非常实用。

● 注重方法的讲解与技巧的总结：本书特别注重对各实例的制作方法讲解与技巧总结，在介绍具体实例制作的详细操作步骤的同时，对于一些重要而常用的实例，都较为精辟地总结了其制作方法和操作技巧。

● 操作步骤详细：本书对各实例的操作步骤介绍得非常详细，即使是刚入门的读者，只需一步一步按照本书中介绍的步骤进行操作，一定能做出出色的效果。

● 适用范围广：本书实用性和可操作性强，适用于广大视频编辑人员使用，也可以作为职业学校和计算机学校相关专业的教材。

3. 海量的电子学习资源和素材

除了 130 个案例外，本书附带的光盘中有大量的学习资料和视频教程，下面截图给出部分概览。

(1) DVD 教学光盘含有本书所有的实例文件、场景文件、贴图文件、多媒体有声视频教学录像，读者在读完本书内容以后，可以调用这些资源进行深入练习。

(2) 本书的视频教学贴近实际，几乎手把手地教学。

4. 致谢

本书的出版可以说凝结了许多优秀教师的心血，在这里衷心感谢对本书出版过程给予帮助的编辑老师、光盘测试老师，感谢你们！

本书主要由潍坊工商职业学院的魏玉勇老师编写，同时参与编写的还有朱晓文、刘蒙蒙、任大为、高甲斌、吕晓梦、孟智青、徐文秀、赵鹏达、于海宝、王玉、李娜、刘晶、王海峰、刘峥、陈月娟、陈月霞、刘希林、黄健、刘希望、黄永生、田冰、张锋、相世强和弭蓬，录制多媒体教学视频的是白文才、

刘鹏磊，其他参与编写的还有北方电脑学校的温振宁老师。谢谢你们在书稿前期材料的组织、版式设计、校对、编排以及大量图片的处理时所做的工作。

由于时间仓促，本书疏漏之处在所难免，恳请读者和专家指正。如果您对书中的某些技术问题持有不同的意见，欢迎与我们联系，E-mail：190194081@qq.com。

作　者

书目名称：After Effects CC 影视特效设计与制作案例课堂（第2版）
软件版本：After Effects CC 2017
隶属系列：案例课堂
作者署名：魏玉勇
案例数量：130

目 录

Contents

总 目 录

第 1 章
After Effects 的基本操作

第 2 章
关键帧动画

第 15 章
电影片头的制作

第1章

After Effects 的基本操作

本章重点

- After Effects CC 2017 的安装
- After Effects CC 2017 的卸载（视频案例）
- After Effects 的启动与退出
- 导入 PSD 分层素材
- 文件打包（视频案例）
- 选择不同的工作界面
- 设置工作界面

- 为工作区设置快捷键
- 利用纯色图层制作背景
- 利用文字图层制作海报文字
- 利用灯光图层制作灯光效果（视频案例）
- 利用摄像机图层制作镜头效果
- 利用调整图层制作百叶窗效果

在学习制作视频特效之前，需要了解一些常用的方法与技巧。本章将通过多个案例，讲解 After Effects 的基础知识，使读者学习并掌握 After Effects 中一些基本操作方法。

案例精讲 001 After Effects CC 2017 的安装

本例将讲解如何安装 After Effects CC 2017 软件，首先需要下载或购买软件，然后进行安装，其具体操作方法如下所示。

 案例文件：无

视频文件：视频教学 \Cha01\After Effects CC 2017 的安装 .mp4

(1) 将 After Effects CC 2017 的安装光盘放入计算机的光驱中，双击 Set-up.exe，运行安装程序，首先进行初始化，如图 1-1 所示。

(2) 弹出如图 1-2 所示的界面，说明正在安装 After Effects CC 2017 软件。

图 1-1　初始化界面

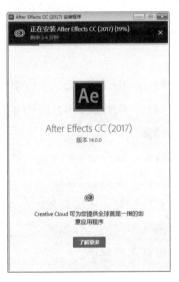

图 1-2　安装进度

案例精讲 002 After Effects CC 2017 的卸载（视频案例）

卸载 After Effects CC 2017 有两种方法：一种是通过【控制面板】将 After Effects CC 2017 卸载；另外一种方法是通过 360 软件管家将其卸载。

 案例文件：无

视频文件：视频教学 \Cha01\After Effects CC 2017 的卸载 .mp4

案例精讲 003 After Effects 的启动与退出

本例将讲解如何启动与退出 After Effects 软件，在本例中，主要通过【开始】菜单启动软件程序，具体操作方法如下所示。

 案例文件：无

视频文件：视频教学 \Cha01\After Effects CC 2017 的启动与退出 .mp4

(1) 要启动 After Effects，可单击【开始】按钮，在打开的【开始】菜单中选择【所有程序】命令，如图 1-3 所示。

(2) 执行以上操作后即可切换至另一个界面中，选择 Adobe After Effects CC 2017 命令，如图 1-4 所示。

(3) 执行上一步操作后，将打开 After Effects 加载界面，如图 1-5 所示。

图 1-3 选择【所有程序】命令　图 1-4 选择 Adobe After Effects　　　　图 1-5 加载界面
　　　　　　　　　　　　　　　　CC 2017 命令

(4) 当加载完成后，即可进入软件的工作界面，如图 1-6 所示。

(5) 如果要退出软件，可以单击软件右上角的【关闭】按钮，还可以单击菜单栏中的【文件】按钮 文件(F) ，在弹出的下拉菜单中选择【退出】命令，如图 1-7 所示。

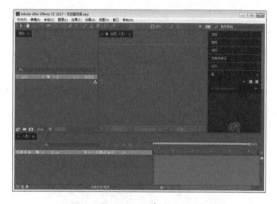 

图 1-6 工作界面　　　　　　　　　　　　图 1-7 选择【退出】命令

▶▶▶技 巧

在软件界面下还可以按 Ctrl+Q 组合键退出软件。此外单击工作界面左上角的 After Effects 图标，即可打开一个下拉菜单，选择【关闭】命令也可以退出软件。

案例精讲 004　导入 PSD 分层素材

本例将讲解导入 PSD 分层素材的方法和方式，主要利用软件的【导入】命令将 PSD 素材导入，具体操作方法如下。

案例文件：无

视频文件：视频教学 \Cha01\ 导入 PSD 分层素材 .mp4

（1）启动软件后单击【文件】按钮，选择【导入】→【文件】命令，也可以按 Ctrl+I 组合键，如图 1-8 所示，打开【导入文件】对话框。

（2）在【导入文件】对话框中，选择【多图层 1.psd】素材文件，单击【导入】按钮，打开如图 1-9 所示的对话框。

图 1-8　选择【文件】命令

图 1-9　导入素材文件

知识链接

PSD 是 Adobe 公司的图形设计软件 Photoshop 的专用格式。PSD 文件可以存储成 RGB 或 CMYK 模式，还能够自定义颜色数并加以存储，并可以保存 Photoshop 的层、通道、路径等信息，是目前唯一能够支持全部图像色彩模式的格式。

（3）将图像导入【项目】面板中，该图像是一个合并图层的文件，双击该文件，在【素材】面板中可以查看该素材文件，如图 1-10 所示。

（4）选中【项目】面板中的素材，按 Delete 键删除，再次使用导入文件的命令，并导入上一步导入的素材，在打开的对话框中，选择【图层选项】栏下的【选择图层】单选按钮，并单击右侧的下三角按钮，选择【图层背景】选项，单击【确定】按钮，如图 1-11 所示。

图 1-10　导入素材后的效果

图 1-11　选择【图层背景】选项

（5）将图层导入【项目】面板中，双击该图层文件，在【素材】面板中可以查看该图层文件，如图 1-12 所示。

图 1-12　查看效果

▶技 巧

导入 PSD 多图层的文件，其颜色模式必须为 RGB 模式，才可以弹出如图 1-11 所示的对话框。

案例精讲 005　文件打包（视频案例）

本例讲解如何对文件进行打包，主要利用软件对文件的整理命令，对文件中各个位置的素材进行整合，具体操作方法如下。

案例文件：无
视频文件：视频教学 \Cha01\ 文件打包 .mp4

案例精讲 006　选择不同的工作界面

本例讲解选择不同的工作界面，主要利用软件预设的不同工作区进行选择，具体操作方法如下。

案例文件：无
视频文件：视频教学 \Cha01\ 选择不同的工作界面 .mp4

(1) 启动软件后，在菜单栏中单击【窗口】，选择【工作区】→【动画】命令，如图 1-13 所示。

(2) 执行上一步操作后，即可切换至动画工作界面，如图 1-14 所示。

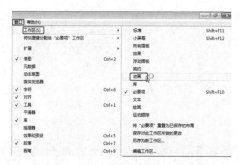

图 1-13　选择【动画】命令

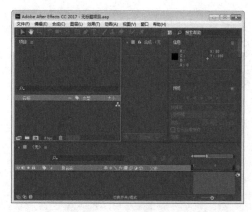

图 1-14　动画工作界面

案例精讲 007 设置工作界面

本例讲解如何设置工作界面，主要利用鼠标指针和软件命令对工作界面进行调整，具体操作方法如下。

> 📖 **案例文件：无**
> **视频文件：视频教学 \Cha01\ 设置工作界面 .mp4**

(1) 继续上一节实例的操作，将鼠标指针移至【项目】面板与【合成】面板之间，这时鼠标指针形状会发生变化，如图 1-15 所示。

(2) 按住鼠标左键，并向左拖动鼠标，即可将【项目】面板缩小，如图 1-16 所示。

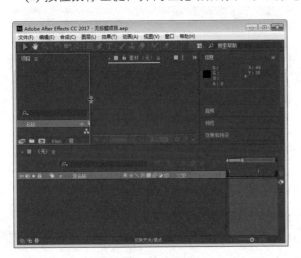

图 1-15 指针效果

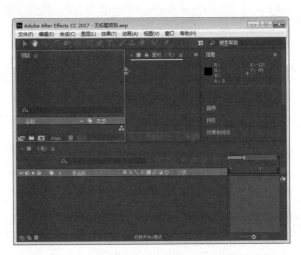

图 1-16 调整面板的大小

(3) 使用同样的方法调整其他面板的大小，效果如图 1-17 所示。

(4) 在工作界面的右侧，在【效果和预设】面板的名称上，按下鼠标左键并将其拖动至【时间轴】面板的下方，如图 1-18 所示。

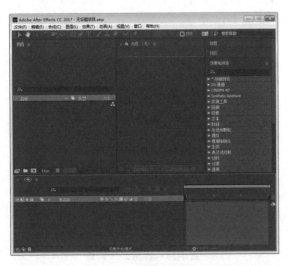

图 1-17 调整其他面板

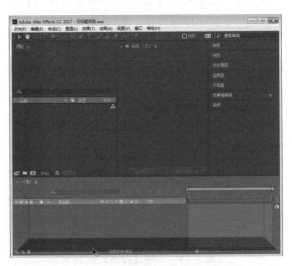

图 1-18 拖动【效果和预设】面板

(5) 释放鼠标左键，即可将【效果和预设】面板拖动至【时间轴】面板的下方，并调整面板的大小，效果如图 1-19 所示。

(6) 在工作界面的右上方选中【信息】面板，单击右侧的 ☰ 按钮，在弹出的下拉菜单中选择【浮动面板】命令，如图 1-20 所示。

图 1-19　调整面板后的效果

图 1-20　选择【浮动面板】命令

(7) 使用鼠标指针可以随意调整浮动的【信息】面板的位置，调整后的效果如图 1-21 所示。

(8) 调整完成后在菜单栏中选择【窗口】→【工作区】→【将"动画"重置为已保存的布局】命令，如图 1-22 所示。

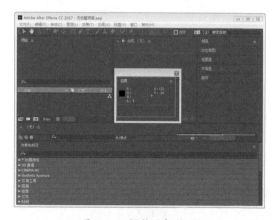

图 1-21　调整面板位置

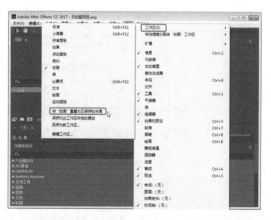

图 1-22　选择【将"动画"重置为已保存的布局】命令

(9) 执行上一步操作后，当前的动画工作区将恢复到未被改动的初始状态，效果如图 1-23 所示。

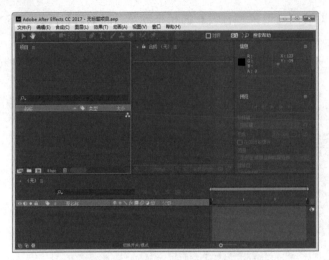

图 1-23　重置工作区后的效果

案例精讲 008　为工作区设置快捷键

本例讲解如何为工作区设置快捷键，主要通过更换软件自带工作区快捷键，来为需要设置快捷键的工作区设置快捷键，具体操作方法如下所示。

案例文件：无

视频文件：视频教学 \Cha01\ 为工作区设置快捷键 .mp4

(1) 启动软件后，在菜单栏中选择【窗口】→【工作区】→【简约】命令，如图 1-24 所示。

图 1-24　选择【简约】命令

(2) 执行上一步操作后，将切换至【简约】工作界面，再次在菜单栏中选择【窗口】命令，再选择【将快捷键分配给"简约"工作区】命令，然后选择【Shift+F10(替换 "必要项")】命令，如图 1-25 所示。

图 1-25　选择【Shift+F10(替换 "必要项")】命令

(3) 执行上一步操作后，即可将【必要项】工作区的快捷键分配给【简约】工作区，如图 1-26 所示。

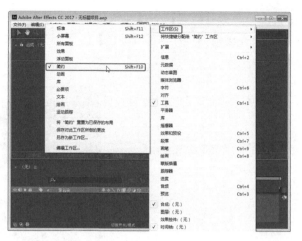

图 1-26　分配快捷键后的效果

利用纯色图层制作背景

本例讲解利用纯色图层制作背景，首先新建合成，然后在【时间轴】面板中进行创建，具体操作方法如下。

 案例文件：无

视频文件：视频教学 \Cha01\ 利用纯色图层制作背景 .mp4

(1) 启动软件后，在【项目】面板下方右击，选择【新建合成】命令，如图 1-27 所示。

(2) 在打开的【合成设置】对话框中，使用默认设置，单击【确定】按钮，如图 1-28 所示。

图 1-27　选择【新建合成】命令

图 1-28　【合成设置】对话框

知识链接

合成是影片的框架。每个合成均有其自己的时间轴。典型合成包括视频和音频素材项目、动画文本和矢量图形、静止图像以及光之类的组件的多个图层。可通过创建素材项目是源的图层，将素材项目添加到合成中。然后在合成内，在空间和时间方面安排各个图层，并使用透明度功能进行合成来确定底层图层的哪些部分将穿过堆叠在其上的图层进行显示。After Effects 中的合成类似于 Flash 中的影片剪辑或者 Premiere 中的序列。

(3) 在【时间轴】面板中右击，选择【新建】→【纯色】命令，如图1-29所示。

(4) 打开【纯色设置】对话框，在该对话框中，将【颜色】设置为黄色，单击【确定】按钮，如图1-30所示。

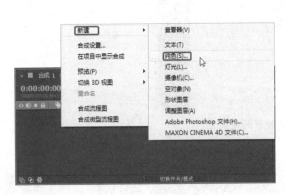

图1-29　选择【纯色】命令

图1-30　【纯色设置】对话框

知识链接

可以创建任何纯色和任何大小（最大30000像素×30000像素）的图层。纯色图层以纯色素材项目作为其源。纯色图层和纯色素材项目通常都称作纯色。

纯色与任何其他素材项目一样，可以添加蒙版、修改变换属性，以及向使用纯色作为其源素材项目的图层应用效果，或使用纯色为背景着色，作为复合效果的控制图层的基础，或者创建简单的图形图像。

纯色素材项目自动存储在【项目】面板的【固态层】文件夹中。

(5) 单击【确定】按钮后，在【项目】面板中即可看到建立的【固态层】文件夹，在【合成】面板中可以查看纯色图层的效果，如图1-31所示。

图1-31　建立的纯色图层

案例精讲 010　利用文字图层制作海报文字

本例讲解利用文字图层制作海报文字，首先导入素材，然后在【时间轴】面板中进行创建，具体操作方法如下，效果如图 1-32 所示。

图 1-32　利用文字图层制作海报文字

(1) 启动软件后，按 Ctrl+I 组合键，打开【导入文件】对话框，选择素材中的【利用文字图层制作海报文字 .jpg】文件，单击【导入】按钮，如图 1-33 所示。

(2) 将素材导入到【项目】面板后，将素材图片拖至【时间轴】面板中，即可新建合成，并在【合成】面板中显示效果，如图 1-34 所示。

图 1-33　选择素材　　　　　　　　　图 1-34　在【合成】面板中显示效果

(3) 在【时间轴】面板中右击，选择【新建】→【文本】命令，如图 1-35 所示。

(4) 执行上一步操作后即可输入文字"新年巨献"，在工作界面右侧的【字符】面板中将【字体系列】设置为【汉仪菱心体简】，将颜色设置为 #ED6E00，【字体大小】设置为 1000，设置【所选字符的字符间距】为 -53，单击【仿斜体】按钮，如图 1-36 所示。

图 1-35　选择【文本】命令　　　　　　　图 1-36　输入并设置文字

知识链接

可以使用文本图层向合成中添加文本。文本图层有许多用途，包括动画标题、下沿字幕、参与人员名单和动态排版。

也可以为整个文本图层的属性或单个字符的属性（如颜色、大小和位置）设置动画。可以使用文本动画器属性和选择器创建文本动画。3D文本图层还可以包含 3D子图层，每个字符一个子图层。（请参阅通过文本动画器创建文本动画和逐字符 3D文本属性）

文本图层是合成图层，这意味着文本图层不使用素材项目作为其来源，但可以将来自某些素材项目的信息转换为文本图层。文本图层也是矢量图层。与形状图层和其他矢量图层一样，文本图层也是始终连续地栅格化，因此在用户缩放图层或改变文本大小时，它会保持清晰，不依赖于分辨率的边缘。用户无法在文本图层自己的【图层】面板中将其打开，但是可以在【合成】面板中操作文本图层。

After Effects使用两种类型的文本：点文本和段落文本。点文本适用于输入单个词或一行字符，段落文本适用于将文本输入和格式化为一个或多个段落。

(5) 按 Ctrl+D 组合键，复制文字图层，调整其位置，并更改文字内容，如图 1-37 所示。

(6) 根据前面介绍的方法，将文字图层复制多次，调整位置，并更改文字内容，将最顶端的文字颜色设置为黄色 (FFFC00)，效果如图 1-38 所示。

图 1-37　复制并调整文字

图 1-38　对文字多次复制，更改顶端文字颜色

(7) 以上操作完成后，将场景进行保存即可。

案例精讲 011　利用灯光图层制作灯光效果（视频案例）

本例讲解如何利用灯光图层制作灯光效果，主要通过插入素材并利用软件创建灯光图层，具体操作方法如下，完成后的效果如图 1-39 所示。

 案例文件：CDROM\ 场景 \Cha01\ 利用灯光图层制作灯光效果 .aep
　　　 视频教学：视频教学 \Cha01\ 利用灯光图层制作灯光效果 .mp4

图 1-39　利用灯光图层制作灯光效果

案例精讲 012　利用摄像机图层制作镜头效果

本例讲解如何利用摄像机图层制作镜头效果，首先导入素材，然后创建摄像机图层并进行设置，具体操作方法如下，完成后的效果如图 1-40 所示。

 案例文件：CDROM\ 场景 \Cha01\ 利用摄像机图层制作镜头效果 .aep
　　　 视频教学：视频教学 \Cha01\ 利用摄像机图层制作镜头效果 .mp4

图 1-40　利用摄像机图层制作镜头效果

(1) 启动软件后，按 Ctrl+I 组合键，打开【导入文件】对话框，选择素材中的【图片 (5).jpg】文件，单击【导入】按钮，如图 1-41 所示。

(2) 将素材导入至【项目】面板后，使用鼠标指针将素材图片拖至【时间轴】面板中，即可新建合成，并在【合成】面板中显示效果，如图 1-42 所示。

图 1-41　选择素材

图 1-42　在【合成】面板中显示效果

(3) 在【时间轴】面板中单击【3D 图层 - 允许在 3 维中操作此图层】按钮 ⬚ 下方图层的方框，将图层转换为三维图层，如图 1-43 所示。

(4) 在【时间轴】面板中右击，选择【新建】→【摄像机】命令，如图 1-44 所示。

图 1-43　图层转换为三维图层

图 1-44　选择【摄像机】命令

(5) 在打开的【摄像机设置】对话框中，使用默认设置，单击【确定】按钮，如图 1-45 所示。

(6) 在【时间轴】面板中单击【摄像机 1】图层左侧的下三角按钮，然后单击【变换】左侧的下三角按钮，如图 1-46 所示。

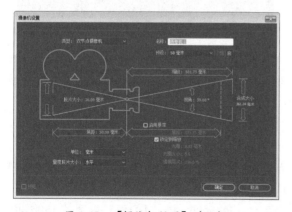

图 1-45　【摄像机设置】对话框

图 1-46　展开选项

知识链接

用户可以使用摄像机图层从任何角度和距离查看 3D图层。如同在现实世界中，在场景之中和周围移动摄像机比移动和旋转场景本身容易一样，通过设置摄像机图层并在合成中来回移动它来获得合成的不同视图通常最容易。

用户可以通过修改摄像机参数并为其制作动画来配置摄像机，使其与用于记录要与其合成的素材的真实摄像机和设置匹配。还可以使用摄像机设置将类似摄像机的行为(包括景深模糊以及平移和移动镜头)添加到合成效果和动画中。

摄像机仅影响其效果具有【合成摄像机】属性的 3D图层和 2D图层。使用具有【合成摄像机】属性的效果，用户可以使用活动合成摄像机或灯光来从各个角度查看或照亮效果以模拟更复杂的3D效果。After Effects可以通过【实时 Photoshop 3D】效果与 Photoshop 3D 图层交互，这是【合成摄像机】效果的特例。

(7) 单击【目标点】和【位置】左侧的【时间变化秒表】按钮 ，即可在右侧时间区域添加关键帧，如图 1-47 所示。

(8) 将当前时间设置为 0:00:01:00，将【目标点】设置为 586、347、0，【位置】设置为 586、347、-167，如图 1-48 所示。

图 1-47　添加关键帧

图 1-48　设置【目标点】和【位置】

(9) 将当前时间设置为 0:00:04:00，将【目标点】设置为 512、358.5、0，【位置】设置为 512、358.5、-796.4，如图 1-49 所示。

(10) 将当前时间设置为 0:00:05:00，将【目标点】设置为 220、464、0，【位置】设置为 220、464、-110.4，如图 1-50 所示。

图 1-49　继续设置【目标点】和【位置】

图 1-50　再次设置【目标点】和【位置】

(11) 将当前时间设置为 0:00:05:01，单击【目标点】和【位置】左侧的【在当前时间添加或移除关键帧】按钮 ，即可在当前时间添加关键帧，如图 1-51 所示。

(12) 将当前时间设置为 0:00:06:00，将【目标点】设置为 190、440、0，【位置】设置为 190、464、-110.4，如图 1-52 所示。

(13) 将当前时间设置为 0:00:06:01，单击【目标点】和【位置】左侧的【在当前时间添加或移除关键帧】按钮 ，即可在当前时间添加关键帧，如图 1-53 所示。

(14) 将当前时间设置为 0:00:07:00，将【目标点】设置为 150、400、0，【位置】设置为 150、400、-65.4，如图 1-54 所示。

图 1-51　在当前时间添加关键帧

图 1-52　更改时间再次设置【目标点】和【位置】

图 1-53　添加关键帧

图 1-54　设置【目标点】和【位置】

(15) 将当前时间设置为 0:00:07:05，单击【目标点】和【位置】左侧的【在当前时间添加或移除关键帧】按钮，即可在当前时间添加关键帧，如图 1-55 所示。

(16) 将当前时间设置为 0:00:09:00，将【目标点】设置为 512、358.5、0，【位置】设置为 512、358.5、-796.4，如图 1-56 所示。

图 1-55　在当前时间添加关键帧

图 1-56　继续设置【目标点】和【位置】

(17) 设置完成后，在【预览】面板中单击【播放 / 暂停】按钮▶，即可查看效果。

案例精讲 013　利用调整图层制作百叶窗效果

本例将讲解如何利用调整图层制作百叶窗效果。导入素材后，新建调整图层，并为其添加效果预设，具体操作方法如下，完成后的效果如图 1-57 所示。

 案例文件：CDROM\ 场景 \Cha01\ 利用调整图层制作百叶窗效果 .aep
视频教学：视频教学 \Cha01\ 利用调整图层制作百叶窗效果 .mp4

图 1-57　利用调整图层制作百叶窗效果

(1) 启动软件后，按 Ctrl+I 组合键，打开【导入文件】对话框，选择素材中的【图片 (6).jpg】文件，单击【导入】按钮，如图 1-58 所示。

(2) 将素材导入【项目】面板后，将素材图片拖至【时间轴】面板中，即可新建合成，并在【合成】面板中显示效果，如图 1-59 所示。

图 1-58　选择素材

图 1-59　在【合成】面板中显示效果

(3) 在【时间轴】面板中右击，选择【新建】→【调整图层】命令，如图 1-60 所示。

(4) 新建调整图层后，在【效果和预设】面板中，选择【过渡】→【百叶窗】效果，并双击，在【时间轴】面板中单击【调整图层 1】左侧的下三角按钮，然后展开【效果】→【百叶窗】选项，单击【过渡完成】左侧的【时间变化秒表】按钮 ，然后将【宽度】设置为 70，如图 1-61 所示。

图 1-60　选择【调整图层】命令

图 1-61　设置百叶窗效果

知识链接

在某个图层应用效果时，该效果将仅应用于该图层，不应用于其他图层。不过，如果为某个效果创建了一个调整图层，则该效果可以独立存在。应用于某个调整图层的任何效果会影响在图层堆叠顺序中位于该图层之下的所有图层。位于图层堆叠顺序底部的调整图层没有可视结果。

因为调整图层上的效果应用于位于其下的所有图层，所以它们非常适用于同时将效果应用于许多图层。在其他方面，调整图层的行为与其他图层一样，例如，可以将关键帧或表达式与任何调整图层属性一起使用。

(5) 将当前时间设置为 0:00:05:00，将【过渡完成】设置为 100%，如图 1-62 所示。

图 1-62　设置【过渡完成】选项

(6) 设置完成后可以按 0 键查看效果。

第2章

关键帧动画

本章重点

- 关键帧制作不透明度动画
- 使用关键帧制作促销海报动画（视频案例）
- 动漫人物出场效果（视频案例）
- 黑板摇摆动画（视频案例）

- 时钟旋转动画
- 点击图片动画
- 投资公司宣传短片（视频案例）
- 帆船航行短片（视频案例）
- 科技信息展示

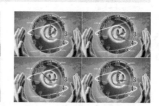

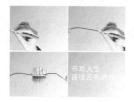

　　在制作视频特效时，经常需要设置关键帧动画。通过设置图层或效果中的参数关键帧，能够制作出流畅的动画效果，使视频画面更加顺畅多变，有巧夺天工之效。本章将通过多个案例讲解设置关键帧动画的相关知识，使读者更加深入地了解关键帧的设置。

案例精讲 014　关键帧制作不透明度动画

　　本例将介绍如何利用关键帧制作不透明度动画。首先新建合成，然后在【合成】面板中输入文字，在【时间轴】面板中设置【不透明度】关键帧，完成后的效果如图 2-1 所示。

> 📖 **案例文件**：CDROM\ 场景 \Cha02\ 使用关键帧制作不透明度动画 .aep
> **视频教学**：视频教学 \Cha02\ 使用关键帧制作不透明度动画 .mp4

图 2-1　不透明度动画

　　(1) 启动软件后，在【项目】面板中双击，弹出【导入文件】对话框，在该对话框中选择随书附带光盘中的 CDROM\ 素材 \Cha02\003.bmp 素材图片，单击【导入】按钮导入素材，如图 2-2 所示。

　　(2) 在【项目】面板中单击鼠标右键，在弹出的快捷菜单中选择【新建合成】命令，弹出【合成设置】对话框，在【基本】选项卡中取消勾选【锁定长宽比】复选框，将【宽度】、【高度】分别设置为 1024px、768px，单击【确定】按钮，如图 2-3 所示。

图 2-2　【导入文件】对话框

图 2-3　【合成设置】对话框

知识链接

帧的概念

　　帧是影片中的一个单独的图像。无论电影还是电视，都是利用动画的原理使图像产生运动。动画是一种将一系列差别很小的画面以一定速率放映而产生视觉效果的技术。根据人类的视觉暂留现象，连续的静态画面可以产生运动效果。构成的最小单位为帧(Frame)，即组成动画的每一幅静态画面，一帧就是一幅静态画面。

帧速率

　　帧速率是视频中每秒包含的帧数。物体在快速运动时，人眼对于时间上每一个点的状态有短暂的保留现象，例如在黑暗的房间中晃动一个发光的手电筒。由于视觉暂留现象，我们看到的不是一个亮点沿弧线运动，而是一道道的弧线。这是由于手电筒在前一个位置发出的光还在人的眼睛短暂保留，它与当前电筒的光芒融合在一起，因此组成一段弧线。由于视觉暂留的时间非常短，为 10^{-1} 秒数量级，所以为了得到平滑连贯的运动画面，必须使画面的更新达到一定标准，即每秒钟所播放的画面要达到一定数量，这就是帧速率。PAL制影片的帧速率是 25帧 /秒，MTSC制影片的帧速率是 29.97帧 /秒，电影的帧速率是 24帧 /秒，二维动画的帧速率是 12帧 /秒。

像素长宽比

　　一般地，我们都知道DVD的分辨率是 720×576或 720×480，屏幕宽高比为 4：3或 16：9，但不是所有人都知道像素宽高比(Pixel Aspect Ratio)的概念。

　　4：3或 16：9是屏幕宽高比，但 720×576或 720×480如果纯粹按正方形像素算，屏幕宽高比却不是 4：3或 16：9。

　　之所以会出现这种情况，是因为人们忽略了一个重要概念：它们所使用的像素不是正方形的，而是长方形的。

　　这种长方形像素也有一个宽高比，叫像素宽高比，这个值随制式不同而不同。

常见的像素宽高比如下：

PAL窄屏(4：3)模式(720×576)，像素宽高比=1.067，所以，720×1.067：576=4：3

PAL宽屏(16：9)模式(720×576)，像素宽高比=1.422，同理，720×1.422：576=16：9

NTSC窄屏(4：3)模式(720×480)，像素宽高比=0.9，同理，720×0.9：480=4：3

NTSC宽屏(16：9)模式(720×480)，像素宽高比=1.2，同理，720×1.2：480=16：9

场的概念

电视荧光屏上的扫描频率(即帧频)有30Hz(美国、日本等，帧频为30fps的称为NTFS制式)和25Hz(西欧、中国等，帧频为25fps的称为PAL制式)两种，即电视每秒钟可传送30或25帧图像，30Hz和25Hz分别与相应国家电源的频率一致。电影每秒钟放映24个画格，这意味着每秒传送24幅图像，与电视的帧频24Hz意义相同。电影和电视确定帧频的共同原则是为了使人们在银幕上或荧屏上能看到动作连续的活动图像，这要求帧频在24Hz以上。为了使人眼看不出银幕和荧屏上的亮度闪烁，电影放映时，每个画格停留期间遮光一次，换画格时遮光一次，于是在银幕上亮度每秒钟闪烁48次。电视荧光屏的亮度闪烁频率必须高于48Hz才能使人眼觉察不出闪烁。由于受信号带宽的限制，电视采用隔行扫描的方式满足这一要求。每帧分两场扫描，每个场消隐期间荧光屏不发光，于是荧屏亮度每秒闪烁50次(25帧)和60次(30帧)。这就是电影和电视帧频不同的历史原因。但是电影的标准在世界上是统一的。

场是因隔行扫描系统而产生的，两场为一帧，目前我们所看到的普通电视的成像，实际上是由两条叠加的扫描折线组成的，比如你想把一张白纸涂黑，你就拿起铅笔，在纸上从上边开始，左右画折线，一笔不断地一直画到纸的底部，这就是一场，然而很不幸，这时你发现画得太稀，于是你又插缝重复补画一次，于是就是电视的一帧。场的锯齿波与你画的并无异样，只不过在回扫期间，也就是逆程信号是被屏蔽了的，然而这先后的两笔就存在时间上的差异，反映在电视上就是频闪了，造成了视觉上的障碍，就是我们通常所说的不清晰。

现在，随着器件的发展，逐行系统也就应运而生了，因为它的一幅画面不需要第二次扫描，所以场的概念也就可以忽略了，同样是在单位时间内完成的事情，由于没有时间的滞后及插补的偏差，逐行的质量要好得多，这就是大家要求弃场的原因了，当然代价是，要求硬件(如电视)有双倍的带宽，和线性更加优良的器件，如行场锯齿波发生器及功率输出级部件，其特征频率必然至少要增加一倍。当然，由于逐行生成的信号源(碟片)具有先天优势，所以同为隔行的电视播放，效果也是有显著差异的。

电视的制式

制式就是指传送电视信号所采用的技术标准。基带视频是一个简单的模拟信号，由视频模拟数据和视频同步数据构成，用于接收端正确地显示图像，信号的细节取决于应用的视频标准或者制式(NTSC/PAL/SECAM)。

视频时间码

时间码(time code)是摄像机在记录图像信号的时候，针对每一幅图像记录的唯一的时间编码。它是一种应用于流的数字信号。该信号为视频中的每个帧都分配一个数字，用以表示小时、分钟、秒钟和帧数。现在所有的数码摄像机都具有时间码功能，模拟摄像机基本没有此功能。

(3) 在【项目】面板中选择003.bmp素材图片，将其拖曳至【合成】面板中，在【工具】面板中单击【横排文字工具】按钮，在【合成】面板中单击鼠标，输入"Flower"，按Ctrl+6组合键打开【字符】面板，在该面板中将【字体系列】设置为【正兰亭超细黑简体】，将【字体大小】设置为72，将【填充颜色】设置为255、255、255，如图2-4所示。

(4) 在【时间轴】面板中选择文字图层，将该图层展开，将【位置】设置为200、450，将【旋转】设置为-15，如图2-5所示。

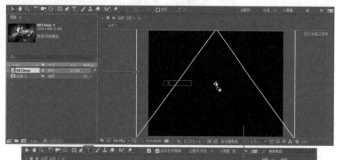

图2-4 建立文字图层并对文字进行设置

(5) 在【时间轴】面板的空白处单击鼠标右键，在弹出的快捷菜单中选择【新建】→【文本】命令。在【合成】面板中输入 "love"，在【时间轴】面板中将【位置】设置为 200、530，将【旋转】设置为 -15，在【合成】面板中的效果如图 2-6 所示。

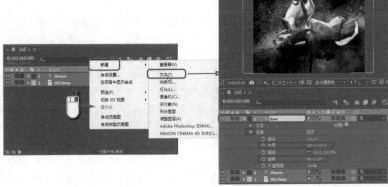

图 2-5　设置位置及旋转　　　　　　　　图 2-6　输入文字后的效果

(6) 在【项目】面板中选择【合成 1】，单击鼠标右键，在弹出的快捷菜单中选择【合成设置】命令，弹出【合成设置】对话框，在该对话框中将【持续时间】设置为 00:00:05:00，如图 2-7 所示。

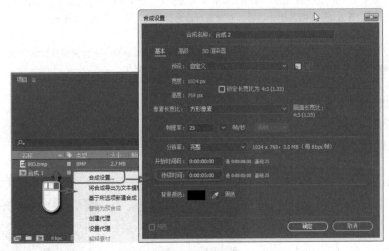

图 2-7　【合成设置】对话框

▶技 巧

　　当某个特定属性的【时间变化秒表】按钮处于活动状态时，如果用户更改属性值，After Effects 将在当前时间自动添加或更改该属性的关键帧。

(7) 单击【确定】按钮，选择 Flower 图层，将【不透明度】设置为 0，单击其左侧的按钮，添加关键帧。将时间线拖曳至 00:00:01:00，将【不透明度】设置为 100，如图 2-8 所示。

(8) 选择 love 图层，将【不透明度】设置为 0，单击其左侧的按钮，将时间线拖曳至 00:00:02:00，将【不透明度】设置为 100，如图 2-9 所示。

(9) 至此，使用关键帧制作不透明度动画就制作完成了。

图 2-8　设置关键帧

图 2-9　再次设置关键帧

案例精讲 015　使用关键帧制作促销海报动画（视频案例）

本例将介绍如何制作促销海报动画。首先新建合成，然后导入图片，将图片拖到【时间轴】面板中，为添加的对象添加关键帧，完成后的效果如图 2-10 所示。

 案例文件：CDROM\ 场景 \Cha02\ 使用关键帧制作促销海报动画 .aep

　　视频教学：视频教学 \Cha02\ 使用关键帧制作促销海报动画 .mp4

图 2-10　促销海报动画

案例精讲 016　动漫人物出场效果（视频案例）

本案例介绍如何制作动漫人物出场效果。首先添加素材图片，然后设置各个图层上的出场位置关键帧动画，最后新建调整图层，并为调整图层设置【碎片】效果。完成后的效果如图 2-11 所示。

案例文件：CDROM\ 场景 \Cha02\ 动漫人物出场效果 .aep
视频教学：视频教学 \Cha02\ 动漫人物出场效果 .mp4

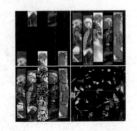

图 2-11　动漫人物出场效果

案例精讲 017　黑板摇摆动画（视频案例）

本案例介绍如何制作黑板摇摆动画。首先添加素材图片，然后输入文字，并将文字图层与黑板所在图层进行链接，最后设置调整黑板所在图层的【旋转】关键帧参数。完成后的效果如图 2-12 所示。

案例文件：CDROM\ 场景 \Cha02\ 黑板摇摆动画 .aep
视频教学：视频教学 \Cha02\ 黑板摇摆动画 .mp4

图 2-12　黑板摇摆动画

案例精讲 018　时钟旋转动画

本案例介绍如何制作时钟旋转动画。首先添加素材图片，然后分别设置各个图层上的【变换】参数，并为图层设置【旋转】关键帧。完成后的效果如图 2-13 所示。

案例文件：CDROM\ 场景 \Cha02\ 时钟旋转动画 .aep
视频教学：视频教学 \Cha02\ 时钟旋转动画 .mp4

图 2-13　时钟旋转动画

(1) 在【项目】面板中，单击鼠标右键，在弹出的快捷菜单中选择【新建合成】命令。在弹出的【合成设置】对话框中，在【合成名称】处输入"时钟旋转动画"，将【宽度】和【高度】分别设置为 900px、576px，【帧速率】设置为 25，【持续时间】设置为 0:00:05:00，然后单击【确定】按钮，如图 2-14 所示。

(2) 在【项目】面板中双击，在弹出的【导入文件】对话框中，选择随书附带光盘中的 CDROM\ 素材 \Cha02\L21.png、L22.png、L23.png 和 S01.jpg 素材图片，然后单击【导入】按钮，将素材图片导入【项目】面板中，如图 2-15 所示。

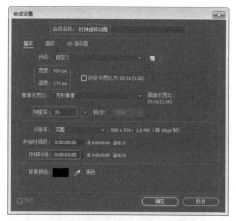

图 2-14 【合成设置】对话框

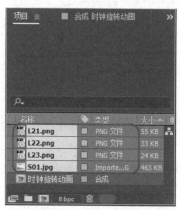

图 2-15 导入素材图片

(3) 将【项目】面板中的 S01.jpg 素材图片添加到时间轴中，并将 S01.jpg 层的【变换】→【缩放】设置为 90.0%，如图 2-16 所示。

(4) 将【项目】面板中的 L21.png 素材图片添加到时间轴中的顶端，并将 L21.png 层的【变换】→【缩放】设置为 150.0%，如图 2-17 所示。

图 2-16 设置【缩放】参数

图 2-17 设置【缩放】参数

(5) 确认当前时间为 0:00:00:00，将【项目】面板中的 L22.png 素材图片添加到时间轴中的顶端，并设置 L22.png 层的【变换】参数，如图 2-18 所示。

(6) 将当前时间设置为 0:00:04:24，将 L22.png 层中的【变换】→【旋转】设置为 1x+52.0°，如图 2-19 所示。

(7) 将当前时间设置为 0:00:00:00，将【项目】面板中的 L23.png 素材图片添加到时间轴中的顶端，并设置 L23.png 层的【变换】参数，如图 2-20 所示。

(8) 将当前时间设置为 0:00:04:24，将 L23.png 层中的【变换】→【旋转】设置为 0x+32.0°，如图 2-21 所示。

图 2-18　设置【变换】参数

图 2-19　设置【旋转】参数

图 2-20　设置【变换】参数

图 2-21　设置【旋转】参数

(9) 将合成添加到【渲染队列】中并输出视频，并保存场景文件。

案例精讲 019　点击图片动画

　　本案例介绍如何制作点击图片动画。首先添加素材图片，然后设置各个图层上的【位置】、【缩放】和【不透明度】关键帧动画。完成后的效果如图 2-22 所示。

案例文件：CDROM\ 场景 \Cha02\ 点击图片动画 .aep
　　视频教学：视频教学 \Cha02\ 点击图片动画 .mp4

图 2-22　点击图片动画参数

(1) 在【项目】面板中，单击鼠标右键，在弹出的快捷菜单中选择【新建合成】命令。在弹出的【合成设置】对话框中，在【合成名称】处输入"点击图片动画"，将【宽度】和【高度】分别设置为 1024px、640px，【像素长宽比】设置为【方形像素】，【帧速率】设置为 25，【持续时间】设置为 0:00:05:00，然后单击【确定】按钮，如图 2-23 所示。

(2) 在【项目】面板中双击，在弹出的【导入文件】对话框中，选择随书附带光盘中的 CDROM\ 素材 \Cha02\ 点击动画背景 .jpg、DJ01.png 和 DJ02.jpg 素材图片，然后单击【导入】按钮，将素材图片导入【项目】面板中。将【点击动画背景 .jpg】素材图片添加到时间轴中，如图 2-24 所示。

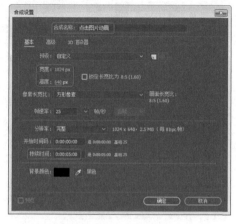

图 2-23　【合成设置】对话框

图 2-24　添加素材图片

(3) 将【项目】面板中的 DJ02.jpg 素材图片添加到时间轴的顶层。当前时间设置为 0:00:01:15，在时间轴中，将 DJ02.jpg 层的【变换】→【位置】设置为 316.0、319.0，【缩放】设置为 0%，单击【缩放】左侧的按钮，如图 2-25 所示。

(4) 将当前时间设置为 0:00:02:20，将 DJ02.jpg 层的【变换】→【缩放】设置为 32.0%，如图 2-26 所示。

图 2-25　设置【变换】参数

图 2-26　设置【缩放】参数

(5) 将当前时间设置为 0:00:00:20，将【项目】面板中的 DJ01.png 素材图片添加到时间轴的顶层。将 DJ01.png 层的【变换】→【位置】设置为 535.0、590.0，【缩放】设置为 75.0%，然后单击【缩放】【位置】【不透明度】左侧的 按钮，添加关键帧，如图 2-27 所示。

(6) 将当前时间设置为 0:00:00:00，将 DJ01.png 层的【变换】→【不透明度】设置为 0%，如图 2-28 所示。

图 2-27　设置【变换】参数

图 2-28　设置【不透明度】参数

(7) 将当前时间设置为 0:00:01:15，将 DJ01.png 层的【变换】→【位置】设置为 530.0、580.0，【缩放】设置为 52.0%，如图 2-29 所示。

(8) 在菜单栏中选择【文件】→【保存】命令，选择文件保存的位置，然后将其命名为"点击图片动画"，并单击【保存】按钮，如图 2-30 所示。最后将合成添加到【渲染队列】中进行渲染输出。

图 2-29　设置【变换】参数

图 2-30　保存文件

投资公司宣传短片（视频案例）

本案例介绍如何制作钻戒宣传短片。首先添加素材图片，然后设置各个图层的出场关键帧动画，并为图层设置 Card Wipe-3D swing 效果和 Bullet Train 效果。完成后的效果如图 2-31 所示。

案例文件：CDROM\ 场景 \Cha02\ 投资公司宣传短片 .aep
视频教学：视频教学 \Cha02\ 投资公司宣传短片 .mp4

图 2-31　投资公司宣传短片

帆船航行短片（视频案例）

本案例介绍如何制作帆船航行短片。首先创建一个纯色图层，为其设置【梯度渐变】效果，复制纯色图层并剪切删除多余部分，然后在纯色图层上绘制蒙版路径并添加【描边】效果。添加素材图片，然后设置各个图层上的关键帧动画，最后创建文字图层，并为文字图层添加动画预设效果。完成后的效果如图 2-32 所示。

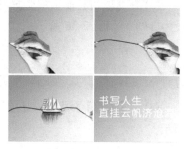

案例文件：CDROM\ 场景 \Cha02\ 帆船航行短片 .aep
视频教学：视频教学 \Cha02\ 帆船航行短片 .mp4

图 2-32　帆船航行短片

科技信息展示

本案例中主要应用了【位置】和【缩放】关键帧，对文字图层主要应用了软件自身携带的动画预设，具体操作方法如下，完成后的效果如图 2-33 所示。

案例文件：CDROM\ 场景 \Cha02\ 科技信息展示 .aep
视频教学：视频教学 \Cha02\ 科技信息展示 .mp4

图 2-33　科技展示

(1) 启动软件后，按 Ctrl+N 组合键，弹出【合成设置】对话框，将【合成名称】设为"科技信息展示"，在【基本】选项卡中，将【宽度】和【高度】分别设为 1024px 和 768px，将【像素长宽比】设为【方形像素】，将【帧速率】设为 25 帧 / 秒，将【持续时间】设为 0:00:15:00，单击【确定】按钮，如图 2-34 所示。

(2) 切换到【项目】面板，在该面板中双击，弹出【导入文件】对话框，在该对话框中，选择随书附带光盘中的 CDROM\ 素材 \Cha02\ 科技展示背景 .jpg、展示 01.png、展示 02.png、展示 03.png 文件，然后单击【导入】按钮，如图 2-35 所示。

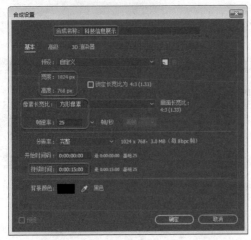

图 2-34　新建合成

图 2-35　选择素材文件

（3）在【项目】面板中选择【科技展示背景 .jpg】文件，将其拖到【时间轴】面板中，并将其【缩放】设为 34%，如图 2-36 所示。

▸技 巧

在设置【缩放】时，可以通过展示图层的【变换】选项组进行设置。

（4）在【项目】面板中将【展示 02.png】素材文件拖到【时间轴】面板中，将【缩放】设为 35%，如图 2-37 所示。

图 2-36　设置素材缩放

图 2-37　设置素材缩放

（5）在【时间轴】面板中单击面板底部的 ▯ 按钮，此时可以对素材的【入】【出】【持续时间】和【伸缩】进行设定，将【入】设为 0:00:00:00，将【持续时间】设为 0:00:03:00，如图 2-38 所示。

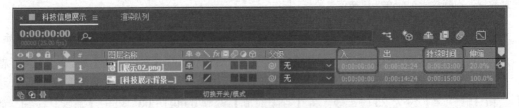

图 2-38　设置素材的出入时间

▸提 示

在设置【入】时间时，也可以首先设置当前时间，例如将当前时间设为 0:00:11:00，此时按住 Alt 键单击【入】下面的时间数值，此时素材图层的起始位置将置于 0:00:11:00

(6) 将当前时间设为 0:00:01:00，在【时间轴】面板中展开【展示 02】图层的【变换】选项组，单击【位置】前面的添加关键帧按钮 ⏱，添加关键帧，并将【位置】设为 833，384，如图 2-39 所示。

(7) 将当前时间设为 0:00:02:00，并将【位置】设为 202，384，如图 2-40 所示。

图 2-39　添加【位置】关键帧

图 2-40　设置【位置】关键帧

(8) 在【项目】面板中，选择【展示 01.png】素材文件，拖到【时间轴】面板中，将其放到【展示 02】图层的上方，将【入】设为 0:00:00:00，将【持续时间】设为 0:00:03:00，如图 2-41 所示。

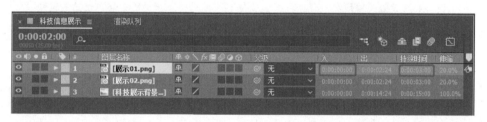
图 2-41　设置素材的出入时间

(9) 将当前时间设为 0:00:01:00，展开【展示 01】图层的【变换】选项组，分别单击【缩放】和【位置】前面的添加关键帧按钮 ⏱，并将【位置】设为 202，384，将【缩放】设为 35%，如图 2-42 所示。

(10) 将当前时间设为 0:00:02:00，在【时间轴】面板中展开【展示 01】图层的【变换】选项组，并将【位置】设为 512，384，将【缩放】设为 40%，如图 2-43 所示。

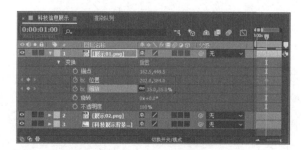
图 2-42　设置关键帧

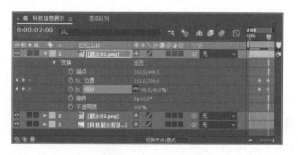
图 2-43　设置关键帧

(11) 在【项目】面板中选择【展示 03.png】素材文件，拖到【时间轴】面板中，将其放置在【展示 01】图层的上方，将【入】设为 0:00:00:00，将【持续时间】设为 0:00:03:00，如图 2-44 所示。

图 2-44　设置素材的出入时间

(12) 将当前时间设为 0:00:01:00，在【时间轴】面板中展开【展示 03】图层的【变换】选项组，单击【位置】和【缩放】前面的添加关键帧按钮，添加关键帧，并将【位置】设为 512，384，将【缩放】设为 40%，如图 2-45 所示。

(13) 将当前时间设为 0:00:02:00，在【时间轴】面板中展开【展示 03】图层的【变换】选项组，并将【位置】设为 833，384，将【缩放】设为 35%，如图 2-46 所示。

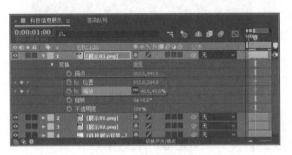

图 2-45　设置关键帧

图 2-46　设置关键帧

(14) 在【合成】面板中查看效果，当时间处于 1 秒位置时效果如图 2-47 所示，时间处于 2 秒位置时效果如图 2-48 所示。

图 2-47　1 秒位置时的效果

图 2-48　2 秒位置时的效果

(15) 在【时间轴】面板中依次对【展示 03】【展示 02】【展示 01】图层进行复制，分别复制出【展示 04】【展示 05】和【展示 06】，并将其排列到图层的最上方，选择上一步创建的三个图层，分别将其【入】设为 0:00:03:00，如图 2-49 所示。

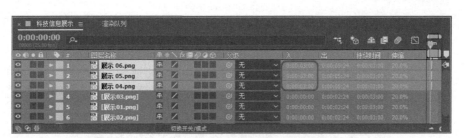

图 2-49　复制图层

在复制图层时，用户可以选择该图层，然后按 Ctrl+D 组合键进行复制，也可以按 Ctrl+C 组合键进行复制，再按 Ctrl+V 组合键进行粘贴，在菜单栏中选择【编辑】→【复制】命令，然后在菜单栏中选择【编辑】→【粘贴】命令，这样也可以对图层进行复制和粘贴。

(16) 将当前时间设为 0:00:04:00，展开【展示 04】图层的【变换】选项组，单击【缩放】前面的添加关键帧按钮 ，将【缩放】关键帧删除并修改【缩放】为 35%，将【位置】设为 833，384，如图 2-50 所示。

图 2-50　设置关键帧

(17) 将当前时间设为 0:00:05:00，在【时间轴】面板中展开【展示 04】图层的【变换】选项组，将【位置】设为 202，384，如图 2-51 所示。

图 2-51　编辑关键帧

(18) 将当前时间设为 0:00:04:00，在【时间轴】面板中展开【展示 05】图层的【变换】选项组，将【位置】设为 202，384，并单击【缩放】前面的添加关键帧按钮 ，将【缩放】设为 35%，如图 2-52 所示。

图 2-52　编辑关键帧

(19) 将当前时间设为 0:00:05:00，将【位置】设为 512，384，将【缩放】设为 40%，如图 2-53 所示。

图 2-53　编辑关键帧

(20) 将当前时间设为 0:00:04:00，在【时间轴】面板中展开【展示 06】图层的【变换】选项组，将【位置】设为 512，384，将【缩放】设为 40%，如图 2-54 所示。

图 2-54　编辑关键帧

(21) 将当前时间设为 0:00:05:00，将【展示 06】图层的【位置】设为 833，384，将【缩放】设为 35%，如图 2-55 所示。

图 2-55　编辑关键帧

(22) 在【合成】面板中查看效果，第 4 秒和第 5 秒时的效果分别如图 2-56 和图 2-57 所示。

图 2-56　4 秒时的效果

图 2-57　5 秒时的效果

(23) 按顺序对【展示 01】【展示 02】【展示 03】进行复制，并将复制的图层按顺序放置在图层的最上方，并将它们的【入】设为 0:00:06:00，如图 2-58 所示。

图 2-58　复制图层

(24) 将当前时间设为 0:00:07:00，在【时间轴】面板中展开【展示 07】图层的【变换】选项组，单击【缩放】前面的添加关键帧按钮 ，将【缩放】关键帧删除，并确认【缩放】值为 35%，并将【位置】设为 833，384，如图 2-59 所示。

(25) 将当前时间设为 0:00:08:00，在【时间轴】面板中将【展示 07】图层的【位置】设为 202，384，如图 2-60 所示。

图 2-59　设置关键帧

图 2-60　设置关键帧

(26) 将当前时间设为 0:00:07:00，在【时间轴】面板中展开【展示 08】图层的【变换】选项组，单击【缩放】前面的添加关键帧按钮 ，添加【缩放】关键帧，将【缩放】设为 40%，并将【位置】设为 512，384，如图 2-61 所示。

(27) 将当前时间设为 0:00:08:00，在【时间轴】面板中将【展示 08】图层的【位置】设为 833,384，将【缩放】设为 35%，如图 2-62 所示。

图 2-61　设置关键帧

图 2-62　设置关键帧

(28) 将当前时间设为 0:00:07:00，在【时间轴】面板中展开【展示 09】图层的【变换】选项组，将【位置】设为 202，384，将【缩放】设为 35%，如图 2-63 所示。

(29) 将当前时间设为 0:00:08:00，在【时间轴】面板中将【展示 09】图层的【位置】设为 512,384，将【缩放】设为 40%，如图 2-64 所示。

图 2-63　编辑关键帧

图 2-64　编辑关键帧

(30) 在工具栏中选中【横排文字工具】，输入"盛唐科技"，在【字符】面板中，将【字体】设为【长城新艺体】，将【字体大小】设为 138 像素，将【字符间距】设为 300，【字体颜色】设为 1，69，126，并适当调整字符的位置，如图 2-65 所示。

(31) 继续使用【横排文字工具】，输入"ShengTang Technology"，在【字符】面板中，将【字体】设为【长城新艺体】，将【字体大小】设为 66 像素，将【字符间距】设为 0，【字体颜色】设为 1，69，126，并适当调整字符的位置，如图 2-66 所示。

图 2-65　输入内容

图 2-66　输入内容

(32) 在【时间轴】面板中选择上一步创建的两个文字图层，将【入】设为 0:00:09:00，如图 2-67 所示。

图 2-67　设置【入】的时间

(33) 将当前时间设为 0:00:09:00，在【效果和预设】面板中选择【动画预设】→ Text → Animate In →【平滑移入】特效，分别将其添加到两个文字图层上，当时间为 0:00:09:12 时，在【合成】面板中查看效果如图 2-68 所示。

图 2-68　查看添加的效果

本章重点

- 照片剪切效果
- 水面结冰效果（视频案例）
- 动态显示图片（视频案例）
- 星球运行效果

- 书写文字效果
- 墙体爆炸效果
- 图像切换（视频案例）
- 撕纸效果

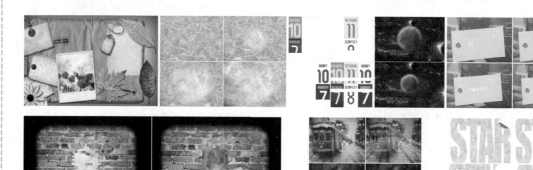

　　蒙版就是通过蒙版层中的图形或轮廓对象透出下面图层中的内容，由于蒙版具有这些特性，它被广泛用于图像合成中。本章将通过多个案例讲解如何绘制蒙版，以及通过设置蒙版与遮罩表现图形图像。

案例精讲 023 照片剪切效果

本案例介绍如何制作照片剪切效果。首先添加背景图片，然后使用【钢笔工具】绘制蒙版，最后调整图层的位置顺序，完成后的效果如图 3-1 所示。

> 案例文件：CDROM\ 场景 \Cha03\ 照片剪切效果 .aep
> 视频教学：视频教学 \Cha03\ 照片剪切效果 .mp4

图 3-1　照片剪切效果

(1) 启动 After Effects，在【项目】面板中双击，在弹出的【导入文件】对话框中，选择随书附带光盘中的 CDROM\ 素材 \Cha03\ 照片 01.jpg 和【照片背景 .jpg】素材图片，然后单击【导入】按钮，如图 3-2 所示。

(2) 将【项目】面板中的【照片背景 .jpg】素材图片添加到【时间轴】面板中，自动生成【照片背景】合成，如图 3-3 所示。在【合成】面板中将合成的持续时间设置为 0:00:00:01。

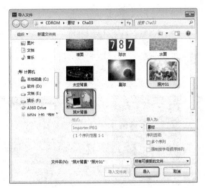

图 3-2　选择素材图片

图 3-3　添加图片到【时间轴】面板

(3) 将【照片背景 .jpg】层的【变换】→【不透明度】设置为 50%，如图 3-4 所示。

(4) 在【项目】面板中，将【照片 01.jpg】素材图片拖曳到时间轴中的【照片背景 .jpg】层下方，将【照片 01.jpg】层的【变换】→【缩放】设置为 6.0%，【位置】设置为 205.0，210.0，如图 3-5 所示。

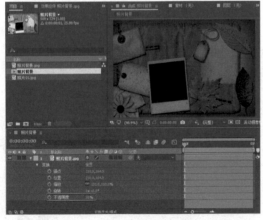

图 3-4　设置【不透明度】

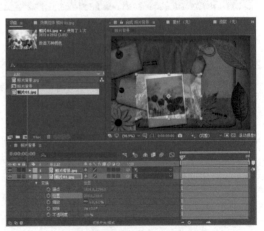

图 3-5　设置【照片 01】层

(5) 选中【照片 01.jpg】层，在工具栏中使用【钢笔工具】按钮，在【合成】面板中沿照片轮廓绘制四边形，创建蒙版，如图 3-6 所示。

(6) 将【照片 01.jpg】层移动至【照片背景 .jpg】层的上方，将【照片背景 .jpg】层的【变换】→【不透明度】设置为 100%，如图 3-7 所示。

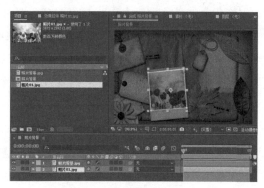

图 3-6　创建蒙版

图 3-7　设置【不透明度】

||||▶提示

使用钢笔工具绘制完四边形后，可以通过调整蒙版的角点，使显示的图片与照片轮廓对齐。

知识链接

After Effects中的蒙版可以修改图层属性、效果和属性。蒙版的最常见用法是修改图层的 Alpha 通道，以确定每个图层的透明度。蒙版的另一常见用法是对文本设置动画的路径。

闭合路径蒙版可以为图层创建透明区域。开放路径无法为图层创建透明区域，但可用作效果参数。可以将开放或闭合蒙版路径用作输入的效果，包括描边、路径文本、音频波形、音频频谱以及勾画。可以将闭合蒙版(而不是开放蒙版)用作输入的效果，包括填充、涂抹、改变形状、粒子运动场以及内部/外部键。

蒙版属于特定图层，每个图层可以包含多个蒙版。

读者可以使用形状工具在常见几何形状(包括多边形、椭圆形和星形)中绘制蒙版，或者使用钢笔工具来绘制任意路径。

虽然蒙版路径的编辑和插值可提供一些额外功能，但绘制蒙版路径与在形状图层上绘制形状路径基本相同。读者可以使用表达式将蒙版路径链接到形状路径，这就能够将蒙版的优点融入形状图层，反之亦然。

蒙版在【时间轴】面板上的堆积顺序中的位置会影响它与其他蒙版的交互方式。可以将蒙版拖到【时间轴】面板中【蒙版】属性组内的其他位置。

蒙版的【不透明度】属性确定闭合蒙版对蒙版区域内图层的 Alpha通道的影响。100%的蒙版不透明度值对应于完全不透明的内部区域。蒙版外部的区域始终是完全透明的。要反转特定蒙版的内部和外部区域，需要在【时间轴】面板中选择蒙版名称旁边的【反转】选项。

案例精讲 024　水面结冰效果（视频案例）

本案例介绍如何制作水面结冰效果。首先添加素材图片，然后为图层添加【湍流置换】效果，使用【椭圆工具】绘制蒙版，最后设置图层【蒙版】的【蒙版羽化】和【蒙版扩展】，完成后的效果如图 3-8 所示。

 案例文件：CDROM\ 场景 \Cha03\ 水面结冰效果 .aep

视频教学：视频教学 \Cha03\ 水面结冰效果 .mp4

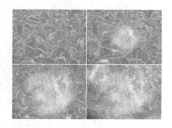

图 3-8　水面结冰效果

案例精讲 025　动态显示图片（视频案例）

　　本案例介绍如何制作动态显示图片。首先添加素材图片，然后在图层上使用【椭圆工具】绘制蒙版，通过设置蒙版形状来显示图片，添加多个图层和蒙版后完成效果的制作。完成后的效果如图3-9所示。

 案例文件：CDROM\ 场景 \Cha03\ 动态显示图片 .aep

　　视频教学：视频教学 \Cha03\ 动态显示图片 .mp4

图3-9　动态显示图片

案例精讲 026　星球运行效果

　　本案例介绍如何制作星球运行效果。首先添加素材图片，为其设置【缩放】关键帧，然后导入新图层并在图层上使用【椭圆工具】绘制蒙版，通过设置【蒙版羽化】和【蒙版扩展】来显示星球图片，最后将星球图层转换为3D图层并设置位置关键帧。完成后的效果如图3-10所示。

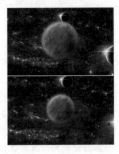

 案例文件：CDROM\ 场景 \Cha03\ 星球运行效果 .aep

　　视频教学：视频教学 \Cha03\ 星球运行效果 .mp4

图3-10　星球运行效果

　　(1) 在【项目】面板中，单击鼠标右键，在弹出的快捷菜单中选择【新建合成】命令。在弹出的【合成设置】对话框中，在【合成名称】处输入"星球运行效果"，【宽度】和【高度】分别设置为500px、329px，【帧速率】设置为25帧/秒，【持续时间】设置为0:00:05:00，然后单击【确定】按钮，如图3-11所示。

　　(2) 在【项目】面板中双击，在弹出的【导入文件】对话框中，选择随书附带光盘中的CDROM\ 素材 \Cha03\ 星球 .jpg 和太空背景 .jpg 素材图片，如图3-12所示。

图3-11　【合成设置】对话框

图3-12　导入素材图片

（3）将【太空背景.jpg】素材图片添加到时间轴中，将当前时间设置为0:00:00:00，将【太空背景.jpg】层的【变换】→【缩放】设置为60.0%，单击左侧的按钮，如图3-13所示。

（4）将当前时间设置为0:00:04:24，然后将【太空背景.jpg】层的【变换】→【缩放】设置为80.0%，如图3-14所示。

图3-13　第1次缩放设置

图3-14　第2次缩放设置

（5）将【项目】面板中的【星球.jpg】素材图片添加到时间轴中，将其放置在【太空背景.jpg】层的上方，然后将【星球.jpg】层的【变换】→【缩放】设置为35.0%，如图3-15所示。

（6）选中【星球.jpg】层，在工具栏中使用【椭圆工具】，在【合成】面板中沿星球轮廓绘制一个圆形蒙版，如图3-16所示。

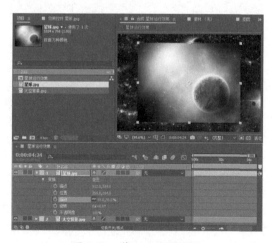

图3-15　第3次缩放设置

图3-16　绘制圆形蒙版

提示

　在绘制圆形蒙版时，需要按住Ctrl+Shift组合键沿星球中心绘制，并按住空格键移动绘制的图形。

（7）将【星球.jpg】层中的【蒙版】→【蒙版1】展开，将【蒙版羽化】设置为50.0%，【蒙版扩展】设置为15.0像素，如图3-17所示。

（8）将【星球.jpg】层的图标打开，将其转换为3D图层，如图3-18所示。

图 3-17 设置【蒙版 1】参数

图 3-18 将图层转换为 3D 图层

(9) 将当前时间设置为 0:00:00:00，将【星球 .jpg】层的【变换】→【位置】设置为 173.0、126.0、-260.0，单击【位置】左侧的 按钮，如图 3-19 所示。

(10) 将当前时间设置为 0:00:04:24，将【星球 .jpg】层的【变换】→【位置】设置为 173.0、126.0、0.0，如图 3-20 所示。

图 3-19 设置初始位置

图 3-20 设置结束时的位置

(11) 最后添加到【渲染队列】中并输出视频，并保存场景文件。

案例精讲 027   书写文字效果

本案例介绍如何制作书写文字效果。首先添加素材背景图片并输入文字，然后在图层上使用【钢笔工具】绘制多个蒙版路径，为图层添加多个【描边】效果，设置蒙版路径描边效果。完成后的效果如图 3-21 所示。

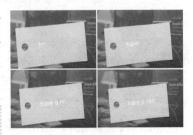
图 3-21 书写文字效果

> 案例文件：CDROM\ 场景 \Cha03\ 书写文字效果 .aep
>
> 视频教学：视频教学 \Cha03\ 书写文字效果 .mp4

（1）在【项目】面板中，单击鼠标右键，在弹出的快捷菜单中选择【新建合成】命令。在弹出的【合成设置】对话框中，在【合成名称】处输入"书写文字"，【宽度】和【高度】分别设置为 500px、329px，【帧速率】设置为 25 帧 / 秒，【持续时间】设置为 0:00:09:00，然后单击【确定】按钮，如图 3-22 所示。

（2）在【项目】面板中双击，在弹出的【导入文件】对话框中，选择随书附带光盘中的 CDROM\ 素材 \Cha03\ 卡片背景 .jpg 素材图片，将其添加到时间轴中，如图 3-23 所示。

图 3-22 【合成设置】对话框

图 3-23 添加背景图层

（3）在工具栏中使用【横排文字工具】按钮，在【合成】面板的适当位置输入文字，然后将字体设置为 BrowalliaUPC，字体大小设置为 56 像素，如图 3-24 所示。

图 3-24 输入文字

（4）将文字层的【变换】展开，将【位置】设置为 164.2，204.4，将【旋转】设置为 0x-5.0°，分别单击其左侧的按钮，如图 3-25 所示。

（5）选中【卡片背景 .jpg】层，在工具栏中使用【钢笔工具】按钮，根据英文字母 h，绘制如图 3-26 所示蒙版路径。

41

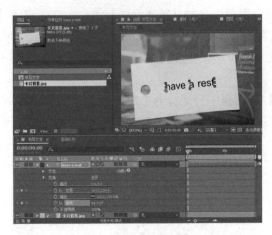

图 3-25　设置【旋转】

图 3-26　绘制蒙版路径

(6) 选中【卡片背景 .jpg】层，在菜单栏中选择【效果】→【生成】→【描边】命令，如图 3-27 所示。

(7) 确认当前时间为 0:00:00:00，在【效果控件】面板中，将【描边】的【路径】设置为【蒙版 1】，【结束】设置为 0.0%，单击左侧的 ⏱ 按钮，如图 3-28 所示。

图 3-27　选择【描边】命令

图 3-28　设置【描边】效果

(8) 将当前时间设置为 0:00:00:20，在【效果控件】面板中，将【描边】的【结束】设置为 100.0%，如图 3-29 所示。

(9) 选中【卡片背景 .jpg】层，在工具栏中使用【钢笔工具】按钮✎，根据英文字母 a，绘制如图 3-30 所示蒙版路径。

(10) 选中【卡片背景 .jpg】层，在菜单栏中选择【效果】→【描边】命令，确认当前时间为 0:00:00:20，在【效果控件】面板中，将【描边 2】的【路径】设置为【蒙版 2】，【结束】设置为 0.0%，单击左侧的⏱按钮，如图 3-31 所示。

(11) 将当前时间设置为 0:00:01:15，在【效果控件】面板中，将【描边】的【结束】设置为 100.0%，如图 3-32 所示。

图 3-29 设置【结束】

图 3-30 绘制蒙版路径

图 3-31 设置【描边 2】

图 3-32 设置【结束】

(12) 使用相同的方法绘制其他蒙版路径并设置【描边】效果，如图 3-33 所示。

(13) 将【卡片背景 .jpg】层的 图标打开，将其转换为 3D 图层。将当前时间设置为 0:00:00:00，将【卡片背景 .jpg】层的【变换】→【位置】设置为 250.0、164.5、-100.0，单击左侧的 按钮，如图 3-34 所示。

图 3-33 设置蒙版路径和【描边】效果

图 3-34 设置【位置】

(14) 将当前时间设置为 0:00:08:24，将【卡片背景 .jpg】层的【变换】→【位置】设置为 250.0、164.5.0、40.0，如图 3-35 所示。

(15) 将文字图层的 图标关闭，将其隐藏，如图 3-36 所示。

(16) 最后添加到【渲染队列】中并输出视频，并保存场景文件。

图 3-35　设置【位置】　　　　　　　　　　　　图 3-36　取消显示图层

案例精讲 028　墙体爆炸效果

本案例介绍如何制作墙体爆炸效果。首先添加素材背景图片和视频，设置视频图层的【模式】，然后在图片图层上使用【圆角矩形工具】绘制蒙版，为图片图层添加【碎片】效果，最后添加声音素材。完成后的效果如图 3-37 所示。

> 案例文件：CDROM\ 场景 \Cha03\ 墙体爆炸效果 .aep
>
> 视频教学：视频教学 \Cha03\ 墙体爆炸效果 .mp4

图 3-37　墙体爆炸效果

(1) 在【项目】面板中，单击鼠标右键，在弹出的快捷菜单中选择【新建合成】命令。在弹出的【合成设置】对话框中，在【合成名称】处输入"墙体爆炸效果"，取消勾选【锁定长宽比】复选框，将【宽度】和【高度】分别设置为 427px、300px，【帧速率】设置为 25 帧 / 秒，【持续时间】设置为 0:00:06:00，然后单击【确定】按钮，如图 3-38 所示。

(2) 在【项目】面板中双击，在弹出的【导入文件】对话框中，选择随书附带光盘中的 CDROM\ 素材 \Cha03\ 墙面 .jpg、爆炸声 .wav 和爆炸 .mp4 素材文件，然后将【墙面 .jpg】和【爆炸 .mp4】素材文件添加到时间轴中，如图 3-39 所示。

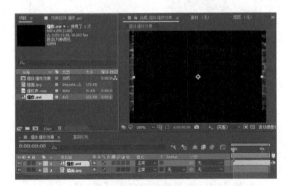

图 3-38　【合成设置】对话框　　　　　　　　　　图 3-39　添加素材层

(3) 在时间轴中，将 按钮打开，然后将【爆炸 .mp4】层的【入】时间设置为 -0:00:00:05，如图 3-40 所示。

(4) 在时间轴中，将 按钮关闭，按钮打开。将【爆炸 .mp4】层的【模式】设置为【变亮】，然后将【变换】→【缩放】设置为 130.0%，单击左侧的 按钮，如图 3-41 所示。

图 3-40 设置【入】时间

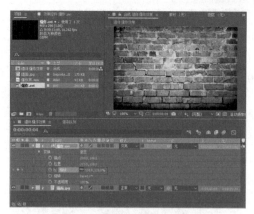

图 3-41 设置【模式】和【缩放】

(5) 将【变换】→【位置】设置为 233.5、151.0，单击左侧的 ⓞ 按钮，如图 3-42 所示。

(6) 使用【圆角矩形工具】，在【合成】面板中绘制圆角矩形，单击【墙面 .jpg】层中的【蒙版】→【蒙版 1】→【蒙版路径】右侧的【形状】，在弹出的【蒙版形状】对话框中，设置【定界框】参数，然后单击【确定】按钮，如图 3-43 所示。

图 3-42 设置【位置】

图 3-43 【蒙版形状】对话框

(7) 将【墙面 .jpg】层中的【蒙版】→【蒙版 1】→【蒙版羽化】设置为 20.0 像素，效果如图 3-44 所示。

(8) 选中【墙面 .jpg】层并在菜单栏中选择【效果】→【模拟】→【碎片】命令，在【效果控件】面板中，将【碎片】效果的【视图】设置为【已渲染】，【形状】→【重复】设置为 20.00，【作用力 1】→【深度】设置为 0.14，【半径】设置为 0.16，如图 3-45 所示。

图 3-44 设置【蒙版羽化】

图 3-45 设置【碎片】效果

(9) 将【墙面 .jpg】层的 ⬚ 图标打开，将其转换为 3D 图层。将当前时间设置为 0:00:00:00，将【墙面 .jpg】层的【变换】→【位置】设置为 213.5、150.0、100.0，单击左侧的 ⬚ 按钮，如图 3-46 所示。

(10) 将当前时间设置为 0:00:05:24，将【墙面 .jpg】层的【变换】→【位置】设置为 213.5、150.0、-100.0，如图 3-47 所示。

图 3-46 设置【位置】

图 3-47 设置【位置】

(11) 将【项目】面板中的【爆炸声 .wav】添加到时间轴中，将其放置在最底层，如图 3-48 所示。

(12) 按 Ctrl+M 组合键，打开【渲染队列】面板，单击【输出到：】后面的按钮，单击【渲染】按钮，渲染输出视频，如图 3-49 所示。最后将场景文件保存。

图 3-48 添加声音素材

图 3-49 渲染输出视频

案例精讲 029 图像切换（视频案例）

本案例介绍如何制作图像切换效果。首先添加素材图片，然后在图层上使用【矩形工具】绘制蒙版，通过设置【蒙版羽化】和【蒙版不透明度】来实现图像之间的切换效果。完成后的效果如图 3-50 所示。

图 3-50 图像切换

案例文件：CDROM\ 场景 \Cha03\ 图像切换 .aep
视频教学：视频教学 \Cha03\ 图像切换 .mp4

案例精讲 030　撕纸效果

本案例介绍如何制作撕纸效果。首先创建纯色图层，然后在图层上设置【湍流杂色】效果，再创建文字图层并绘制蒙版，创建新的合成，将前面创建的合成添加到新的合成中，并设置 CC Page Turn、【投影】和【色阶】等效果。完成后的效果如图 3-51 所示。

图 3-51　撕纸效果

案例文件：CDROM\ 场景 \Cha03\ 撕纸效果 .aep

视频教学：视频教学 \Cha03\ 撕纸效果 .mp4

(1) 在【项目】面板中，单击鼠标右键，在弹出的快捷菜单中选择【新建合成】命令。在弹出的【合成设置】对话框中，在【合成名称】处输入"01"，【预设】设置为 PAL D1/DV，【持续时间】设置为 0:00:05:00，【背景颜色】设置为白色，然后单击【确定】按钮，如图 3-52 所示。

(2) 在时间轴中单击鼠标右键，在弹出的快捷菜单中选择【新建】→【纯色】命令。在弹出的【纯色设置】对话框中，将【颜色】设置为黑色，然后单击【确定】按钮，如图 3-53 所示。

图 3-52　【合成设置】对话框

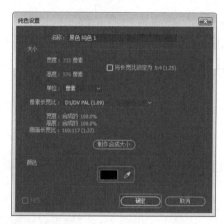

图 3-53　【纯色设置】对话框

(3) 在时间轴中选中【黑色 纯色 1】层，在菜单栏中选择【效果】→【杂色和颗粒】→【湍流杂色】命令，如图 3-54 所示。

(4) 在【效果控件】面板中，将【湍流杂色】中的【溢出】设置为【剪切】，如图 3-55 所示。

图 3-54　选择【湍流杂色】命令

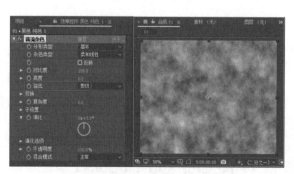

图 3-55　设置【溢出】

(5) 按 Ctrl+N 组合键，在弹出的【合成设置】对话框中，将【合成名称】设置为 02，然后单击【确定】按钮，如图 3-56 所示。

(6) 将【项目】面板中的合成 01 添加到时间轴中的合成 02 中，如图 3-57 所示。

图 3-56 【合成设置】对话框

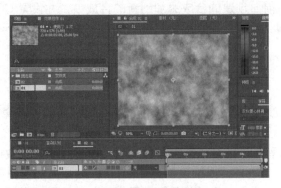

图 3-57 添加合成层

(7) 在时间轴中将 01 层的 图标关闭，然后在工具栏中使用【横排文字工具】 ，在【合成】面板中输入字母"STAR"，在【字符】面板中将字体设置为 Impact，字体大小设置为 320 像素，【垂直缩放】设置为 200%，【水平缩放】设置为 130%，字体颜色的 RGB 值设置为 237、255、255，如图 3-58 所示。

(8) 在时间轴中选中文字层，使用【钢笔工具】 在【合成】面板中绘制蒙版形状，如图 3-59 所示。

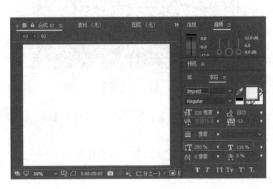

图 3-58 输入字母

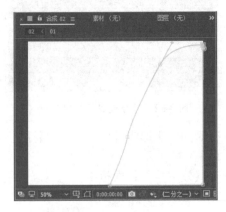

图 3-59 绘制蒙版形状

||||▶提 示

在绘制蒙版形状时，先绘制蒙版的基本形状，然后再通过调整蒙版的顶点来调整蒙版的最终形状。

(9) 选中时间轴中的文字图层，在菜单栏中选择【效果】→【湍流杂色】命令。在【效果控件】面板中，将【溢出】设置为【剪切】，【变换】中的【缩放】设置为 50.0，【不透明度】设置为 50.0%，如图 3-60 所示。

(10) 选中文字图层，在菜单栏中选择【效果】→【风格化】→【纹理化】命令。在【效果控件】面板中，将【纹理化】中的【纹理图层】设置为 2.01，【纹理对比度】设置为 2.0，如图 3-61 所示。

图 3-60 设置【湍流杂色】效果

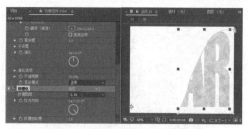

图 3-61 设置【纹理化】效果

(11) 在【项目】面板中选中 02 合成，按 Ctrl+D 组合键复制出 03 合成，如图 3-62 所示。

(12) 在【项目】面板中双击 03 合成，将【项目】面板中的 02 合成添加到时间轴中的 03 合成的顶端，如图 3-63 所示。

图 3-62 复制 03 合成

图 3-63 添加 02 合成层

(13) 在时间轴中，将文字图层的【蒙版】展开，勾选【蒙版 1】右侧的【反转】选项，如图 3-64 所示。

(14) 在时间轴中选中 02 层，在菜单栏中选择【效果】→【扭曲】→CC Page Turn 命令，如图 3-65 所示。

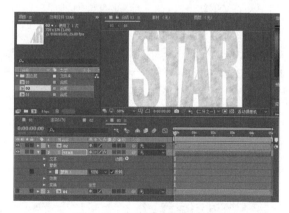

图 3-64 勾选【反转】选项

图 3-65 选择 CC Page Turn 命令

(15) 将当前时间设置为 0:00:00:00，在【效果控件】面板中，将 CC Page Turn 中的 Controls 设置为 Classic UI，Fold Position 设为 690.0、20.0，单击左侧的 按钮，Fold Direction 设为 0x+210.0°，Light Direction 设为 0x+10.0°，Render 设置为 Front Page，如图 3-66 所示。

(16) 将当前时间设置为 0:00:04:24，在【效果控件】面板中，将 CC Page Turn 中的 Fold Position 设为 300.0、590.0，如图 3-67 所示。

图 3-66 设置 CC Page Turn 效果

图 3-67 设置 Fold Position

(17) 在时间轴中，选中 02 层并单击鼠标右键，在弹出的快捷菜单中选择【重命名】命令，将其重命名为 021，然后按 Ctrl+D 组合键将其复制 3 次，如图 3-68 所示。

图 3-68 复制图层

(18) 选中 022 层，在【项目】面板中将 CC Page Turn 中的 Render 设置为 Back Page，Back Page 设置为 4.021，Back Opacity 设置为 100.0，如图 3-69 所示。

(19) 在菜单栏中选择【效果】→【透视】→【投影】命令。在【效果控制】面板中，将【投影】中的【方向】设置为 0x+90.0°，【距离】设置为 10.0，【柔和度】设置为 10.0，并勾选【仅阴影】选项，如图 3-70 所示。

图 3-69 设置 CC Page Turn 效果

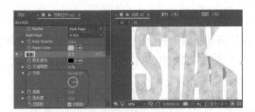

图 3-70 设置【投影】效果

(20) 在时间线中选择 024 层，将当前时间设置为 0:00:00:00，在【效果控件】面板中，将 CC Page Turn 中的 Render 设置为 Back Page，Back Page 设置为 4.021，Back Opacity 设置为 100.0，如图 3-71 所示。

(21) 在菜单栏中选择【效果】→【颜色校正】→【色阶】命令。在【效果控件】面板中，将【色阶】中的【灰度系数】设置为 0.60，如图 3-72 所示。

图 3-71 设置【CC Page Turn】效果

图 3-72 设置【色阶】效果

(22) 最后将 03 合成添加到【渲染队列】中并输出视频，并将场景文件保存。

第 4 章

3D 图 层

本章重点

- 倒影效果的制作（视频案例）
- 出现在桌子上的书
- 掉落的壁画（视频案例）
- 制作骰子（视频案例）

- 产品展示效果
- 人物投影（视频案例）
- 旋转的文字
- 旋转的钟表

  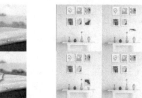 

   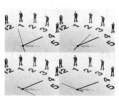

在 After Effects 中可以将二维图层转换为 3D 图层，这样可以更好地把握画面的透视关系和最终的画面效果，并且有些功能（如摄像机图层和灯光图层）需要在 3D 图层上才能起到效果。本章将在 After Effects 中应用 3D 图层，使读者更深入地了解 After Effects 中的 3D 图层。

案例精讲 031　倒影效果的制作（视频案例）

本例讲解倒影效果的制作，在制作过程中，首先使用【梯度渐变】制作出背景，然后加入素材，通过 3D 图层的设置，制作出两个相同的对象，通过对倒影添加【线性擦除】特效，使其呈现出倒影的效果，文字动画做对象的辅助，具体操作方法如下，完成后的效果如图 4-1 所示。

> 案例文件：CDROM\ 场景 \Cha04\ 倒影效果的制作 .aep
> 视频教学：视频教学 \Cha04\ 倒影效果的制作 .mp4

图 4-1　倒影效果的制作

案例精讲 032　出现在桌子上的书

制作流程是，首先将需要的素材导入到场景中，然后对书添加【投影】特效，使其呈现阴影，最后对书添加 Stretch&Blur 动画特效，具体操作步骤如下，完成后效果视频截图如图 4-2 所示。

> 案例文件：CDROM\ 场景 \Cha04\ 出现在桌子上的书 .aep
> 视频教学：视频教学 \Cha04\ 出现在桌子上的书 .mp4

图 4-2　出现在桌子上的书

（1）启动软件后，按 Ctrl+N 组合键，弹出【合成设置】对话框，将【合成名称】设为"出现在桌子上的书"，在【基本】选项组中，将【宽度】和【高度】分别设为 1024px 和 768px，将【像素长宽比】设为【方形像素】，将【帧速率】设为 25 帧 / 秒，将【持续时间】设为 0:00:05:00，单击【确定】按钮，如图 4-3 所示。

（2）切换到【项目】面板，在该面板中双击，弹出【导入文件】对话框，在该对话框中，选择随书附带光盘中的 CDROM\ 素材 \Cha04\ 书 .png 和桌子 .jpg 文件，然后单击【导入】按钮，如图 4-4 所示。

图 4-3　设置合成

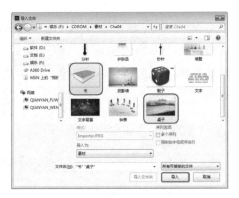

图 4-4　选择导入的素材文件

(3) 素材文件导入完成后,在【项目】面板中查看导入的素材文件,如图 4-5 所示。

(4) 在【项目】面板中选择【桌子 .jpg】文件,将其拖曳到时间轴上,如图 4-6 所示。

图 4-5　查看导入的素材

图 4-6　添加到时间轴

(5) 在【项目】面板中选择【书 .png】文件,拖曳到时间轴上,将其放置在【桌子】图层的上方,并单击【3D 图层】按钮 ,开启 3D 图层,如图 4-7 所示。

(6) 选择上一步添加的【书】图层,在时间轴面板中将【位置】设为 434,450,159,将【缩放】都设为 73%,如图 4-8 所示。

图 4-7　开启 3D 图层

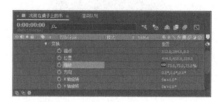

图 4-8　设置位置和缩放

▶▶▶提 示

将图层转换为 3D 时,须向其"位置""锚点"和"缩放"属性添加深度 (z) 值,该图层将获得"方向""Y 旋转""X 旋转"以及"材质选项"属性。单个"旋转"属性被重命名为"Z 旋转"。

(7) 打开【效果和预设】面板,搜索【投影】特效并将其添加到【书】图层上,在【效果控件】面板中将【方向】设为 0x-234°,将【距离】设为 32.0,将【柔和度】设为 76.0,如图 4-9 所示。

图 4-9　设置投影效果

知识链接

【投影】特效

投影效果可添加显示在图层后面的阴影。图层的 Alpha 通道将确定阴影的形状。

在将投影添加到图层中时，图层 Alpha 通道的柔和边缘轮廓将在其后面显示，就像将阴影投射到背景或底层对象上一样。

投影效果可在图层边界外部创建阴影。图层的品质设置会影响阴影的子像素定位，以及阴影柔和边缘的平滑度。

（8）打开【效果和预设】面板，选择【动画预设】→ Transition-Movement →【伸缩和模糊】特效，确认时间轴处于 0 帧状态，将该特效添加到"书"素材上，在【效果控件】面板中查看导入的特效，如图 4-10 所示。

（9）拖动时间标尺，查看效果，在第 14 帧时的效果如图 4-11 所示。

图 4-10　查看添加的特效

图 4-11　查看效果

案例精讲 033　掉落的壁画（视频案例）

本例的制作过程主要是关键帧的应用，通过对 3D 图层添加关键帧，使其呈现出动画，完成后的效果如图 4-12 所示。

案例文件：CDROM\ 场景 \Cha04\ 掉落的壁画 .aep

视频教学：视频教学 \Cha04\ 掉落的壁画 .mp4

图 4-12　掉落的壁画

案例精讲 034　制作骰子（视频案例）

本例讲解如何制作骰子，主要应用了 3D 图层和【梯度渐变】特效，完成后的效果如图 4-13 所示。

案例文件：CDROM\ 场景 \Cha04\ 制作骰子 .aep

视频教学：视频教学 \Cha04\ 制作骰子 .mp4

图 4-13　制作骰子

案例精讲 035 产品展示效果

本例介绍如何制作产品展示效果，首先将素材文件添加到项目面板中，通过对素材的【缩放】添加关键帧，使其呈现出动画，具体操作方法如下，完成后的效果如图 4-14 所示。

图 4-14 产品展示

案例文件：CDROM\ 场景 \Cha04\ 产品展示效果 .aep
视频教学：视频教学 \Cha04 产品展示效果 .mp4

（1）启动软件后，按 Ctrl+N 组合键，弹出【合成设置】对话框，将【合成名称】设为"产品展示效果"，在【基本】选项组中，将【宽度】和【高度】分别设为 1024px 和 683px，将【像素长宽比】设为【方形像素】，将【帧速率】设为 25 帧 / 秒，将【持续时间】设为 0:00:05:00，【背景颜色】设为黑色，单击【确定】按钮，如图 4-15 所示。

（2）切换到【项目】面板，在该面板中双击，弹出【导入文件】对话框，在该对话框中，选择随书附带光盘中的 CDROM\ 素材 \Cha04\ 产品背景 .jpg 和护肤品 .png 文件，然后单击【导入】按钮，如图 4-16 所示。

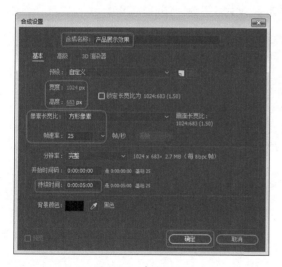

图 4-15 合成设置

图 4-16 选择素材文件

知识链接

产品展示是企业信息化中很重要的一环，主要用于在企业网站中建立产品的展示栏目。通常也叫产品中心。网络公司通常把产品展示定义为一种功能模块。

（3）导入素材之后，在【项目】面板中查看导入的素材文件，如图 4-17 所示。

（4）在【项目】面板中选择【产品背景 .jpg】文件，将其拖曳到时间轴面板中，如图 4-18 所示。

（5）将当前时间设为 0:00:04:00，打开【变换】选项组，单击【缩放】前面的【添加关键帧】按钮，添加关键帧，如图 4-19 所示。

图 4-17　查看导入的素材文件

图 4-18　添加素材到时间轴

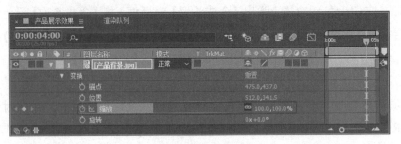

图 4-19　添加关键帧

(6) 将当前时间设为 0:00:04:24，在时间轴上将【缩放】设为 171%，如图 4-20 所示。

图 4-20　添加【缩放】关键帧

(7) 在【项目】面板中选择【护肤品 .png】素材文件，将其添加到【展示台】图层的上方，并单击【3D 图层】按钮 ⬡，开启 3D 图层，如图 4-21 所示。

(8) 将当前时间设为 0:00:00:00，单击【护肤品】图层【缩放】前面的【添加关键帧】按钮，并将【缩放】值设为 0%，如图 4-22 所示。

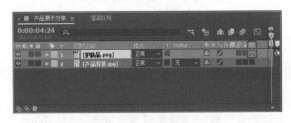

图 4-21　合成设置

图 4-22　添加【缩放】关键帧

(9) 将当前时间设为 0:00:04:00，在时间轴面板中将【缩放】设为 69.0%，如图 4-23 所示。

(10) 将当前时间设为 0:00:04:24，在时间轴上将【缩放】设为 125.0%，如图 4-24 所示。

图 4-23　添加缩放关键帧　　　　　　图 4-24　添加关键帧

(11) 在【效果和预设】面板中搜索【投影】特效，将其添加到【护肤品】图层上，打开【效果控件】面板，将【方向】设为 0x+197°，将【距离】设为 22，将【柔和度】设为 55，如图 4-25 所示。

(12) 投影设置完成后，产品展示就制作完成，对场景文件进行保存。

图 4-25　设置效果

案例精讲 036　人物投影（视频案例）

本例讲解投影的制作过程，其中主要通过对素材文件设置材质选项，然后通过灯光的设置，使其素材呈现投影效果，具体操作方法如下，完成后的效果如图 4-26 所示。

 案例文件：CDROM\ 场景 \Cha04\ 人物投影 .aep

视频教学：视频教学 \Cha04\ 人物投影 .mp4

图 4-26　人物投影

案例精讲 037　旋转的文字

本例介绍如何利用 3D 图层制作旋转的文字，其中主要应用了 3D 图层中【X 轴旋转】进行关键帧设置，使其旋转，然后对其添加视频特效，具体操作方法如下，完成后的效果如图 4-27 所示。

 案例文件：CDROM\ 场景 \Cha04\ 旋转的文字 .aep

视频教学：视频教学 \Cha04 旋转的文字 .mp4

图 4-27　旋转文字

(1) 启动软件后，按 Ctrl+N 组合键，弹出【合成设置】对话框，将【合成名称】设为"旋转的文字"，在【基本】选项组中，将【宽度】和【高度】分别设为 900px 和 500px，将【像素长宽比】设为【方形像素】，将【帧速率】设为 25 帧 / 秒，将【持续时间】设为 0:00:05:00，【背景颜色】设为黑色，单击【确定】按钮，如图 4-28 所示。

(2) 切换到【项目】面板，在该面板中双击，弹出【导入文件】对话框，在该对话框中，选择随书附带光盘中的 CDROM\ 素材 \Cha04\ 文字 .png 和文字背景 .jpg 文件，然后单击【导入】按钮，如图 4-29 所示。

图 4-28　新建合成

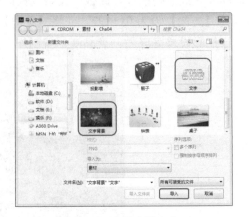

图 4-29　选择素材文件

(3) 切换到【项目】面板中，查看导入的素材文件，如图 4-30 所示。

(4) 在【项目】面板中选择【文字背景 .jpg】素材文件，拖曳到时间轴面板中，如图 4-31 所示。

图 4-30　查看导入的素材文件

图 4-31　添加素材到时间轴

(5) 在【项目】面板中选择【文字 .png】素材文件，将其拖曳到时间轴上，并将其放置到【文字背景】图层的上方，将其名字修改为【文字】，并打开其【3D 图层】，如图 4-32 所示。

(6) 将当前时间设为 0:00:00:00，打开【文字】图层下的【变换】选项组，单击【X 轴旋转】前面的【添加关键帧】按钮，如图 4-33 所示。

图 4-32　设置图层

图 4-33　添加【X 轴旋转】关键帧

(7) 将当前时间设为 0:00:02:00，打开【文字】图层下的【变换】选项组，将【X 轴旋转】设为 0x+340°，如图 4-34 所示。

(8) 将当前时间设为 0:00:04:00，在时间轴面板将【X 轴旋转】设为 1x+0°，如图 4-35 所示。

图 4-34 添加关键帧

图 4-35 添加关键帧

(9) 拖动时间标尺，在【合成】面板中查看效果，当前时间为 0:00:01:19，效果如图 4-36 所示。

(10) 在【效果和预设】中，选择【动画预设】→ Transitions—Movement →【卡片擦除—3D 像素风暴】命令，确认当前时间为 0:00:00:00，将其添加到【文字】图层上，在【效果控件】面板中查看添加的特效，如图 4-37 所示。

图 4-36 查看效果

图 4-37 查看添加的特效

(11) 将当前时间设为 0:00:04:00，在时间轴面板中打开【文字】图层下的【效果】→【卡片擦除】→【过渡完成】的最后一个关键帧，将其移动到时间线上，如图 4-38 所示。

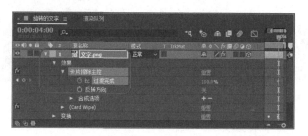
图 4-38 移动关键帧

案例精讲 038　旋转的钟表

本例讲解旋转钟表的制作过程，其中主要应用了【锚点】和【位置】的设置，以及【Z 轴旋转】关键帧的添加，具体操作方法如下，完成后的效果如图 4-39 所示。

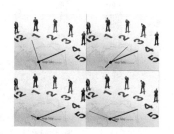
图 4-39 旋转的钟表

 案例文件：CDROM\ 场景 \Cha04\ 旋转的钟表 .aep
　　视频教学：视频教学 \Cha04\ 旋转的钟表 .mp4

(1) 启动软件后，按 Ctrl+N 组合键，弹出【合成设置】对话框，将【合成名称】设为"旋转的钟表"，在【基本】选项组中，将【宽度】和【高度】分别设为 1024px 和 768px，将【像素长宽比】设为【方形像素】，将【帧速率】设为 25 帧 / 秒，将【持续时间】设为 0:00:05:00，【背景颜色】设为黑色，单击【确定】按钮，如图 4-40 所示。

(2) 切换到【项目】面板，在该面板中双击，弹出【导入文件】对话框，在该对话框中，选择随书附带光盘中的 CDROM\ 素材 \Cha04\ 分针 .png、秒针 .jpg、钟表 ..png 文件，然后单击【导入】按钮，如图 4-41 所示。

图 4-40　新建合成

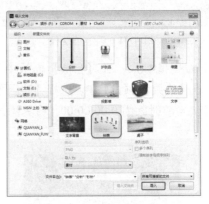

图 4-41　选择素材文件

(3) 在【项目】面板中选择【钟表 .png】素材文件，将其添加到时间轴中，如图 4-42 所示。

(4) 展开【钟表】图层的【变换】选项组，将【缩放】设为 30.0%，如图 4-43 所示。

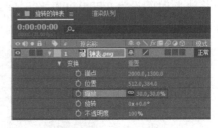

图 4-43　设置缩放

图 4-42　添加到时间轴

(5) 在【合成】面板中，查看素材效果，如图 4-44 所示。

(6) 在项目面板中选择【分针 .png】素材文件，将其添加到时间轴中，开启【3D 图层】，如图 4-45 所示。

图 4-44　查看效果

图 4-45　设置时间轴

(7) 在时间轴展开【分针】的【变换】选项组，将【锚点】设为 13.5，206.5，1.0，将【位置】设为 341.1，655，0.0，将【缩放】设为 100.0，201.0，100.0%，将【方向】设为 0.0°，0.0°，67.0°，确认当前时间为 0:00:00:00，单击【Z 轴旋转】前面的添加关键帧按钮，添加关键帧，如图 4-46 所示。

(8) 在【合成】面板中查看设置完成后的效果，如图 4-47 所示。

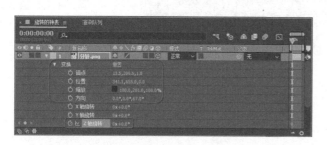

图 4-46 设置变换选项组

图 4-47 查看效果

(9) 将当前时间设为 0:00:04:24，将【Z 轴旋转】设为 0x+10°，添加关键帧，如图 4-48 所示。

图 4-48 设置变换选项组

(10) 在【合成】面板中查看设置后的效果，如图 4-49 所示。

(11) 在【项目】面板中选择【秒针 .png】对象，将其添加到时间轴上，开启【3D 图层】，名称修改为【秒针】，将【锚点】设为 15.5，238.0，0.0，将【位置】设为 342.0，656.0，0.0，将【缩放】都设为 132，确认当前时间为 0:00:00:00，单击【Z 轴旋转】前面的添加关键帧按钮，并将其设为 0x-40°如图 4-50 所示。

图 4-49 查看效果

图 4-50 设置关键帧

(12) 将当前时间设为 0:00:04:24，将【Z 轴旋转】设为 1x+150°，如图 4-51 所示。

图 4-51　设置关键帧

第 5 章

文 字 效 果

本章重点

- 发光文字
- 火焰文字
- 渐变文字（视频案例）
- 卡通文字（视频案例）
- 立体文字
- 流光文字（视频案例）

- 路径文字
- 花纹文字（视频案例）
- 烟雾文字
- 积雪文字
- 玻璃文字（视频案例）
- 打字效果

- 文字描边动画（视频案例）
- 光晕文字（视频案例）
- 金属文字（视频案例）
- 电影文字
- 气泡文字（视频案例）

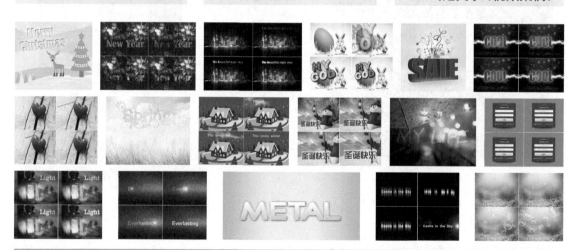

　　在日常生活随处可见一些文字变形效果，不同的文字效果会给人以不同的感觉，本章将重点讲解如何利用 After Effect 软件制作不同的文字效果。

案例精讲 039　发光文字

本例介绍一下发光文字的制作，主要是通过为文字添加【内发光】和【外发光】图层样式来表现发光文字，完成后的效果如图 5-1 所示。

> 案例文件：CDROM\ 场景 \Cha05\ 发光文字 .aep
>
> 视频教学：视频教学 \Cha05\ 发光文字 .mp4

图 5-1　发光文字

(1) 按 Ctrl+N 组合键，在弹出的【合成设置】对话框中，在【合成名称】处输入"发光文字"，将【宽度】和【高度】分别设置为 646px 和 556px，将【像素长宽比】设置为 D1/DV PAL(1.09)，将【持续时间】设置为 0:00:05:00，单击【确定】按钮，如图 5-2 所示。

(2) 在【项目】面板的空白处双击，弹出【导入文件】对话框，在该对话框中选择素材图片【发光文字 .jpg】和【发光文字底纹 .jpg】，单击【导入】按钮，如图 5-3 所示。

图 5-2　新建合成

图 5-3　选择素材图片

(3) 将选择的素材图片导入【项目】面板中，然后将【发光文字 .jpg】素材图片拖曳到时间轴中，效果如图 5-4 所示。

(4) 在工具栏中选择【横排文字工具】 ，在【合成】面板中输入"Merry"，选择所输入的文字，在【字符】面板中将【字体】设置为 Impact，将【字体大小】设置为 100 像素，将【字符间距】设置为 0，将【垂直缩放】设置为 100，将【水平缩放】设置为 100，将【填充颜色】的 RGB 值设置为 255、255、255，将【描边】设置为无，效果如图 5-5 所示。

知识链接

RGB 模式是由红、绿、蓝三原色组成的色彩模式。图像中所有的色彩都是由 R(红)、G(绿)、B(蓝)三原色组合而来的。

RGB 色彩模式包含 R、G、B 三个单色通道和一个由它们混合组成的彩色通道。用户可以通过对 R、G、B 三个通道的数值的调节来调整对象色彩。三原色中每一种颜色的取值范围都为 0~255，值为 0 时，亮度级别最低；值为 255 时，亮度级别最高。当三个值为 0 时，图像为黑色，当三个值都为 255 时，图像为白色。

图 5-4　在合成中添加素材图片

图 5-5　输入并设置文字

(5) 在时间轴中，将 Merry 文字图层的【旋转】设置为 0x-6°，并调整其位置，效果如图 5-6 所示。

(6) 在【项目】面板中，将【发光文字底纹 .jpg】素材图片拖曳至时间轴中文字图层的下方，并将其【旋转】设置为 0x-6°，将【位置】设置为 313.0 和 298.0，效果如图 5-7 所示。

图 5-6　设置文字的旋转角度和位置

图 5-7　设置素材图片

(7) 单击时间轴底部的【切换开关 / 模式】按钮，切换到模式选项，将素材图片【发光文字底纹 .jpg】所在图层的 TrkMat 设置为【Alpha 遮罩 "Merry"】，如图 5-8 所示。

(8) 然后在菜单栏中选择【图层】→【图层样式】→【斜面和浮雕】命令，如图 5-9 所示。

图 5-8　设置轨道遮罩

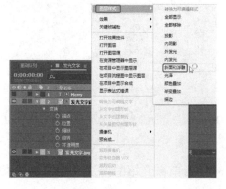

图 5-9　选择【斜面和浮雕】命令

(9) 在时间轴中，将【斜面和浮雕】的【方向】设置为【向下】，将【大小】设置为6，将【高亮模式】设置为【正常】，将【加亮颜色】的RGB值设置为5、103、108，将【阴影颜色】的RGB值设置为39、21、11，如图5-10所示。

(10) 然后在菜单栏中选择【图层】→【图层样式】→【内发光】命令，添加【内发光】样式，将【颜色】的RGB值设置为0、255、162，将【大小】设置为30.0，如图5-11所示。

图 5-10　设置【斜面和浮雕】参数

图 5-11　设置【内发光】参数

(11) 在菜单栏中选择【图层】→【图层样式】→【外发光】命令，添加【外发光】样式，将【颜色】的RGB值设置为57、193、238，将【扩展】设置为10%，将【大小】设置为40，如图5-12所示。

知识链接

【图层样式】

【投影】：添加落在图层后面的阴影。

【内阴影】：添加落在图层内容中的阴影，从而使图层具有凹陷外观。

【外发光】：添加从图层内容向外发出的光线。

【内发光】：添加从图层内容向里发出的光线。

【斜面和浮雕】：添加高光和阴影的各种组合。

【光泽】：应用创建光滑光泽的内部阴影。

【颜色叠加】：使用颜色填充图层的内容。

【渐变叠加】：使用渐变填充图层的内容。

【描边】：描画图层内容的轮廓。

(12) 此时，可以在【合成】面板中查看添加图层样式后的效果，如图5-13所示。

图 5-12　设置【外发光】参数

图 5-13　添加图层样式后的效果

(13) 结合前面介绍的方法，制作其他发光文字Christmas，最后将文字图层隐藏，效果如图5-14所示。

图 5-14   制作其他发光文字

案例精讲 040   火焰文字

　　本例介绍火焰文字的制作方法，火焰文字的制作比较复杂，主要是通过添加多种效果来表现火焰燃烧，完成后的效果如图 5-15 所示。

案例文件：CDROM\ 场景 \Cha05\ 火焰文字 .aep
视频教学：视频教学 \Cha05\ 火焰文字 .mp4

图 5-15   火焰文字

　　(1) 按 Ctrl+N 组合键，在弹出的【合成设置】对话框中，在【合成名称】处输入"火焰文字"，将【宽度】和【高度】分别设置为 500px 和 350px，将【像素长宽比】设置为 D1/DV PAL(1.09)，将【持续时间】设置为 0:00:07:00，单击【确定】按钮，如图 5-16 所示。

　　(2) 在【项目】面板的空白处双击，弹出【导入文件】对话框，在该对话框中选择素材图片【火焰文字背景 .jpg】，单击【导入】按钮，如图 5-17 所示。

知识链接

　　JPEG是 Joint Photographic Experts Group(联合图像专家组)的缩写，文件后缀名为".jpg"或".jpeg"，是一种支持 8 位和 24 位色彩的压缩位图格式，适合在网络 (Internet)上传输，是非常流行的图形文件格式。

　　.jpeg或 .jpg是最常用的图像文件格式，是一种有损压缩格式，能够将图像压缩在很小的储存空间内，图像中重复或不重要的资料会被丢失，因此容易造成图像数据的损伤，尤其是使用过高的压缩比例，将使最终解压缩后恢复的图像质量明显降低，如果追求高品质图像，不宜采用过高压缩比例。但是 JPEG压缩技术十分先进，它用有损压缩方式去除冗余的图像数据，在获得极高的压缩率的同时能展现十分丰富生动的图像，换句话说，就是可以用最少的磁盘空间得到较好的图像品质。而且 JPEG是一种很灵活的格式，具有调节图像质量的功能，允许用不同的压缩比例对文件进行压缩，支持多种压缩级别，压缩比率通常在 10：1 到 40：1，压缩比率越大，品质就越低；相反，压缩比率越小，品质就越高。

图 5-16　新建合成　　　　　　　　　　　　　　　　图 5-17　选择素材图片

　　(3) 将选择的素材图片导入到【项目】面板中，然后将素材图片拖曳至时间轴中，将【缩放】设置为 22%，将【位置】设置为 257.0、175.0，效果如图 5-18 所示。

　　(4) 在工具栏中选择【横排文字工具】 T ，在【合成】面板中输入"New Year"，选择输入的文字，在【字符】面板中将字体设置为 Britannic Bold，将字体大小设置为 108 像素，将填充颜色的 RGB 值设置为 255、255、255，效果如图 5-19 所示。

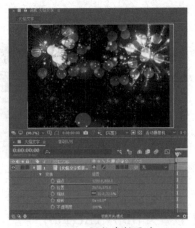

图 5-18　调整素材图片　　　　　　　　　　　　　图 5-19　输入并设置内容

　　(5) 在时间轴中，将文字图层的【位置】设置为 65.0、250.0，并将当前时间设置为 0:00:02:00，将【不透明度】设置为 0%，然后单击左侧的 按钮，如图 5-20 所示。

　　(6) 将当前时间设置为 0:00:03:00，将【不透明度】设置为 100%，如图 5-21 所示。

图 5-20　设置图层参数　　　　　　　　　　　　　图 5-21　设置不透明度

　　(7) 确认文字图层处于选择状态，在菜单栏中选择【效果】→【遮罩】→【简单阻塞工具】命令，如图 5-22 所示。

(8) 为文字图层添加【简单阻塞工具】效果，将当前时间设置为 0:00:00:00，在【效果控件】面板中将【阻塞遮罩】设置为 100，并单击左侧的 ⏱ 按钮，如图 5-23 所示。

图 5-22 选择【简单阻塞工具】命令

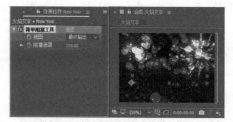

图 5-23 添加效果并设置参数

(9) 将当前时间设置为 0:00:03:00，将【阻塞遮罩】设置为 0.1，如图 5-24 所示。

(10) 在菜单栏中选择【效果】→【模糊和锐化】→【快速模糊】命令，即可为文字图层添加【快速模糊】效果，在【效果控件】面板中将【模糊度】设置为 10，如图 5-25 所示。

图 5-24 设置【阻塞遮罩】参数

图 5-25 添加【快速模糊】效果并设置参数

(11) 在菜单栏中选择【效果】→【生成】→【填充】命令，即可为文字图层添加【填充】效果，在【效果控件】面板中将【颜色】的 RGB 值设置为 0、0、0，如图 5-26 所示。

(12) 在菜单栏中选择【效果】→【杂色和颗粒】→【分形杂色】命令，即可为文字图层添加【分形杂色】效果，在【效果控件】面板中将【分型类型】设置为【湍流平滑】，将【对比度】设置为 200，将【溢出】设置为【剪切】，在【变换】组中将【缩放】设置为 50，确认当前时间为 0:00:00:00，将【偏移 (湍流)】设置为 360、570，并单击其左侧的 ⏱ 按钮，勾选【透视位移】复选框，将【复杂度】设置为 10，单击【演化】左侧的 ⏱ 按钮，打开动画关键帧记录，如图 5-27 所示。

图 5-26 添加【填充】效果并设置参数

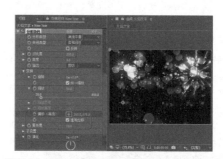

图 5-27 添加【分形杂色】效果并设置参数

知识链接

【分形杂色】: 分形杂色效果可用于创建自然景观背景、置换图和纹理的灰度杂色，或模拟云、火、熔岩、蒸汽、流水等物。

(13) 将当前时间设置为 0:00:07:00，将【偏移（湍流）】设置为 360、0，将【演化】设置为 10x+0°，如图 5-28 所示。

(14) 在菜单栏中选择【效果】→【颜色校正】→ CC Toner 命令，即可为文字图层添加 CC Toner 效果，在【效果控件】面板中将 Highlights 的 RGB 值设置为 255、191、0，将 Midtones 的 RGB 值设置为 219、117、3，将 Shadows 的 RGB 值设置为 110、0、0，如图 5-29 所示。

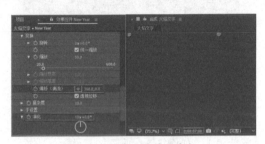

图 5-28　设置关键帧参数

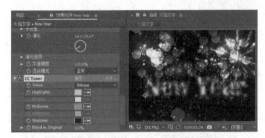

图 5-29　添加 CC Toner 效果并设置参数

(15) 在菜单栏中选择【效果】→【风格化】→【毛边】命令，即可为文字图层添加【毛边】效果，在【效果控件】面板中将【边缘类型】设置为【刺状】，将当前时间设置为 0:00:00:00，将【偏移（湍流）】设置为 0、228，并单击其左侧的 按钮，然后单击【演化】左侧的 按钮，打开动画关键帧记录，如图 5-30 所示。

(16) 将当前时间设置为 0:00:07:00，将【偏移（湍流）】设置为 0、0，将【演化】设置为 5x+0°，如图 5-31 所示。

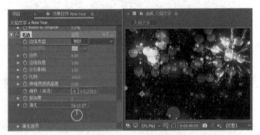

图 5-30　添加【毛边】效果并设置参数

图 5-31　设置关键帧参数

知识链接

【毛边】：毛边效果可使 Alpha 通道变粗糙，并可增加颜色以模拟铁锈和其他类型的腐蚀。此效果可为格栅化文本或图形提供自然粗制的外观，就像旧打字机文本的外观一样。

【边缘类型】：使用的粗糙化的类型。

【边缘颜色】：对于"生锈颜色"或"颜色粗糙化"，指应用到边缘的颜色，对于"影印颜色"，指填充的颜色。

【边界】：此效果从 Alpha 通道的边缘开始，向内部范围扩展，以像素为单位。

【边缘锐度】：低值可创建更柔和的边缘，高值可创建更清晰的边缘。

【分形影响】：粗糙化的数量。

【缩放】：用于计算粗糙度的分形的缩放。

【伸缩宽度或高度】：用于计算粗糙度的分形的宽度或高度。

【偏移（湍流）】：确定用于创建粗糙度的部分分形形状。

【复杂度】：确定粗糙度的详细程度。

【演化】：为此设置动画将使粗糙度随时间变化。

(17) 然后按 Ctrl+D 组合键复制出 New Year 2 文字图层，在时间轴面板中，将 New Year 2 文字图层的【位置】设置为 65.0、290.0，如图 5-32 所示。

(18) 在【效果控件】面板中,将【快速模糊】效果的【模糊度】设置为120,将【模糊方向】设置为【垂直】,如图 5-33 所示。

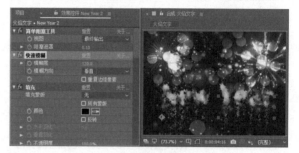

图 5-32　复制图层并调整图层位置　　　　　　　　图 5-33　设置【快速模糊】参数

(19) 在菜单栏中选择【效果】→【过渡】→【线性擦除】命令,即可为 New Year 2 文字图层添加【线性擦除】效果,在【效果控件】面板中,将其移至【快速模糊】效果的下方,然后将当前时间设置为 0:00:02:00,将【过渡完成】设置为 100%,并单击其左侧的 按钮,将【擦除角度】设置为 180°,将【羽化】设置为 100,如图 5-34 所示。

(20) 将当前时间设置为 0:00:07:00,将【过渡完成】设置为 0%,如图 5-35 所示。

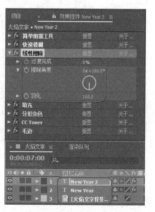

图 5-34　添加【线性擦除】效果并设置参数　　　　　图 5-35　设置【过渡完成】参数

(21) 将当前时间设置为 0:00:00:00,将【毛边】效果的【边缘锐度】设置为 0.5,将【分形影响】设置为 0.75,将【比例】设置为 300,将【偏移（湍流）】设置为 0.0、156.4,如图 5-36 所示。

(22) 按 Ctrl+D 组合键复制出 New Year 3 文字图层,在时间轴面板中,将 New Year 3 文字图层的【位置】设置为 65、260,单击【不透明度】左侧的 按钮,将【不透明度】设置为 100%,如图 5-37 所示。

(23) 在【效果控件】面板中将 New Year 3 文字图层上的效果全部删除,在【字符】面板中将文字填充颜色的 RGB 值设置为 229、81、6,如图 5-38 所示。

(24) 然后在菜单栏中选择【效果】→【风格化】→ CC Burn Film 命令,即可为 New Year 3 文字图层添加 CC Burn Film 效果，将当前时间设置为 0:00:00:00，在【效果控件】面板中，将 Burn 设置为 0，并单击其左侧的 ⏱ 按钮，将 Center 设置为 183、185，如图 5-39 所示。

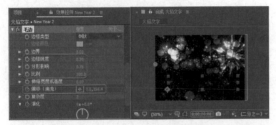

图 5-36　设置【毛边】参数

图 5-37　复制图层并设置参数

图 5-38　更改文字填充颜色

图 5-39　添加效果并设置参数

(25) 将当前时间设置为 0:00:07:00，将 Burn 设置为 75，如图 5-40 所示。

(26) 设置完成后，按空格键在【合成】面板中查看效果，如图 5-41 所示，对完成后的场景进行保存和输出即可。

图 5-40　设置 Burn 参数

图 5-41　查看效果

案例精讲 041　渐变文字（视频案例）

本例介绍渐变文字的制作方法，该例的制作比较简单，主要是对文字添加【四色渐变】效果，完成后的效果如图 5-42 所示。

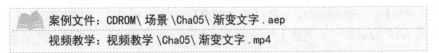

案例文件：CDROM\ 场景 \Cha05\ 渐变文字 .aep

视频教学：视频教学 \Cha05\ 渐变文字 .mp4

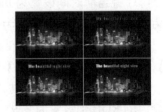

图 5-42　渐变文字

案例精讲 042 卡通文字（视频案例）

本例介绍卡通文字的制作方法，该例是通过制作两个合成来完成的，首先制作出卡通文字，然后制作动画效果，如图 5-43 所示。

| 案例文件：CDROM\ 场景 \Cha05\ 卡通文字 .aep |
| 视频教学：视频教学 \Cha05\ 卡通文字 .mp4 |

图 5-43　卡通文字

案例精讲 043 立体文字

本例介绍一下立体文字的制作方法，该例的制作比较简单，主要是打开文字图层的 **3D** 图层，然后设置参数，完成后的效果如图 5-44 所示。

| 案例文件：CDROM\ 场景 \Cha05\ 立体文字 .aep |
| 视频教学：视频教学 \Cha05\ 立体文字 .mp4 |

图 5-44　立体文字

(1) 按 Ctrl+N 组合键，弹出【合成设置】对话框，在【合成名称】处输入"立体文字"，将【宽度】和【高度】均设置为 600px，将【像素长宽比】设置为【方形像素】，将【持续时间】设置为 0:00:05:00，单击【确定】按钮，如图 5-45 所示。

(2) 在【项目】面板的空白处双击，弹出【导入文件】对话框，在该对话框中选择素材图片【图案 .png】和【立体文字背景 .jpg】，单击【导入】按钮，如图 5-46 所示。

图 5-45　新建合成

图 5-46　选择素材图片

知识链接

　　PNG格式图片因其高保真性、透明性及文件体积较小等特性，被广泛应用于网页设计、平面设计中。PNG用来存储灰度图像时，灰度图像的深度可多达16位，存储彩色图像时，彩色图像的深度可多达48位，并且还可存储多达16位的 α 通道数据。PNG使用从 LZ77派生的无损数据压缩算法，一般应用于 Java程序、网页或S60程序中，因为它压缩比高，生成的文件容量小。

(3) 将选择的素材图片导入【项目】面板中，然后将【立体文字背景 .jpg】素材图片拖曳至时间轴中，将【缩放】设置为 60%，效果如图 5-47 所示。

(4) 在工具栏中选择【横排文字工具】 ，在【合成】面板中输入文字，选择输入的文字，在【字符】面板中将字体设置为 Impact，将字体大小设置为 266 像素，将填充颜色的 RGB 值设置为 181、10、0，将描边颜色设置为无，效果如图 5-48 所示。

图 5-47　调整素材图片

图 5-48　输入并设置文字

(5) 在菜单栏中选择【效果】→【透视】→【斜面 Alpha】命令，即可为文字图层添加【斜面 Alpha】效果，在【效果控件】面板中，将【边缘厚度】设置为 3，如图 5-49 所示。

(6) 然后在时间轴中，打开文字图层的 3D 图层，将【位置】设置为 99、520、0，将【方向】设置为 0°、345°、0°，如图 5-50 所示。

图 5-49　添加效果并设置参数

图 5-50　转换为 3D 图层并设置参数

(7) 按 Ctrl+D 组合键复制出 SALE 2 文字图层，并选择复制出的文字图层，在【字符】面板中将填充颜色的 RGB 值设置为 116、10、0，如图 5-51 所示。

(8) 然后在【效果控件】面板中，将【边缘厚度】设置为 2，如图 5-52 所示。

图 5-51　更改填充颜色

图 5-52　更改效果参数

(9) 在时间轴中，将 SALE 2 文字图层的【位置】设置为 58、522、0，效果如图 5-53 所示。

(10) 在时间轴的空白处单击鼠标右键，在弹出的快捷菜单中选择【新建】→【形状图层】命令，即可新建形状图层，并打开形状图层的 3D 图层，如图 5-54 所示。

图 5-53　调整文字图层

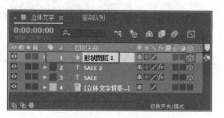

图 5-54　新建形状图层

(11) 在工具栏中选择【椭圆工具】 ，在【合成】面板中绘制椭圆，选择绘制的椭圆，在时间轴中的【填充 1】选项组中将【颜色】的 RGB 值设置为 153、153、153，如图 5-55 所示。

(12) 然后将形状图层的【方向】设置为 0°、348°、0°，并适当调整其位置，效果如图 5-56 所示。

图 5-55　设置椭圆颜色

图 5-56　调整形状图层

(13) 在菜单栏中选择【效果】→【模糊和锐化】→【快速模糊】命令，即可为形状图层添加【快速模糊】效果，在【效果控件】面板中将【模糊度】设置为 55，如图 5-57 所示。

(14) 在【项目】面板中将【图案 .png】素材图片拖曳至时间轴中 SALE 2 文字图层的下方，如图 5-58 所示。

图 5-57　添加效果并设置参数

图 5-58　添加素材图片

(15) 然后打开 3D 图层，将【位置】设置为 312、182、70，将【缩放】设置为 40%，将【方向】设置为 0°、345°、0°，如图 5-59 所示。

(16) 设置完成后，在【合成】面板中查看效果，如图 5-60 所示，然后对完成后的场景进行保存即可。

图 5-59　设置 3D 图层参数　　　　　　　　　　图 5-60　完成后的效果

案例精讲 044　流光文字（视频案例）

本例介绍一下流光文字的制作方法，该例的制作比较复杂，主要通过添加【分形杂色】效果来表现流动的光，完成后的效果如图 5-61 所示。

案例文件：CDROM\ 场景 \Cha05\ 流光文字 .aep
视频教学：视频教学 \Cha05\ 流光文字 .mp4

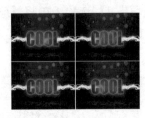

图 5-61　流光文字

案例精讲 045　路径文字

本例介绍一下路径文字的制作，该例的制作比较简单，主要是在文字图层上绘制路径，然后设置关键帧参数，完成后的效果如图 5-62 所示。

案例文件：CDROM\ 场景 \Cha05\ 路径文字 .aep
视频教学：视频教学 \Cha05\ 路径文字 .mp4

图 5-62　路径文字

(1) 按 Ctrl+N 组合键，弹出【合成设置】对话框，在【合成名称】处输入 "路径文字"，将【预设】设置为 PAL D1/DV，将【宽度】和【高度】分别设置为 720px、576px，将【持续时间】设置为 0:00:05:00，单击【确定】按钮，如图 5-63 所示。

(2) 在【项目】面板的空白处双击，弹出【导入文件】对话框，在该对话框中选择素材图片【路径文字背景 .jpg】，单击【导入】按钮，如图 5-64 所示。

(3) 将选择的素材图片导入【项目】面板中，然后将素材图片拖曳至时间轴中，将【缩放】设置为 77%，效果如图 5-65 所示。

(4) 在工具栏中选择【横排文字工具】T，在【合成】面板中输入 "Remember to be happy everyday!"，选择输入的内容，在【字符】面板中将字体设置为【方正粗圆简体】，将字体大小设置为 23 像素，将填充颜色的 RGB 值设置为 255、0、89，效果如图 5-66 所示。

图 5-63 新建合成

图 5-64 选择素材图片

图 5-65 调整素材图片

图 5-66 输入并设置文字

(5) 确认文字图层处于选择状态，在工具栏中选择【钢笔工具】 ，在【合成】面板中绘制曲线遮罩，如图 5-67 所示。

(6) 将当前时间设置为 0:00:00:00，在时间轴【路径选项】组中，将【路径】设置为【蒙版 1】，将【首字边距】设置为 -297，并单击左侧的 按钮，如图 5-68 所示。

图 5-67 绘制曲线遮罩

图 5-68 设置路径选项

||||▶提示

在工具栏中罗列了各种常用的工具，单击工具图标即可选中该工具。某些工具右边的小三角形符号表示还存在其他的隐藏工具，将鼠标指针放在该工具上方按住不动，稍后就会显示其隐藏的工具，然后移动鼠标指针到所需工具上方，释放鼠标即可选中该工具，也可通过连续按该工具的快捷键循环选择其中的隐藏工具。Ctrl+I 组合键用于显示/隐藏工具栏。

(7) 然后在【变换】组中，将【不透明度】设置为 0%，并单击左侧的 ◯ 按钮，如图 5-69 所示。

(8) 将当前时间设置为 0:00:02:17，在【变换】组中将【不透明度】设置为 100%，如图 5-70 所示。

图 5-69　设置不透明度参数

图 5-70　设置关键帧参数

(9) 将当前时间设置为 0:00:04:10，在【路径选项】组中将【首字边距】设置为 580，如图 5-71 所示。

知识链接

【路径选项】组中各项参数功能介绍如下。

【路径】：用于指定文字层的遮罩路径。

【反转路径】：打开该选项可反转路径，默认为关闭。

【垂直于路径】：打开该选项可使文字垂直于路径，默认为打开。

【强制对齐】：打开该选项，在移动文本时可保持一端位置不变。

【首字边距】和【末字边距】：用于调整文本的位置。参数为正值，表示文本从初始位置向右移动，参数为负值，表示文本从初始位置向左移动。

(10) 设置完成后，按空格键在【合成】面板中查看效果，如图 5-72 所示，对完成后的场景进行保存和输出即可。

图 5-71　设置关键帧参数

图 5-72　查看效果

案例精讲 046 花纹文字（视频案例）

本例介绍花纹文字的制作，首先使用花纹装饰文字，然后同时为文字和花纹添加底纹图案，完成后的效果如图 5-73 所示。

案例文件：CDROM\ 场景 \Cha05\ 花纹文字 .aep

视频教学：视频教学 \Cha05\ 花纹文字 .mp4

图 5-73 花纹文字

 案例精讲 047 烟雾文字

本例介绍烟雾文字的制作方法，该例的亮点及重点在蓝色的烟雾上，完成后的效果如图 5-74 所示。

案例文件：CDROM\ 场景 \Cha05\ 烟雾文字 .aep

视频教学：视频教学 \Cha05\ 烟雾文字 .mp4

图 5-74 烟雾文字

(1) 按 Ctrl+N 组合键，弹出【合成设置】对话框，在【合成名称】处输入"烟雾文字"，将【宽度】和【高度】分别设置为 835px 和 620px，将【像素长宽比】设置为 D1/DV PAL(1.09)，将【持续时间】设置为 0:00:05:00，单击【确定】按钮，如图 5-75 所示。

(2) 在【项目】面板的空白处双击，弹出【导入文件】对话框，在该对话框中选择素材图片【烟雾文字背景 .jpg】，单击【导入】按钮，如图 5-76 所示。

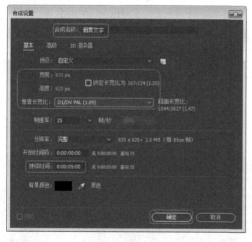

图 5-75 新建合成

图 5-76 选择素材图片

(3) 将选择的素材图片导入【项目】面板中，然后将素材图片拖曳至时间轴中，效果如图 5-77 所示。

(4) 在工具栏中选择【横排文字工具】，在【合成】面板中输入"This lonely winter"，选择输入的内容，在【字符】面板中将字体设置为【汉仪竹节体简】，将字体大小设置为 66 像素，将填充颜色的 RGB 值设置为 45、219、255，并在【合成】面板中调整其位置，效果如图 5-78 所示。

图 5-77　添加素材图片

图 5-78　输入并设置文字

(5) 在菜单栏中选择【效果】→【过渡】→【线性擦除】命令，即可为文字图层添加【线性擦除】效果，确认当前时间为 0:00:00:00，在【效果控件】面板中，将【过渡完成】设置为 100%，并单击左侧的 按钮，将【擦除角度】设置为 270°，将【羽化】设置为 230，如图 5-79 所示。

(6) 将当前时间设置为 0:00:03:00，将【过渡完成】设置为 0%，如图 5-80 所示。

图 5-79　添加【线性擦除】效果并设置参数

图 5-80　设置【过渡完成】参数

(7) 在时间轴的空白处单击鼠标右键，在弹出的快捷菜单中选择【新建】→【纯色】命令，弹出【纯色设置】对话框，在【名称】处输入"烟雾 01"，将【颜色】的 RGB 值设置为 0、0、0，单击【确定】按钮，如图 5-81 所示。

(8) 新建【烟雾 01】图层，在菜单栏中选择【效果】→【模拟】→ CC Particle World(粒子世界) 命令，即可为【烟雾 01】图层添加该效果，将当前时间设置为 0:00:00:00，在【效果控件】面板中将 Birth Rate(出生率) 设置为 0.1，将 Longevity(sec)(寿命) 设置为 1.87，分别单击 Position X(位置 X)、Position Y(位置 Y) 左侧的 按钮，将 Position X(位置 X) 设置为 -0.53，将 Position Y(位置 Y) 设置为 0.01，将 Radius Z(半径 Z) 设置为 0.44，将 Animation(动画) 设置为 Viscouse，将 Velocity(速度) 设置为 0.35，将 Gravity(重力) 设置为 -0.05，如图 5-82 所示。

图 5-81　【纯色设置】对话框

图 5-82　添加效果并设置参数

(9) 将 Particle(粒子) 下的 Particle Type(粒子类型) 设置为 Faded Sphere(透明球)，将 Birth Size(出生大小) 设置为 1.25，将 Death Size(死亡大小) 设置为 1.9，将 Birth Color(出生颜色) 的 RGB 值设置为 5、160、255，将 Death Color(死亡颜色) 的 RGB 值设置为 0、0、0，将 Transfer Mode(传输模式) 设置为 Add，如图 5-83 所示。

(10) 将当前时间设置为 0:00:03:00，将 Position X(位置 X) 设置为 0.78，将 Position Y(位置 Y) 设置为 0.01，如图 5-84 所示。

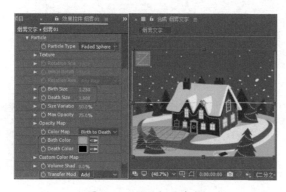

图 5-83　设置粒子参数

图 5-84　设置关键帧参数

(11) 在菜单栏中选择【效果】→【模糊和锐化】→ CC Vector Blur(CC 矢量模糊) 命令，即可为【烟雾 01】图层添加该效果，在【效果控件】面板中将 Amount(数量) 设置为 250，将 Angle Offset(角度偏移) 设置为 10°，将 Ridge Smoothness 设置为 32，将 Map Softness(图像柔化) 设置为 25，如图 5-85 所示。

|||▶提 示

使用【CC 矢量模糊】特效可以产生一种特殊的变形模糊效果。

(12) 在时间轴中将【烟雾 01】图层的【模式】设置为【屏幕】，如图 5-86 所示。

图 5-85　添加效果并设置参数

图 5-86　更改图层模式

(13) 确认【烟雾 01】图层处于选中状态，按 Ctrl+D 组合键复制图层，将新复制的图层重命名为 "烟雾 02" 图层，如图 5-87 所示。

(14) 选择【烟雾 02】图层，在【效果控件】面板中将 CC Particle World(CC 粒子世界) 效果中的 Birth Rate(出生率) 设置为 0.7，将 Radius Z(半径 Z) 设置为 0.47，将 Particle(粒子) 下的 Birth Size(出生大小) 设置为 0.94，将 Death Size(死亡大小) 设置为 1.7，将 Death Color(死亡颜色) 的 RGB 值设置为 13、0、0，如图 5-88 所示。

图 5-87　复制图层　　　　　　　　　图 5-88　设置参数

知识链接

图层的混合模式控制每个图层如何与它下面的图层混合或交互。After Effects 中的图层的混合模式（以前称为图层模式，有时称为传递模式）与 Adobe Photoshop 中的混合模式相同。

大多数混合模式仅修改源图层的颜色值，而非 Alpha 通道。【Alpha 添加】混合模式影响源图层的 Alpha 通道，而轮廓和模板混合模式影响它们下面的图层的 Alpha 通道。

在 After Effects 中无法通过使用关键帧来直接为混合模式制作动画。要在某一特定时间更改混合模式，请在该时间拆分图层，并将新混合模式应用于图层的延续部分。

(15) 在【效果控件】面板中将【CC Vector Blur(CC 矢量模糊)】效果中的【Amount(数量)】设置为 340，将 Ridge Smoothness 设置为 24，将【Map Softness(图像柔化)】设置为 23，如图 5-89 所示。

(16) 在时间轴中将【烟雾 02】图层的【不透明度】设置为 53%，然后调整【烟雾 01】和【烟雾 02】的位置，如图 5-90 所示。设置完成后，按空格键在【合成】面板中查看效果，然后对完成后的场景进行保存和输出即可。

图 5-89　设置参数　　　　　　　　　图 5-90　设置不透明度

案例精讲 048　积雪文字

本例介绍积雪文字的制作，通过设置文字【缩放】关键帧和添加效果来表现文字上的积雪，然后使用摄像机制作动画，完成后的效果如图 5-91 所示。

 案例文件：CDROM\ 场景 \Cha05\ 积雪文字 .aep

视频教学：视频教学 \Cha05\ 积雪文字 .mp4

图 5-91　积雪文字

(1) 按 Ctrl+N 组合键，弹出【合成设置】对话框，在【合成名称】处输入"积雪"，将【宽度】和【高度】分别设置为 500px 和 395px，将【像素长宽比】设置为 D1/DV PAL(1.09)，将【持续时间】设置为 0:00:05:00，单击【确定】按钮，如图 5-92 所示。

(2) 在工具栏中选择【横排文字工具】 ，在【合成】面板中输入文字，选择输入的文字，在【字符】面板中将字体设置为【方正综艺简体】，将字体大小设置为 65 像素，将基线偏移设置为 −120 像素，将填充颜色的 RGB 值设置为 255、255、255，如图 5-93 所示。

图 5-92　新建合成

图 5-93　输入并设置文字

(3) 在工具栏中选择【向后平移 (锚点) 工具】 ，在【合成】面板中单击选择锚点，在按住 Ctrl 键的同时拖动鼠标，将锚点移动至如图 5-94 所示的位置。

(4) 确认当前时间为 0:00:00:00，在时间轴中，将文字图层的【位置】设置为 152、340，并单击【缩放】左侧的 按钮，如图 5-95 所示。

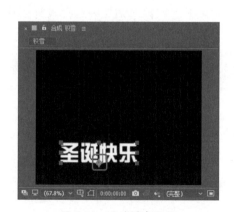

图 5-94　移动锚点位置

图 5-95　设置文字图层

(5) 将当前时间设置为 0:00:04:00，取消【缩放】右侧纵横比的锁定，将参数分别设置为 100、95%，如图 5-96 所示。

(6) 在【项目】面板中选择【积雪】合成，按 Ctrl+D 组合键复制出【积雪 2】合成，如图 5-97 所示。

(7) 打开【积雪 2】合成，确认当前时间为 0:00:04:00，在时间轴中将文字图层的【缩放】设置为 105%，如图 5-98 所示。

(8) 然后在【项目】面板中将【积雪】合成拖曳至时间轴中文字图层的上方，并将文字图层的 TrkMat 设置为【亮度反转遮罩"[积雪]"】，如图 5-99 所示。

图 5-96　设置缩放参数

图 5-97　复制合成

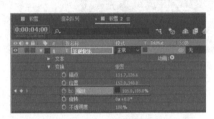

图 5-98　设置文字图层缩放

图 5-99　设置轨道遮罩

(9) 按 Ctrl+N 组合键，弹出【合成设置】对话框，在【合成名称】处输入"积雪文字"，单击【确定】按钮，如图 5-100 所示。

(10) 在【项目】面板的空白处双击，弹出【导入文件】对话框，在该对话框中选择素材图片【积雪文字背景 .jpg】，单击【导入】按钮，如图 5-101 所示。

图 5-100　新建合成

图 5-101　选择素材图片

(11) 将选择的素材图片导入【项目】面板中，然后将素材图片拖曳至【积雪文字】时间轴中，并将其【缩放】设置为 11.5%，将【位置】设置为 250、196.5，如图 5-102 所示。

(12) 切换到【积雪】合成，在该合成中选择文字图层，按 Ctrl+C 组合键进行复制，然后切换到【积雪文字】合成中，按 Ctrl+V 组合键复制图层，如图 5-103 所示。

图 5-102　设置素材图片

图 5-103　复制图层

(13) 选择复制的文字图层，单击【缩放】左侧的 按钮，并将【缩放】设置为 100%，如图 5-104 所示。

(14) 然后在【字符】面板中，将文字的填充颜色更改为 156、30、26，如图 5-105 所示。

图 5-104　设置【缩放】参数

图 5-105　更改文字填充颜色

(15) 在【项目】面板中将【积雪 2】合成拖曳至【积雪文字】时间轴中文字图层的上方，如图 5-106 所示。

(16) 在时间轴中选择【积雪 2】合成，在菜单栏中选择【效果】→【风格化】→【毛边】命令，即可为该合成添加【毛边】效果，在【效果控件】面板中将【边界】设置为 3，将【边缘锐度】设置为 0.3，将【复杂度】设置为 10，将【演化】设置为 45°，将【随机植入】设置为 100，如图 5-107 所示。

图 5-106　在时间轴中添加内容

图 5-107　添加【毛边】效果并设置参数

(17) 在菜单栏中选择【效果】→【风格化】→【发光】命令，即可为该合成添加【发光】效果，在【效果控件】面板中将【发光半径】设置为5，如图5-108所示。

(18) 在菜单栏中选择【效果】→【透视】→【斜面Alpha】命令，即可为该合成添加【斜面Alpha】效果，在【效果控件】面板中，将【边缘厚度】设置为4，如图5-109所示。

图5-108　设置发光参数　　　　　　　　　　　图5-109　设置参数

知识链接

　　斜面Alpha效果可为图像的Alpha边界增添凿刻、明亮的外观，通常为2D元素增添3D外观。如果图层完全不透明，则将效果应用到图层的定界框。通过此效果创建的边缘比通过边缘斜面效果创建的边缘柔和。此效果特别适合应用于Alpha通道中具有文本的元素。

(19) 在时间轴中打开所有图层的3D图层，如图5-110所示。

(20) 然后在时间轴的空白处单击鼠标右键，在弹出的快捷菜单中选择【新建】→【摄像机】命令，如图5-111所示。

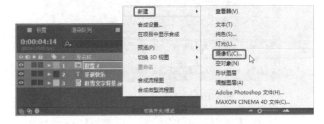

图5-110　打开3D图层　　　　　　　　　　图5-111　选择【摄像机】命令

(21) 弹出【摄像机设置】对话框，在该对话框中进行相应的设置，然后单击【确定】按钮，如图5-112所示。

知识链接

　　【摄像机设置】对话框中各选项功能介绍如下。

　　【预设】：After Effects中预置的透镜参数组合，用户可根据需要直接使用。

　　【缩放】：用于设置摄像机位置与视图面之间的距离。

　　【视角】：视角的大小由焦距、胶片尺寸和缩放决定，也可以自定义设置，使用宽视角或窄视角。

　　【胶片大小】：用于模拟真实摄像机中所使用的胶片尺寸，与合成画面的大小相对应。

　　【焦距】：调节摄像机焦距的大小，即从投影胶片到摄像机镜头的距离。

　　【启用景深】：用于建立真实的摄像机调焦效果。

　　【光圈】：调节镜头快门的大小。镜头快门开得越大，受聚焦影响的像素就越多，模糊范围就越大。

　　【光圈大小】：用于设置焦距与快门的比值，大多数相机都使用光圈值来测量快门的大小，因而，许多摄影师喜欢以光圈值为单位测量快门的大小。

【模糊层次】：控制摄像机聚焦效果的模糊值。设置为100%时，可以创建出较为自然的模糊效果，数值越高，图像的模糊程度就越大，设置为0%时则不产生模糊。

【锁定到缩放】：当选中该复选框时，系统将焦点锁定到镜头上。这样，在改变镜头视角时，始终与其一起变化，使画面保持相同的聚焦效果。

【单位】：指定摄像机设置各参数值时使用的测量单位。

【量度胶片大小】：指定用于描述电影的大小方式。用户可以指定水平、垂直或对角三种描述方式。

(22) 将当前时间设置为 0:00:00:00，在【摄像机 1】图层中，单击【目标点】和【位置】左侧的 ⏱ 按钮，如图 5-113 所示。

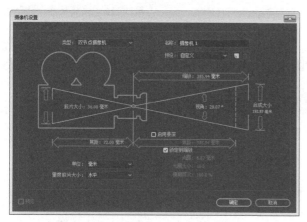

图 5-112　【摄像机设置】对话框

图 5-113　开启动画关键帧记录

(23) 将当前时间设置为 0:00:04:00，将【目标点】设置为 154、268.5、0，将【位置】设置为 154、197.5、-660，如图 5-114 所示。

(24) 设置完成后，按空格键在【合成】面板中查看效果，如图 5-115 所示，然后对完成后的场景进行保存和输出即可。

图 5-114　设置关键帧参数

图 5-115　预览效果

案例精讲 049　玻璃文字（视频案例）

本案将介绍如何制作玻璃文字，该案例主要通过为图像添加【亮度和对比度】效果，然后输入文字，并为图像添加轨道遮罩来达到最终效果，如图 5-116 所示。

图 5-116　玻璃文字

案例文件：CDROM\ 场景 \Cha05\ 玻璃文字 .aep
视频教学：视频教学 \Cha05\ 玻璃文字 .mp4

案例精讲 050　打字效果

本例讲解打字效果的制作过程，首先使用【横排文字工具】制作出文字，然后通过对文字添加特效使其呈现打字效果，具体操作方法如下，完成后的效果如图 5-117 所示

图 5-117　打字效果

案例文件：CDROM\ 场景 \Cha05\ 打字效果 .aep
视频教学：视频教学 \Cha05\ 打字效果 .mp4

（1）按 Ctrl+N 组合键，新建一个项目，在弹出的对话框中将【宽度】【高度】分别设置为 600px、500px，将【像素长宽比】设置为【方形像素】，将持续时间设置为 0:00:10:00，如图 5-118 所示。

（2）设置完成后，单击【确定】按钮，按 Ctrl+I 组合键，在弹出的对话框中选择 m02.jpg 素材文件，取消勾选【Importer JPEG 序列】复选框，如图 5-119 所示。

图 5-118　设置新建参数

图 5-119　选择素材文件

（3）单击【导入】按钮，即可将素材文件导入【项目】面板中，按住鼠标左键将该素材文件拖曳至【合成】面板中，如图 5-120 所示。

（4）在工具栏中单击【横排文字工具】，在【合成】面板中单击，输入内容"mmlimiss@sina.com"，选中输入的内容，在【字符】面板中将字体设置为【黑体】，将字体大小设置为 20 像素，将

字符间距设置为 -50，单击【仿粗体】按钮，将字体颜色设置为 # B1B0B0，在【段落】面板中单击【居中对齐文本】按钮，并调整文字的位置，效果如图 5-121 所示。

图 5-120　导入素材文件并拖曳至合成面板中

图 5-121　输入文字并进行设置

(5) 继续选中该文字，在【效果和预设】面板中选择【* 动画预设】→ Text → Animate In →【打字机】选项，双击该选项，为选中的文字添加该动画效果，如图 5-122 所示。

(6) 将当前时间设置为 0:00:01:22，将【起始】右侧的第 2 个关键帧与时间线对齐，效果如图 5-123 所示。

图 5-122　添加动画效果

图 5-123　调整关键帧的位置

▌▌▌▶技 巧

在实际操作过程中可能需要设置许多关键帧，按键盘上的 U 键可以快速显示所有的关键帧。

(7) 在工具箱中单击【横排文字工具】，在【合成】面板中单击鼠标，输入字符，并调整其位置，效果如图 5-124 所示。

(8) 为新输入的字符添加【打字机】动画效果，将当前时间设置为 0:00:04:08，调整该文字关键帧的位置，效果如图 5-125 所示。

图 5-124　输入字符并调整其位置

图 5-125　调整关键帧的位置

案例精讲 051　文字描边动画(视频案例)

下面将利用 After Effects 中的横排文字工具和【描边】特效制作文字描边动画效果,如图 5-126 所示。

案例文件:CDROM\ 场景 \Cha05\ 文字描边动画 .aep

视频教学:视频教学 \Cha05\ 文字描边动画 .mp4

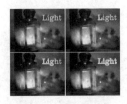
图 5-126　文字描边动画

案例精讲 052　光晕文字(视频案例)

本例介绍如何制作光晕文字,该案例主要通过插入表格、图像,输入文字并应用 CSS 样式以及为表格添加不透明度效果等操作来完成网站主页的制作,效果如图 5-127 所示。

案例文件:CDROM\ 场景 \Cha05\ 光晕文字 .aep

视频教学:视频教学 \Cha05\ 光晕文字 .mp4

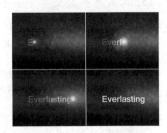
图 5-127　光晕文字

案例精讲 053　金属文字(视频案例)

本例介绍金属文字的制作过程,其中主要应用了图层样式的设置,完成后的效果如图 5-128 所示。

案例文件:CDROM\ 场景 \Cha05\ 金属文字 .aep

视频教学:视频教学 \Cha05\ 金属文字 .mp4

图 5-128　金属文字

案例精讲 054　电影文字

本例讲解如何制作电影文字,首先利用特效制作出文字的模糊状态,然后通过修改其颜色制作出电影文字,完成后的效果如图 5-129 所示。

案例文件:CDROM\ 场景 \Cha05\ 电影文字 .aep

视频教学:视频教学 \Cha05\ 电影文字 .mp4

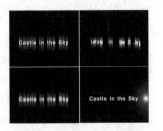
图 5-129　电影文字

(1) 新建一个项目文件,按 Ctrl+N 组合键,在弹出的对话框中将【宽度】【高度】分别设置为

720px、575px，将【像素长宽比】设置为 D1/DV PAL(1.09)，将【持续时间】设置为 0:00:06:00，如图 5-130 所示。

　　(2) 设置完成后，单击【确定】按钮，在工具栏中单击【横排文字工具】，在【合成】面板中输入内容"Castle in the Sky"，选中输入的文字，在【字符】面板中将字体设置为 Shruti，将字体样式设置为 Bold，将字体大小设置为 57 像素，将字符间距设置为 60，将垂直缩放设置为 100，将水平缩放设置为 110，将【基线偏移】设置为 0，将字体颜色值设置为 #F4FFE8，在【段落】面板中单击【居中对齐文本】按钮，并调整其位置，将文字的位置调整为 354、344，如图 5-131 所示。

图 5-130　设置合成参数

图 5-131　设置文字参数

　　(3) 设置完成后，选中该图层，在菜单栏中选择【效果】→【过渡】→【卡片擦除】命令，如图 5-132 所示。

　　(4) 将当前时间设置为 0:00:00:00，在时间轴中将【卡片擦除】下的【过渡完成】设置为 0，将【行数】设置为 1，如图 5-133 所示。

图 5-132　选择【卡片擦除】命令

图 5-133　设置过渡完成与行数

　　(5) 设置完成后，再将【位置抖动】下的【X 抖动量】【X 抖动速度】【Y 抖动速度】【Z 抖动量】【Z 抖动速度】分别设置为 0、1.4、0、0、1.5，然后再单击【X 抖动量】【Z 抖动量】左侧的 按钮，效果如图 5-134 所示。

知识链接

【抖动控制】：

【位置抖动】：指定 x、y 和 z 轴的抖动量和速度。"X 抖动量""Y 抖动量"和"Z 抖动量"指定额外运动的量。"X 抖动速度""Y 抖动速度"和"Z 抖动速度"的值指定每个"抖动量"选项的抖动速度。

【旋转抖动】：指定围绕 x、y 和 z 轴的旋转抖动的量和速度。"X 旋转抖动量""Y 旋转抖动量"和"Z 旋转抖动量"指定沿某个轴旋转抖动的量。值为 90° 时可使卡片可在任意方向旋转最多 90°。"X 旋转抖动速度""Y 旋转抖动速度"和"Z 旋转抖动速度"的值指定旋转抖动的速度。

(6) 将当前时间设置为 0:00:02:12，在时间轴中单击【X 抖动速度】【Z 抖动速度】左侧的 按钮，然后将【X 抖动量】【Z 抖动量】分别设置为 5、6.16，如图 5-135 所示。

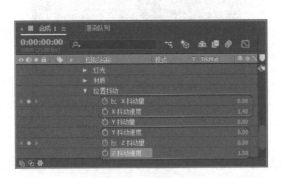

图 5-134　设置位置抖动参数

图 5-135　设置抖动量参数

(7) 将当前时间设置为 0:00:03:10，在时间轴中将【位置抖动】下的【X 抖动量】【X 抖动速度】【Z 抖动量】【Z 抖动速度】都设置为 0，如图 5-136 所示。

(8) 继续将当前时间设置为 0:00:03:10，在时间轴中单击【卡片擦除】下【过渡完成】左侧的 按钮，添加一个关键帧，如图 5-137 所示。

图 5-136　将位置抖动都设置为 0

图 5-137　添加关键帧

(9) 将当前时间设置为 0:00:04:10，将【卡片擦除】下的【过渡完成】设置为 100，如图 5-138 所示。

(10) 继续选中该图层，在菜单栏中选择【效果】→【模糊和锐化】→【高斯模糊】命令，如图 5-139 所示。

图 5-138 设置过渡完成

图 5-139 选择【高斯模糊】命令

(11) 将当前时间设置为 0:00:00:10，在时间轴中单击【高斯模糊】下的【模糊度】左侧的 ⏱ 按钮，添加一个关键帧，如图 5-140 所示。

(12) 将当前时间设置为 0:00:03:10，在时间轴中将【高斯模糊】下的【模糊度】设置为 27，如图 5-141 所示。

图 5-140 添加关键帧

图 5-141 设置模糊度

▶▶▶技 巧

在实际操作过程中【高斯模糊】是常用的一种模糊方式，高斯模糊不受图片质量的影响。

(13) 将当前时间设置为 0:00:04:10，在时间轴中将【高斯模糊】下的【模糊度】设置为 0，如图 5-142 所示。

(14) 继续选中该图层，按 Ctrl+D 组合键，对该图层进行复制，将复制后的图层中的【高斯模糊】效果删除，如图 5-143 所示。

(15) 选中复制后的图层，在菜单栏中选择【效果】→【模糊和锐化】→【定向模糊】命令，如图 5-144 所示。

(16) 将当前时间设置为 0:00:00:00，在时间轴中将【定向模糊】下的【模糊长度】设置为 100，并单击其左侧的 ⏱ 按钮，添加一个关键帧，如图 5-145 所示。

图 5-142　将模糊度设置为 0

图 5-143　复制图层并删除效果

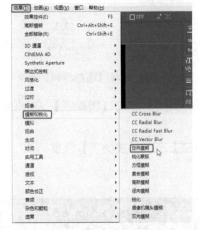

图 5-144　选择【定向模糊】命令

图 5-145　设置模糊长度

▐▐▐▶技 巧

【定向模糊】的应用可以设置对象模糊的方向，常用来制作运动的幻觉。

　　(17) 将当前时间设置为 0:00:01:17，在时间轴中将【定向模糊】下的【模糊长度】设置为 50，如图 5-146所示。

　　(18) 将当前时间设置为 0:00:03:10，在时间轴中将【定向模糊】下的【模糊长度】设置为 100，如图5-147 所示。

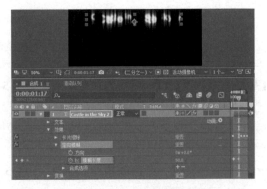

图 5-146　将模糊长度设置为 50

图 5-147　将定向模糊设置为 100

　　(19) 将当前时间设置为 0:00:04:10，在时间轴中将【定向模糊】下的【模糊长度】设置为 50，如图 5-148所示。

(20) 继续选中该图层，在菜单栏中选择【效果】→【颜色校正】→【色阶】命令，如图 5-149 所示。

图 5-148　将模糊长度设置为 50

图 5-149　选择【色阶】命令

(21) 在【效果控件】面板中将【色阶】下的【通道】设置为 Alpha，将【Alpha 输入白色】【Alpha 灰度系数】【Alpha 输出黑色】【Alpha 输出白色】分别设置为 288.1、1.49、-7.6、306，如图 5-150 所示。

(22) 继续选中该图层，在菜单栏中选择【效果】→【颜色校正】→【色光】命令，为选中的图层添加该效果，在【效果控件】面板中将【输入相位】下的【获取相位】设置为 Alpha，将【输出循环】下的【使用预设调板】设置为【渐变绿色】，如图 5-151 所示。

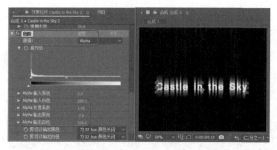

图 5-150　设置色阶参数

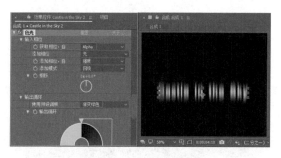

图 5-151　设置色光参数

(23) 继续选中该图层，在时间轴中将该图层的混合模式设置为【相加】，效果如图 5-152 所示。

(24) 在时间轴中右击鼠标，在弹出的快捷菜单中选择【新建】→【纯色】命令，如图 5-153 所示。

图 5-152　设置图层混合模式

图 5-153　选择【纯色】命令

(25) 在弹出的对话框中将【名称】设置为"遮罩"，如图 5-154 所示。

(26) 设置完成后，单击【确定】按钮，在时间轴中选择 Castle in the Sky 2 图层，将轨道遮罩设置为【Alpha 遮罩"［遮罩］"】，如图 5-155 所示。

图 5-154　设置纯色名称

图 5-155　设置轨道遮罩

(27) 将当前时间设置为 0:00:04:10，在时间轴中选择【遮罩】图层，单击其【变换】下的【位置】左侧的 按钮，添加一个关键帧，如图 5-156 所示。

(28) 将当前时间设置为 0:00:05:10，将【变换】下的【位置】设置为 1100、287.5，如图 5-157 所示。

图 5-156　添加关键帧

图 5-157　设置位置参数

(29) 再次新建一个名为【光晕】的纯色图层，在时间轴中将其图层混合模式设置为【相加】，如图 5-158 所示。

知识链接

【相加】：每个结果颜色通道值是源颜色和基础颜色的相应颜色通道值的和，结果颜色绝不会比任一输入颜色深。

(30) 选中光晕图层，在菜单栏中选择【效果】→【生成】→【镜头光晕】命令，如图 5-159 所示。

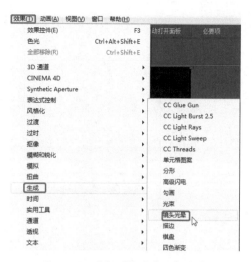

图 5-158　设置图层的混合模式　　　　图 5-159　选择【镜头光晕】命令

(31) 继续选中该图层，将当前时间设置为 0:00:04:10，将【镜头光晕】下的【光晕中心】设置为 -64、324，并单击其左侧的 ⏱ 按钮，按 Alt+[组合键，剪切入点，如图 5-160 所示。

(32) 将当前时间设置为 0:00:05:10，将【镜头光晕】下的【光晕中心】设置为 798、324，按 Alt+] 组合键，剪切出点，如图 5-161 所示。

图 5-160　设置光晕中心并剪切入点　　　　图 5-161　设置光晕中心并剪切出点

案例精讲 055　气泡文字（视频案例）

本例学习如何制作气泡文字，主要应用了【凸出】和【泡沫】等特效进行制作，具体操作方法如下，完成后的效果如图 5-162 所示。

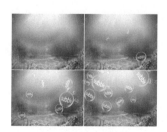

图 5-162　气泡文字

 案例文件：CDROM\ 场景 \Cha05\ 气泡文字 .aep
　　视频教学：视频教学 \Cha05\ 气泡文字 .mp4

第6章

滤镜特效

本章重点

- 卷画效果
- 水面波纹效果
- 电子表（视频案例）
- 下雪
- 下雨（视频案例）

- 飘动的云彩
- 翻书效果（视频案例）
- 照片切换效果（视频案例）
- 水墨画（视频案例）
- 魔法球效果

- 流光线条
- 滑落的水滴（视频案例）
- 梦幻星空（视频案例）
- 心电图
- 旋转的星球（视频案例）

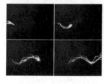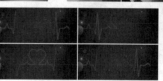

　　在 After Effects 中内置的特效有数百种，巧妙地使用这些特效可以高效且精确地制作出多种引人注目的动态图形和震撼人心的视觉效果。本章将介绍一下通过使用特效来制作各种效果的方法，包括下雪、下雨、水墨画和心电图等。

案例精讲 056　卷画效果

本例介绍卷画效果的制作，该例的制作比较简单，主要是通过为图片添加【CC Cylinder】效果来制作卷画效果，然后为制作的卷画添加投影，完成后的效果如图6-1所示。

案例文件：CDROM\ 场景 \Cha06\ 卷画效果 .aep
视频教学：视频教学 \Cha06\ 卷画效果 .mp4

图 6-1　卷画效果

(1) 新建一个项目文件，按 Ctrl+N 组合键，在弹出的对话框中将【宽度】【高度】分别设置为 1007px、666px，将【像素长宽比】设置为【方形像素】，将【持续时间】设置为 0:00:05:00，如图6-2所示。

知识链接

像素长宽比 (PAR)指图像中一个像素的宽与高之比。多数计算机显示器使用方形像素，但许多视频格式(包括 ITU-R 601(D1)和 DV)使用非方形的矩形像素。

如果在方形像素监视器上显示非方形像素，而不做任何改变，则图像和运动会出现扭曲，例如，圆形扭曲为椭圆形。但是，如果在视频监视器上显示，则图像显示正常。将 D1 NTSC 或 DV 源素材导入 After Effects 时，图像看起来比在 D1 或 DV 系统上稍微宽一些(D1 PAL 素材看起来稍微窄一些。)当使用 D1/DV NTSC 宽银幕或 D1/DV PAL 宽银幕导入变形素材时，情况正相反。宽银幕视频格式使用 16：9 帧长宽比。

要在计算机监视器上预览非方形像素，请单击【合成】面板底部的【切换像素长宽比校正】按钮。

(2) 设置完成后，单击【确定】按钮，按 Ctrl+I 组合键，在弹出的对话框中选择随书附带光盘中的 CDROM\ 素材 \Cha06\m01.jpg、m02.jpg、m03.jpg 素材文件，如图6-3所示。

图 6-2　设置合成参数

图 6-3　选择素材文件

(3) 单击【导入】按钮，在【项目】面板中选择 m01.jpg 素材文件，按住鼠标将其拖曳至时间轴中，并将【变换】下的【缩放】设置为 53，如图6-4所示。

(4) 设置完成后，再在【项目】面板中选择 m02.jpg 素材文件，按住鼠标左键将其拖曳至【合成】面板中，在时间轴中将【变换】下的【位置】设置为 594.6、435.8，将【缩放】设置为 60，如图6-5所示。

(5) 继续选中该图层，在菜单栏中选择【效果】→【透视】→CC Cylinder 命令，如图6-6所示。

(6) 在【效果控件】面板中将 CC Cylinder 下的 Radius 设置为 28，将 Rotation 下的 RotationZ 设置为 48，将 Light 下的 Light Intensity 设置为 145，将 Light Direction 设置为 -72，如图6-7所示。

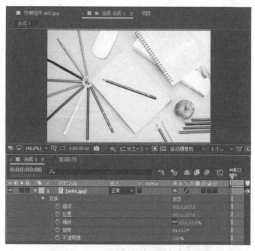

图 6-4　设置素材文件的缩放参数

图 6-5　设置图像的位置和缩放参数

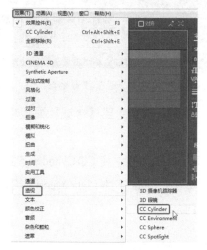

图 6-6　选择 CC Cylinder 命令

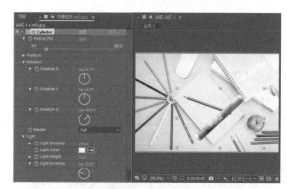

图 6-7　设置 CC Cylinder 参数

知识链接

　　CC Cylinder特效可以模拟很多意想不到的效果，将平面的图层进行弯曲，并进行三维空间的旋转和任意角度观察，将图层进行三维变形。

　　Radius：半径，也就是将图层弯曲成圆柱体后的半径大小。

　　Position：位移控制。

　　Position X：X向的位移控制。

　　Position Y：Y向的位移控制。

　　Position Z：Z向的位移控制。

　　Rotation：旋转控制。

　　Rotation X：X轴的旋转控制。

　　Rotation Y：Y轴的旋转控制。

　　Rotation Z：Z轴的旋转控制。

　　Render：渲染设置，单击显示下拉列表。

　　Full：对整个图形进行渲染。

Outside：只对外侧面进行渲染。

Inside：只对内侧面进行渲染。

Light：灯光设置。

Light intensity：灯光强度。

Light color：灯光颜色。

Light height：灯光高度。

Light direction：灯光方向。

Shading：着色方式设置。

Ambient：环境亮度。

Diffuse：固有色强度，也就是图像本身的亮度。

Specular：高光强度。

Roughness：粗糙度。

Metal：金属度。

(7) 继续选中该图层，在菜单栏中选择【效果】→【透视】→【投影】命令，如图 6-8 所示。

(8) 在【效果控件】面板中将【投影】下的【距离】【柔和度】分别设置为 59、92，如图 6-9 所示。

图 6-8　选择【投影】命令

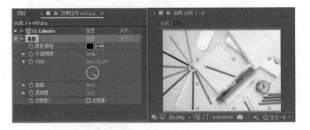

图 6-9　设置投影参数

(9) 在【项目】面板中选择 m03.jpg 素材文件，按住鼠标左键将其拖曳至【合成】面板中，在时间轴中将【位置】设置为 673.4、456.6，将【缩放】设置为 50，如图 6-10 所示。

(10) 继续选中该图层，为其添加 CC Cylinder 效果，在【效果控件】面板中将 CC Cylinder 下的 Radius 设置为 28，将 Rotation 下的 RotationX、RotationZ 分别设置为 17、-32，将 Light 下的 Light Intensity 设置为 145，将 Light Height 设置为 48，将 Light Direction 设置为 -72，如图 6-11 所示。

图 6-10　设置图像位置和缩放参数

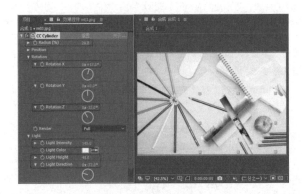

图 6-11　设置 CC Cylinder 参数

(11) 继续选中该图层，在菜单栏中选择【效果】→【透视】→【投影】命令，如图 6-12 所示。

(12) 在【效果控件】面板中将【投影】下的【距离】【柔和度】分别设置为 59、92，如图 6-13 所示，设置完成后，对完成后的场景进行保存即可。

图 6-12　选择【投影】命令

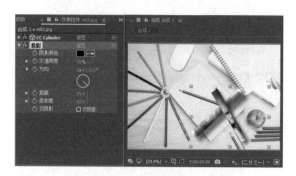

图 6-13　设置投影参数

本例介绍一下水面波纹效果的制作，该例主要是通过为图片添加
【波纹】特效来制作水面波纹效果，完成后的效果如图 6-14 所示。

图 6-14　水面波纹效果

　案例文件：CDROM\ 场景 \Cha06\ 水面波纹效果 .aep
　　　　视频教学：视频教学 \Cha06\ 水面波纹效果 .mp4

　　(1) 新建一个项目文件，按 Ctrl+N 组合键，在弹出的对话框中将【宽度】【高度】分别设置为
1024px、768px，将【像素长宽比】设置为【方形像素】，将【持续时间】设置为 0:00:05:00，如图 6-15 所示。

　　(2) 设置完成后，单击【确定】按钮，按 Ctrl+I 组合键，在弹出的对话框中选择 m04.jpg 素材文件，
如图 6-16 所示。

图 6-15　设置合成参数

图 6-16　选择素材文件

　　(3) 单击【导入】按钮，将选中的素材文件导入【项目】面板中，按住鼠标左键将该素材文件拖曳
至时间轴中，并将其【变换】下的【缩放】设置为 115，如图 6-17 所示。

(4) 选中该图层,在菜单栏中选择【效果】→【扭曲】→【波纹】命令,在【效果控件】面板中将【波纹】下的【半径】设置为35,将【波纹中心】设置为513、375,将【转换类型】设置为【对称】,将【波形宽度】【波形高度】分别设置为30、300,如图6-18所示。

图6-17 设置缩放参数

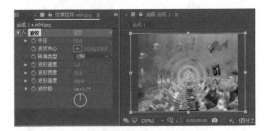

图6-18 设置波纹参数

知识链接

波纹效果可在指定图层中创建波纹外观,这些波纹朝离离同心圆中心点的方向移动。此效果类似于在池塘中投下石头。用户也可以指定波纹朝中心点移动。【波形速度】可以定速为波纹设置动画。此控件不需要使用关键帧实现动画,通过为"波纹相"控件创建关键帧,可以变速为波纹设置动画。

【半径】:控制波纹从中心点开始移动的距离。【半径】值是图像大小的百分比值。如果波纹的中心是图层的中心,并将半径设置为100,则波纹将移动到图像边缘。值为0,则不产生波纹。与水中的波纹一样,当图层中的波纹距中心较远时,它们会变小。要创建单波波纹,请将【半径】设置为100,将【波形宽度】设置为90~100的值,并根据需要设置【波形高度】。

【波纹中心】:指定效果的中心。

【转换类型】:指定创建波纹的方式。【不对称】会产生外观更真实的波纹,不对称波纹包括侧摆,产生的扭曲较多。【对称】会产生仅从中心点开始向外移动的运动,对称波纹产生的扭曲较少。

【波形速度】:设置波纹从中心点开始向外移动的速度。在指定波形速度时,波纹会在整个时间范围内以定速(无关键帧)自动设置动画。负值使波纹向中心移动,值为0,则不产生运动效果。要使波形速度随时间改变,请将此控件设置为0,然后为图层的【波纹相】属性创建关键帧。

【波形宽度】:指定波峰之间的距离,以像素为单位。较高的值会产生起伏的长波纹,较低的值会产生许多小波纹。

【波形高度】:指定波纹波形的高度。波形越高,扭曲越多。

【波纹相】:指定沿波形开始波形循环的点。默认值为0°,则在波下坡的中点开始波形循环,值为90°,则在波谷的最低点开始波形循环,值为180°,则在上坡的中点开始波形循环,以此类推。

案例精讲 058 电子表(视频案例)

本例将来介绍一下电子表的制作方法,首先导入一张背景图片,然后添加【时间码】特效,完成电子表的制作,效果如图6-19所示。

 案例文件:CDROM\ 场景 \Cha06\ 电子表 .aep

视频教学:视频教学 \Cha06\ 电子表 .mp4

图6-19 电子表

本例将来介绍下雪效果的制作，主要是通过为素材图片添加 CC Snowfall 特效来模拟下雪效果，完成后的效果如图 6-20 所示。

 案例文件：CDROM\ 场景 \Cha06\ 下雪 .aep
视频教学：视频教学 \Cha06\ 下雪 .mp4

图 6-20　下雪

(1) 按 Ctrl+N 组合键，新建一个项目文件，在弹出的对话框中将【宽度】【高度】分别设置为 1024px、768px，将【像素长宽比】设置为【方形像素】，将【持续时间】设置为 0:00:05:00，如图 6-21 所示。

(2) 设置完成后，单击【确定】按钮，按 Ctrl+I 组合键，在弹出的对话框中选择 m06.jpg 素材文件，单击【导入】按钮，将该素材文件拖曳至时间轴中，并将其【变换】下的【缩放】设置为 107，如图 6-22 所示。

图 6-21　设置合成参数

图 6-22　导入素材文件并设置缩放参数

(3) 选中该图层，在菜单栏中选择【效果】→【模拟】→ CC Snowfall 命令，如图 6-23 所示。

▶▶提示

在【效果和预设】面板中双击【模拟】下的 CC Snowfall 效果，也可以为选择的图层添加该效果，或者直接将效果拖曳至图层上。

(4) 继续选中该图层，在【效果控件】面板中将 CC Snowfall 下的 Flakes Size Variation%(Size)、Scene Depth、Speed、Variation%(Speed)、Spread、Opacity 分 别 设 置 为 42300、10、70、6690、50、100、47.9、100，将 Background Illumination 选项组中的 Influence、Spread Width、Spread Height】分别设置为 31、0、50，将 Extras 选项组中的 Offset 设置为 512、374，如图 6-24 所示。

图 6-23　选择 CC Snowfall 命令

图 6-24　设置 CC Snowfall 参数

知识链接

【CC Snowfall】特效用来模拟下雪的效果，下雪的速度相当快，但在该特效中不能调整雪花的形状。

案例精讲 060　下雨（视频案例）

本例将来介绍下雨效果的制作，通过为素材图片添加 CC Rainfall 特效来模拟下雨效果，然后制作图片运动动画，完成后的效果如图 6-25 所示。

图 6-25　下雨

 案例文件：CDROM\ 场景 \Cha06\ 下雨 .aep

视频教学：视频教学 \Cha06\ 下雨 .mp4

案例精讲 061　飘动的云彩

本例将来介绍一下飘动的云彩的制作，首选使用【分形杂色】【色阶】和【色调】特效制作出天空，然后制作摄影机动画，完成后的效果如图 6-26 所示。

图 6-26　飘动的云彩

 案例文件：CDROM\ 场景 \Cha06\ 飘动的云彩 .aep

视频教学：视频教学 \Cha06\ 飘动的云彩 .mp4

(1) 按 Ctrl+N 组合键，新建一个项目文件，在弹出的对话框中将【预设】设置为 PAL D1/DV，将【像素长宽比】设置为 D1/DV PAL(1.09)，将【持续时间】设置为 0:00:08:00，如图 6-27 所示。

(2) 设置完成后，单击【确定】按钮，在时间轴中右击鼠标，在弹出的快捷菜单中选择【新建】→【纯色】命令，如图 6-28 所示。

图 6-27　设置合成参数

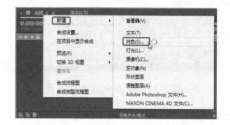

图 6-28　选择【纯色】命令

(3) 在弹出的对话框中将【名称】设置为【天空】，将【颜色】设置为白色，如图 6-29 所示。

(4) 设置完成后，单击【确定】按钮，选中该图层，在菜单栏中选择【效果】→【杂色和颗粒】→【分形杂色】命令，如图 6-30 所示。

图 6-29　设置纯色参数

图 6-30　选择【分形杂色】命令

||||▶提　示

【湍流杂色】效果本质上是【分形杂色】效果的现代高性能实现。【湍流杂色】效果需要的渲染时间较短，且更易于用于创建平滑动画。【湍流杂色】效果还可以更准确地对湍流系统建模，并且较小的杂色要素比较大的杂色要素移动得更快。使用【分形杂色】效果代替湍流杂色效果的主要原因是，前者适合创建循环动画，因为【湍流杂色】效果没有【循环】属性。

(5) 将当前时间设置为 0:00:00:00，在【效果控件】面板中将【分形杂色】下的【分形类型】设置为【动态扭转】，将【杂色类型】设置为【样条】，将【溢出】设置为【剪切】，将【变换】选项组中的【统一缩放】复选框取消勾选，将【缩放宽度】设置为 350，单击【偏移 (湍流)】左侧的 按钮，将其参数设置为 91、288，在【子设置】选项组中将【子影响】设置为 60，单击【子旋转】左侧的 按钮，然后单击【演化】左侧的 按钮，如图 6-31 所示。

(6) 将当前时间设置为 0:00:07:24，在【效果控件】面板中将【偏移 (湍流)】设置为 523、288，将【子旋转】【演化】分别设置为 10、240，如图 6-32 所示。

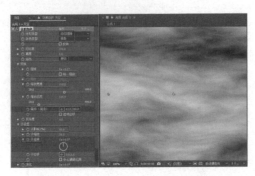 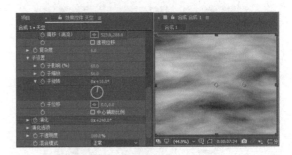

图 6-31　设置分形杂色参数　　　　　　　　图 6-32　设置分形杂色的参数

(7) 继续选中该图层，在菜单栏中选择【效果】→【颜色校正】→【色阶】命令，如图 6-33 所示。

(8) 在【效果控件】面板中将【色阶】下的【输入黑色】【输入白色】分别设置为 77、237，如图 6-34 所示。

||||▶提 示

色阶效果可将输入颜色或 Alpha 通道色阶的范围重新映射到输出色阶的新范围，并由灰度系数值确定值的分布。

 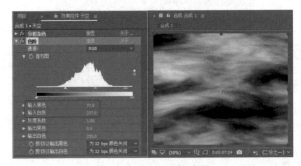

图 6-33　选择【色阶】命令　　　　　　　　图 6-34　设置色阶参数

(9) 设置完成后，继续选中该图层，在菜单栏中选择【效果】→【颜色校正】→【色调】命令，在【效果控件】面板中将【色调】下的【将黑色映射到】的颜色值设置为 #006FBD，如图 6-35 所示。

(10) 继续选中该图层，在时间轴中打开该图层的三维开关，将【变换】下的【位置】设置为 360、391.8、75.4，将【缩放】都设置为 140，将【方向】设置为 36.0°、0.0°、0.0°，如图 6-36 所示。

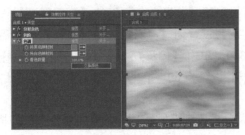 

图 6-35　设置色调参数　　　　　　　　图 6-36　设置变换参数

(11) 按 Ctrl+I 组合键，在弹出的对话框中选择 m08.png 素材文件，单击【导入】按钮，按住鼠标左键将其拖曳至时间轴中，将当前时间设置为 0:00:00:00，将【变换】下的【位置】设置为 276、491，并单击其左侧的 ⏱ 按钮，将【缩放】设置为 20，如图 6-37 所示。

(12) 将当前时间设置为 0:00:07:24，将【变换】下的【位置】设置为 448、491，如图 6-38 所示。

知识链接

关键帧用于设置动作、效果、音频以及许多其他属性的参数，这些参数通常随时间变化。关键帧标记为图层属性（如空间位置、不透明度或音量）指定值的时间点。可以在关键帧之间插补值。使用关键帧创建随时间推移的变化时，通常使用至少两个关键帧：一个对应于变化开始的状态，另一个对应于变化结束的新状态。

图 6-37　导入素材并进行设置

图 6-38　设置位置参数

(13) 在时间轴中右击鼠标，在弹出的快捷菜单中选择【新建】→【摄像机】命令，如图 6-39 所示。

(14) 在弹出的对话框中单击【确定】按钮，选中该图层，将【变换】下的【目标点】设置为 360、300、-95.2，将【位置】设置为 360、342.3、-576，将【摄像机选项】下的【缩放】【焦距】【光圈】分别设置为 525.1、525.1、12.1，如图 6-40 所示。

图 6-39　选择【摄像机】命令

图 6-40　设置摄像机参数

案例精讲 062　翻书效果（视频案例）

本例将来介绍一下翻书效果的制作，通过为图片添加 CC Page Turn 特效并设置关键帧参数，完成翻书动画的制作，效果如图 6-41 所示。

 案例文件：CDROM\ 场景 \Cha06\ 翻书效果 .aep
视频教学：视频教学 \Cha06\ 翻书效果 .mp4

图 6-41　翻书效果

案例精讲 063　照片切换效果（视频案例）

本例介绍照片切换效果的制作，通过添加【卡片擦除】特效制作照片切换动画，然后为照片添加倒影并创建摄影机，完成后的效果如图 6-42 所示。

 案例文件：CDROM\ 场景 \Cha06\ 照片切换效果 .aep
视频教学：视频教学 \Cha06\ 照片切换效果 .mp4

图 6-42　照片切换效果

案例精讲 064　水墨画（视频案例）

本例介绍水墨画效果的制作，首先将素材图片调整为水墨画风格，然后添加视频文件，最后制作文字动画，完成后的效果如图 6-43 所示。

 案例文件：CDROM\ 场景 \Cha06\ 水墨画 .aep
视频教学：视频教学 \Cha06\ 水墨画 .mp4

图 6-43　水墨画

案例精讲 065　魔法球效果

本例将来介绍一下魔法球效果的制作，首先通过添加【圆形】【高级闪电】和 CC Lens(透镜) 特效制作出魔法球，然后导入背景图片并制作魔法球缩放动画，完成后的效果如图 6-44 所示。

 案例文件：CDROM\ 场景 \Cha06\ 魔法球效果 .aep
视频教学：视频教学 \Cha06\ 魔法球效果 .mp4

图 6-44　魔法球效果

(1) 按 Ctrl+N 组合键，新建一个项目文件，在弹出的对话框中将【合成名称】设置为【魔法球】，将【预设】设置为 PAL D1/DV，将【像素长宽比】设置为 D1/DV PAL(1.09)，将【持续时间】设置为 0:00:10:00，如图 6-45 所示。

(2) 设置完成后，单击【确定】按钮，在时间轴中右击鼠标，在弹出的快捷菜单中选择【新建】→【纯色】命令，如图 6-46 所示。

图 6-45　设置合成参数

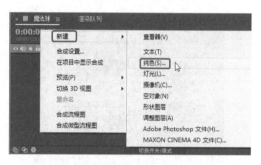

图 6-46　选择【纯色】命令

(3) 在弹出的对话框中将【名称】设置为【紫色】，将【颜色】的颜色值设置为 #9F00E9，如图 6-47 所示。

(4) 设置完成后，单击【确定】按钮，选中该图层，在菜单栏中选择【效果】→【生成】→【圆形】命令，将【圆形】下的【半径】设置为 85，将【羽化外侧边缘】设置为 375，将【混合模式】设置为【模板 Alpha】，如图 6-48 所示。

知识链接

【圆形】效果可创建可自定义的实心磁盘或环形。

【边缘】：【无】用于创建实心磁盘。其他选项都可创建环形。每个选项均对应一组不同的属性，这些属性可确定环形的形状和边缘处理：

【边缘半径】：【边缘半径】属性和【半径】属性之间的差异是环形的厚度。

【厚度】：用于设置环形的厚度。

【厚度 * 半径】：【厚度】属性和【半径】属性的乘积用于确定环形的厚度。

【厚度和羽化 * 半径】：【厚度】属性和【半径】属性的乘积用于确定环形的厚度；【羽化】属性和【半径】属性的乘积用于确定环形的羽化。

【羽化】：羽化的厚度。

【反转圆形】：反转遮罩。

【混合模式】：用于合并形状和原始图层的混合模式。这些混合模式的行为与【时间轴】面板中的混合模式一样，但【无】除外，此设置仅显示形状，而不显示原始图层。

(5) 在工具栏中单击【椭圆工具】，在【合成】面板中绘制一个椭圆形，如图 6-49 所示。

(6) 再在时间轴中右击鼠标，在弹出的快捷菜单中选择【新建】→【纯色】命令，如图 6-50 所示。

图 6-47　设置纯色参数

图 6-48　设置圆形参数

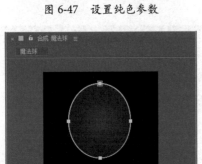

图 6-49　绘制椭圆形

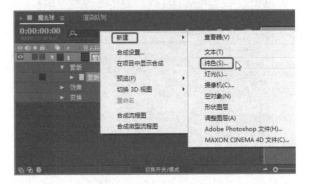

图 6-50　选择【纯色】命令

　　(7) 在弹出的对话框中将【名称】设置为【球】，将【颜色】设置为黑色，设置完成后，单击【确定】按钮，如图 6-51 所示。

　　(8) 然后将该图层的混合模式设置为【屏幕】，选中该图层，在菜单栏中选择【效果】→【生成】→【高级闪电】命令，如图 6-52 所示。

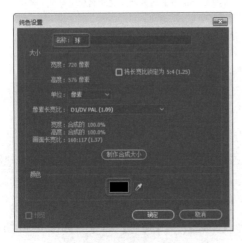

图 6-51　设置纯色参数

图 6-52　选择【高级闪电】命令

知识链接

【高级闪电】效果可模拟放电。与闪电效果不同,高级闪电效果不能自行设置动画。但【传导率状态】或其他属性设置动画可为闪电设置动画。

高级闪电效果包括【Alpha 障碍】功能,使用此功能可使闪电围绕指定对象。

【闪电类型】:指定闪电的特性。该类型可确定【方向/外半径】上下文控制的性质。在【阻断】类型中,分支随着【原点】和【方向】之间的距离增加朝方向点集中。

【源点】:为闪电指定源点。

【方向】:指定闪电移动的方向。如果选择以下任何闪电类型,则此控件已启用:【方向】【击打】【阻断】【回弹】和【双向击打】。

【传导率状态】:更改闪电的路径。

【核心设置】:这些控件用于调整闪电核心的各种特性。

【发光设置】:这些控件用于调整闪电的发光。要禁用发光,请将【发光不透明度】设为 0。此设置可显著加快渲染速度。

【Alpha 障碍】:指定原始图层的 Alpha 通道对闪电路径的影响。在【Alpha 障碍】大于零时,闪电会尝试围绕图层的不透明区域,将这些区域视为障碍。在【Alpha 障碍】小于零时,闪电会尝试停留在不透明区域内,避免进入透明区域。闪电可以穿过不透明和透明区域之间的边界,但【Alpha 障碍】值距零较远时,则很少会产生这种穿过效果。如果将【通道障碍】设为非零值,则无法在低于完整分辨率的环境中预览正确的结果,完整分辨率可能会显示新的障碍。请务必在最后渲染之前以完整分辨率检查结果。

【湍流】:指定闪电路径中的湍流数量。值越高,击打越复杂,其中包含的分支和分叉越多,值越低,击打越简单,其中包含的分支越少。

【分叉】:指定分支分叉的百分比。【湍流】和【Alpha 障碍】设置会影响分叉。

【衰减】:指定闪电强度连续衰减或消散的数量,会影响分叉不透明度开始淡化的位置。

【主核心衰减】:衰减主要核心以及分叉。

【在原始图像上合成】:使用【添加】混合模式合成闪电和原始图层。取消选择此选项时,仅闪电可见。

【复杂度】:指定闪电湍流的复杂度。

【最小分叉距离】:指定新分叉之间的最小像素距离。值越低,闪电中的分叉越多。值越高,分叉越少。

【终止阈值】:根据空气阻力和可能的 Alpha 碰撞,指定路径终止的程度。如果值较低,在遇到阻力或 Alpha 障碍时,路径更易于终止。如果值较高,路径会更持久地绕 Alpha 障碍移动。增加【湍流】或【复杂度】值,会导致某些区域阻力增加。这些区域会随传导率的改变而改变。在 Alpha 边缘,增加【Alpha 障碍】值会使阻力增加。

【仅主核心碰撞】:计算仅在主要核心的碰撞。分叉不受影响。仅当选择【Alpha 障碍】时,此控件才有意义。

【分形类型】:指定用于创建闪电的分形湍流的类型。

【核心消耗】:指定创建新分叉时消耗核心强度的百分比。增加此值会减少出现新分叉的核心的不透明度。因为分叉会从主要核心汲取强度,所以减少此值也会减少分叉的不透明度。

【分叉强度】:指定新分叉的不透明度。以【核心消耗】值的百分比形式量度此数量。

【分叉变化】:指定分叉不透明度的变化量,并确定分叉不透明度偏离【分叉强度】设置量的数量。

(9) 将当前时间设置为 0:00:00:00,将【高级闪电】下的【闪电类型】设置为【全方位】,将【源点】设置为 360、288,将【外径】设置为 601、294.3,单击【传导率状态】左侧的 按钮,将【发光设置】选项组中的【发光颜色】的颜色值设置为#5C53EE,将【在原始图像上合成】设置为开,如图 6-53 所示。

(10) 设置完成后,将当前时间设置为 0:00:09:24,将【传导率状态】设置为 60,如图 6-54 所示。

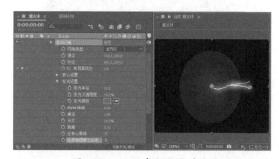

图 6-53 设置高级闪电参数

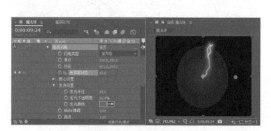

图 6-54 设置传导率状态

(11) 继续选中该图层，在菜单栏中选择【效果】→【扭曲】→CC Lens(透镜) 命令，如图 6-55 所示。

(12) 将 CC Lens 下的 Size(大小)、Convergence(变形强度) 分别设置为 47、89，如图 6-56 所示。

知识链接

使用 CC Lens(透镜)特效可以创建高质量的透镜特效。

Center：透镜中心点位置。

Size：透镜大小。

Convergence：透镜的变形强度，正值向外负值向内。

图 6-55　选择 CC Lens 命令

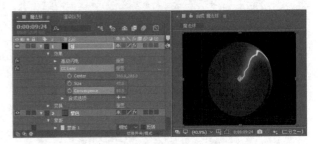

图 6-56　设置 CC Lens 参数

(13) 对该图层进行复制，并设置图层的旋转角度，效果如图 6-57 所示。

(14) 按 Ctrl+N 组合键，在弹出的对话框中将【合成名称】设置为【魔法球动画】，将【宽度】【高度】分别设置为 630px、889px，将【像素长宽比】设置为 D1/DV PAL(1.09)，将【持续时间】设置为 0:00:10:00，如图 6-58 所示。

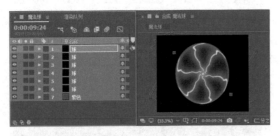

图 6-57　复制图层并设置其旋转角度

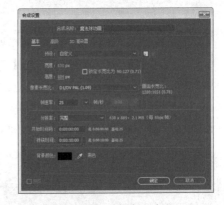

图 6-58　设置合成参数

(15) 设置完成后，单击【确定】按钮，按 Ctrl+I 组合键，在弹出的对话框中选择 m18.jpg 素材文件，如图 6-59 所示。

(16) 单击【导入】按钮，按住鼠标左键将其拖曳至【合成】面板中，并调整其位置，在时间轴中右击鼠标，在弹出的快捷菜单中选择【新建】→【纯色】命令，如图 6-60 所示。

图 6-59　选择素材文件

图 6-60　选择【纯色】命令

(17) 在弹出的对话框中将【名称】设置为【深紫】，将【宽度】【高度】分别设置为 800 像素、640 像素，将【颜色】的颜色值设置为 #5000AA，如图 6-61 所示。

(18) 设置完成后，单击【确定】按钮，在工具栏中单击【椭圆工具】，在【合成】面板中绘制一个圆形，将【蒙版 1】下的【蒙版羽化】设置为 328 像素，将【蒙版不透明度】设置为 53，如图 6-62 所示。

▍▍▶提 示

使用【椭圆工具】绘制椭圆时，按住 Shift 键可以绘制正圆。

图 6-61　设置纯色参数

图 6-62　绘制蒙版并设置其参数

(19) 将当前时间设置为 0:00:00:00，在时间轴中将【位置】设置为 310、350，将【变换】下的【缩放】设置为 12，并单击其左侧的 按钮，如图 6-63 所示。

(20) 将当前时间设置为 0:00:05:00，在时间轴中将【变换】下的【缩放】设置为 120，如图 6-64 所示。

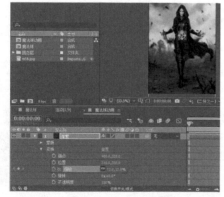

图 6-63　设置缩放参数

图 6-64　添加关键帧

(21) 在【项目】面板中选择【魔法球】合成文件，按住鼠标左键将其拖曳至【合成】面板中，将【变换】下的【位置】设置为310、360，将【缩放】设置为0，并单击其左侧的 ⏱ 按钮，如图6-65所示。

(22) 将当前时间设置为0:00:05:00，在时间轴中取消【缩放】锁定，将其设置为91、86.3，并将其图层混合模式设置为【Alpha添加】，如图6-66所示。

图6-65　设置位置和缩放参数

图6-66　设置缩放参数和图层混合模式

(23) 继续选中该图层，按Ctrl+D组合键，对其进行复制，将图层混合模式设置为【相加】，如图6-67所示。

(24) 设置完成后，继续选中该图层，在时间轴中将【变换】下的【不透明度】设置为63，如图6-68所示。

图6-67　设置图层混合模式

图6-68　设置图层的不透明度

案例精讲 066　流光线条

本例介绍流光线条的制作，首先使用【钢笔工具】绘制路径，然后为绘制的路径添加【勾画】和【发光】效果，通过添加【梯度渐变】特效制作背景，最后为线条添加【湍流置换】特效并复制线条，完成后的效果如图6-69所示。

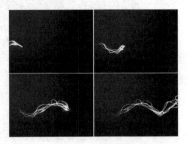

图6-69　流光线条

案例文件：CDROM\场景\Cha06\流光线条.aep
视频教学：视频教学\Cha06\流光线条.mp4

(1) 按 Ctrl+N 组合键, 新建一个项目文件, 在弹出的对话框中将【合成名称】设置为【光线】, 将【预设】设置为 PAL D1/DV, 将【像素长宽比】设置为 D1/DV PAL(1.09), 将【持续时间】设置为 0:00:05:00, 如图 6-70 所示。

(2) 设置完成后, 单击【确定】按钮, 在时间轴中右击鼠标, 在弹出的快捷菜单中选择【新建】→【纯色】命令, 如图 6-71 所示。

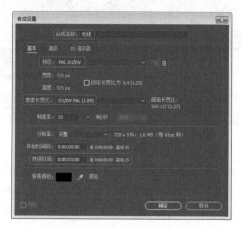

图 6-70　设置合成参数

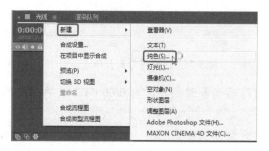

图 6-71　选择【纯色】命令

(3) 在弹出的对话框中将【名称】设置为【光线 1】, 将【颜色】设置为黑色, 如图 6-72 所示。

(4) 设置完成后, 单击【确定】按钮, 在工具栏中单击【钢笔工具】, 在【合成】面板中绘制一条路径, 如图 6-73 所示。

||||▶提 示

使用【选取工具】选择顶点并拖动顶点, 可以调整路径形状, 通过使用工具栏中的【转换"顶点"工具】可以更改顶点类型, 也可以使用【添加"顶点"工具】和【删除"顶点"工具】在路径上添加或删除顶点。

图 6-72　设置纯色参数

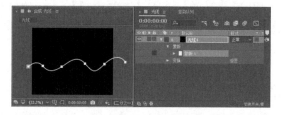

图 6-73　绘制路径

(5) 选中该图层, 在菜单栏中选择【效果】→【生成】→【勾画】命令, 如图 6-74 所示。

(6) 将当前时间设置为 0:00:00:00, 将【勾画】下的【描边】设置为【蒙版 / 路径】, 在【片段】选项组中将【片段】【长度】【旋转】分别设置为 1、0、0, 并单击【长度】和【旋转】左侧的 ⏱ 按钮, 在【正在渲染】选项组中将【颜色】设置为白色, 将【中心位置】设置为 0.366, 如图 6-75 所示。

图 6-74　选择【勾画】命令

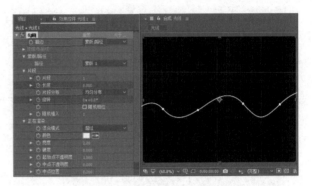

图 6-75　设置勾画参数

(7) 将当前时间设置为 0:00:04:24，将【勾画】下的【长度】【旋转】分别设置为 1、-1x，如图 6-76 所示。

(8) 继续选中该图层，在菜单栏中选择【效果】→【风格化】→【发光】命令，如图 6-77 所示。

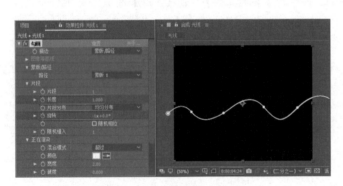

图 6-76　设置长度和旋转参数

图 6-77　选择【发光】命令

(9) 将【发光】下的【发光阈值】【发光半径】【发光强度】分别设置为 20、5、2，将【发光颜色】设置为【A 和 B 颜色】，将【颜色 A】的颜色值设置为 #FEBF00，将【颜色 B】的颜色值设置为 #F30000，如图 6-78 所示。

(10) 选中该图层，按 Ctrl+D 组合键，并将其命名为【光线 2】，将图层的混合模式设置为【相加】，如图 6-79 所示。

知识链接

【相加】：每个结果颜色通道值是源颜色和基础颜色的相应颜色通道值的和。

(11) 继续选中该图层，将【勾画】下的【长度】设置为 0.05，并单击其左侧的 按钮取消关键帧，将【片段分布】设置为【成簇分布】，将【正在渲染】选项组中的【宽度】【硬度】【中点位置】分别设置为 5.7、0.6、0.5，如图 6-80 所示。

(12) 将【发光】下的【发光半径】设置为 30，将【颜色 A】的颜色值设置为 #0095FE，将【颜色 B】的颜色值设置为 #015DA4，如图 6-81 所示。

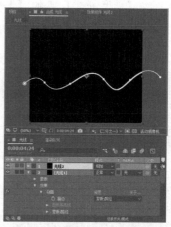

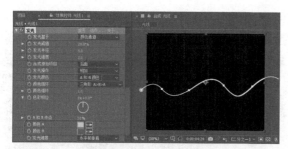

图 6-78 设置发光参数

图 6-79 复制图层并设置混合模式

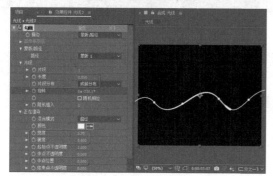

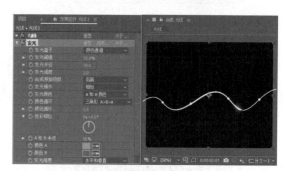

图 6-80 修改勾画参数

图 6-81 修改发光参数

(13) 按 Ctrl+N 组合键，在弹出的对话框中将【合成名称】设置为【流动光线】，将【预设】设置为 PAL D1/DV，将【像素长宽比】设置为 D1/DV PAL(1.09)，将【持续时间】设置为 0:00:05:00，如图 6-82 所示。

(14) 设置完成后，单击【确定】按钮，在时间轴中右击鼠标，在弹出的快捷菜单中选择【新建】→【纯色】命令，如图 6-83 所示。

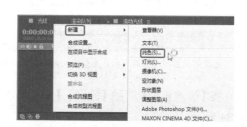

图 6-82 设置合成参数

图 6-83 选择【纯色】命令

(15) 在弹出的对话框中将【名称】设置为【背景】，如图 6-84 所示。

(16) 设置完成后，单击【确定】按钮，选中该图层，在菜单栏中选择【效果】→【生成】→【梯度渐变】命令，将【梯度渐变】下的【渐变起点】设置为 123.5、99.2，将【起始颜色】的颜色值设置为 #4E0176，将【结束颜色】的颜色值设置为 #000515，将【渐变形状】设置为【径向渐变】，如图 6-85 所示。

图 6-84　设置名称

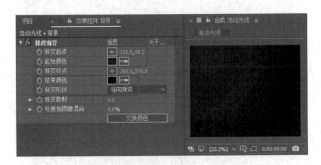

图 6-85　设置梯度渐变参数

(17) 在【项目】面板中选择【光线】合成文件，按住鼠标左键将其拖曳至【合成】面板中，在时间轴中将图层混合模式设置为【相加】，将【变换】下的【位置】设置为 360、288，如图 6-86 所示。

(18) 在菜单栏中选择【效果】→【扭曲】→【湍流置换】命令，如图 6-87 所示。

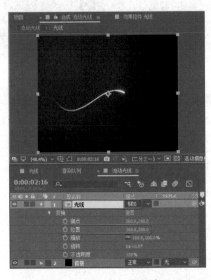

图 6-86　设置图层混合模式并设置位置

图 6-87　选择【湍流置换】命令

知识链接

湍流置换效果可使用分形杂色在图像中创建湍流扭曲效果。例如，使用此效果创建流水、哈哈镜和摆动的旗帜。

(19) 将【湍流置换】下的【数量】【大小】分别设置为 60、30，将【消除锯齿（最佳品质）】设置为【高】，如图 6-88 所示。

(20) 复制该图层，并调整其参数，效果如图 6-89 所示，对完成后的场景进行保存即可。

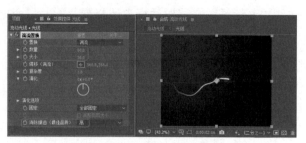

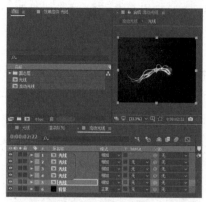

图 6-88　设置湍流置换参数　　　　　图 6-89　复制图层并调整后的效果

 案例精讲 067　滑落的水滴（视频案例）

　　本例将来介绍一下滑落的水滴的制作，该例的制作比较简单，主要是为素材图片添加 CC Mr.Mercury(水银滴落) 效果并设置其参数，完成后的效果如图 6-90 所示。

> 案例文件：CDROM\ 场景 \Cha06\ 滑落的水滴 .aep
> 视频教学：视频教学 \Cha06\ 滑落的水滴 .mp4

图 6-90　滑落的水滴

 案例精讲 068　梦幻星空（视频案例）

　　本例介绍梦幻星空的制作，首先为纯色图层添加 CC Particle Systems II(粒子仿真系统 II) 效果，将粒子类型设置为星形，然后为星形添加发光效果，最后复制纯色图层，并更改星形颜色，完成后的效果如图 6-91 所示。

> 案例文件：CDROM\ 场景 \Cha06\ 梦幻星空 .aep
> 视频教学：视频教学 \Cha06\ 梦幻星空 .mp4

图 6-91　梦幻星空

 案例精讲 069　心电图

　　本例将来介绍一下心电图的制作方法，首先制作栅格，然后使用【钢笔工具】绘制蒙版路径，通过添加【勾画】和【发光】效果制作出心律，完成后的效果如图 6-92 所示。

> 案例文件：CDROM\ 场景 \Cha06\ 心电图 .aep
> 视频教学：视频教学 \Cha06\ 心电图 .mp4

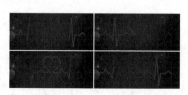

图 6-92　心电图

(1) 按 Ctrl+N 组合键，弹出【合成设置】对话框，在【合成名称】处输入"心电图"，将【宽度】和【高度】分别设置为 720px 和 300px，将【像素长宽比】设置为 D1/DV PAL(1.09)，将【持续时间】设置为 0:00:10:00，单击【确定】按钮，如图 6-93 所示。

(2) 在【项目】面板的空白处双击，弹出【导入文件】对话框，在该对话框中选择素材图片【心电图背景 .jpg】，单击【导入】按钮，如图 6-94 所示。

提示

按 Ctrl+I 组合键或 Ctrl+Alt+I 组合键也可以弹出【导入文件】对话框。

图 6-93　新建合成

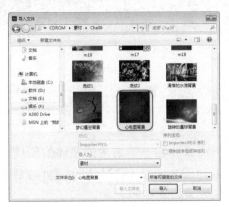
图 6-94　选择素材图片

(3) 将选择的素材图片导入【项目】面板中，然后将其拖曳至时间轴中，将【缩放】设置为 95%，如图 6-95 所示。

(4) 在时间轴的空白处单击鼠标右键，在弹出的快捷菜单中选择【新建】→【纯色】命令，弹出【纯色设置】对话框，在【名称】处输入"栅格"，将【颜色】的 RGB 值设置为 0、0、0，单击【确定】按钮，如图 6-96 所示。

图 6-95　调整素材图片

图 6-96　设置纯色图层

(5) 操作完成后即可新建【栅格】图层，在菜单栏中选择【效果】→【生成】→【网格】命令，如图 6-97 所示。

(6) 然后即可为【栅格】图层添加【网格】效果，在【效果控件】面板中将【锚点】设置为 360、300，将【大小依据】设置为【宽度和高度滑块】，将【宽度】设置为 63，将【高度】设置为 43，将【边界】设置为 1.5，将【颜色】的 RGB 值设置为 0、85、247，如图 6-98 所示。

知识链接

使用网格效果可创建自定义的网格。可以用纯色渲染此网格，也可将其用作源图层 Alpha 通道的蒙版。此效果适合生成设计元素和遮罩，可在这些设计元素和遮罩中应用其他效果。

【锚点】：网格图案的源点。移动此点会使图案位移。

【大小依据】：确定矩形尺寸的方式。

【边界】：网格线的粗细。值为 0 可使网格消失。

【羽化】：网格的柔度。

【反转网格】：反转网格的透明和不透明区域。

【颜色】：设置网格的颜色。

【不透明度】：设置网格的不透明度。

【混合模式】：用于在原始图层上面合成网格的混合模式。这些混合模式与时间轴面板中的混合模式一样，但默认模式【无】除外，此设置仅渲染网格。

图 6-97　选择【网格】命令

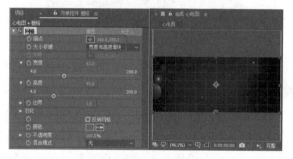

图 6-98　添加效果并设置参数

(7) 在菜单栏中选择【效果】→【风格化】→【发光】命令，即可为【栅格】图层添加【发光】效果，在【效果控件】面板中使用默认参数设置即可，如图 6-99 所示。

(8) 在时间轴中将【栅格】图层的【不透明度】设置为 30%，如图 6-100 所示。

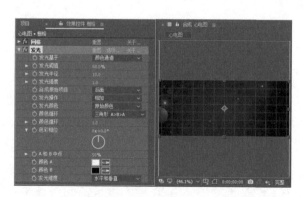

图 6-99　添加【发光】效果

图 6-100　设置不透明度

(9) 在时间轴的空白处单击鼠标右键，在弹出的快捷菜单中选择【新建】→【纯色】命令，弹出【纯色设置】对话框，在【名称】处输入"心律"，单击【确定】按钮，如图 6-101 所示。

(10) 新建【心律】图层，确认【心律】图层处于选择状态，在工具栏中单击【钢笔工具】，在【合成】面板中绘制心律波线，效果如图 6-102 所示。

▷提示

　　为了方便绘制心律波线，可以在菜单栏中选择【视图】→【显示网格】命令，显示出网格。绘制完成后，再次选择【显示网格】命令即可隐藏网格。

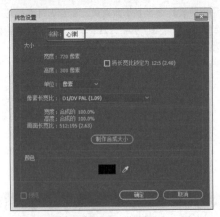

图 6-101　【纯色设置】对话框

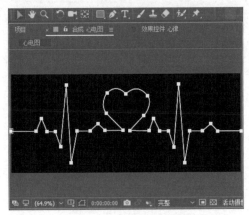

图 6-102　绘制心律波线

　　(11) 在菜单栏中选择【效果】→【生成】→【勾画】命令，即可为【栅格】图层添加【勾画】效果，在【效果控件】组中将【描边】设置为【蒙版/路径】，在【片段】组中将【片段】设置为1，将【长度】设置为0.6，将【片段分布】设置为【成簇分布】，将当前时间设置为0:00:00:00，单击【旋转】左侧的 ⏱ 按钮，在【正在渲染】组中将【混合模式】设置为【透明】，将【颜色】的RGB值设置为0、44、255，将【宽度】设置为3，将【硬度】设置为0.15，将【起始点不透明度】设置为0，将【中点不透明度】设置为1，如图6-103所示。

知识链接

　　勾画效果可以在对象周围生成航行灯和其他基于路径的脉冲动画。可以勾画任何对象的轮廓，使用光照或更长的脉冲围绕此对象，然后为其设置动画，以创建在对象周围追光的景象。

　　【描边】：设置描边基于的对象，包括【图像等高线】或【蒙版/路径】。

　　【片段】：指定创建各描边等高线所用的段数。

　　【长度】：确定与可能最大的长度有关的片段的描边长度。例如，如果【片段】设置为1，则描边的最大长度是围绕对象轮廓移动一周的完整长度。

　　【片段分布】：确定片段的间距。【成簇分布】用于将片段像火车车厢一样连到一起；片段长度越短，火车的总长度越短。【均匀分布】用于在等高线周围均匀间隔片段。

　　【旋转】：为等高线周围的片段设置动画。

　　【混合模式】：确定描边应用到图层的方式。【透明】用于在透明背景上创建效果。【上面】用于将描边放置在现有图层上面。【下面】用于将描边放置在现有图层后面。【模板】用于使用描边作为Alpha通道蒙版，并使用原始图层的像素填充描边。

　　【颜色】：指定描边颜色。

　　【宽度】：指定描边的宽度，以像素为单位。支持小数值。

　　【硬度】：确定描边边缘的锐化程度或模糊程度。值为1，可创建略微模糊的效果；值为0.0，可使线条变模糊，以使纯色区域的颜色几乎不能保持不变。

　　【起始点不透明度】【结束点不透明度】：指定描边起始点或结束点的不透明度。

　　【中点不透明度】：指定描边中点的不透明度。此控件适用于相对不透明度，而不适用于绝对不透明度。将其设置为0，可使不透明度从起始点平滑地转变到结束点，就像根本没有中点一样。

　　(12) 将当前时间设置为0:00:09:24，将【旋转】设置为4x+0°，如图6-104所示。

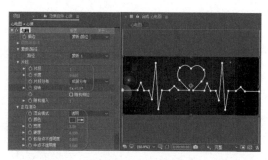

图 6-103　添加效果并设置参数

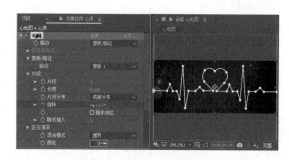

图 6-104　设置关键帧参数

(13) 在菜单栏中选择【效果】→【风格化】→【发光】命令，即可为【心律】图层添加【发光】效果，在【特效控件】面板中将【颜色 B】的 RGB 值设置为 0、44、255，如图 6-105 所示。

(14) 设置完成后，按空格键在【合成】面板中查看效果，如图 6-106 所示，对完成后的场景进行保存和输出即可。

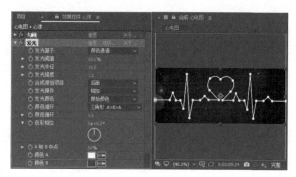

图 6-105　添加效果并设置参数

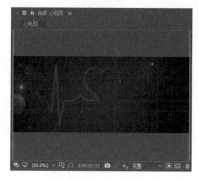

图 6-106　查看效果

案例精讲 070　旋转的星球（视频案例）

　　本例介绍一下旋转的星球的制作，该例的制作比较复杂，主要是通过 CC Sphere(球面) 效果制作出星球，然后为星球添加发光，最后制作摄像机动画，完成后的效果如图 6-107 所示。

 案例文件：CDROM\ 场景 \Cha06\ 旋转的星球 .aep
　　视频教学：视频教学 \Cha06\ 旋转的星球 .mp4

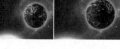

图 6-107　旋转的星球

第 7 章

图 像 调 色

本章重点

- ⊘ 电影调色
- ⊘ 更换背景风格（视频案例）
- ⊘ 更换衣服颜色（视频案例）
- ⊘ 黑白照片效果
- ⊘ 怀旧照片效果（视频案例）

- ⊘ 渐变背景效果
- ⊘ 惊悚照片效果
- ⊘ 季节变换效果（视频案例）
- ⊘ 素描效果
- ⊘ 制作暖光效果（视频案例）

- ⊘ 修复照片中的明暗失调
- ⊘ 调整色彩失调（视频案例）
- ⊘ 炭笔效果（视频案例）

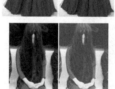

在影视制作中，处理图像时经常需要对图像颜色进行调整，色彩的调整主要是通过对图像的明暗、对比度、饱和度以及色相等调整，来达到改善图像质量的目的，以更好地控制影片的色彩信息，制作出更加理想的视频画面效果。本章将介绍对合成图像进行调色的方法与技巧。

案例精讲 071 电影调色

本案例介绍编辑电影调色。首先添加素材图片，然后为图层添加【照片滤镜】【通道混合器】和【曲线】效果，最后设置图层的【缩放】和【不透明度】关键帧动画。完成后的效果如图 7-1 所示。

案例文件：CDROM\ 场景 \Cha07\ 电影调色 .aep

视频教学：视频教学 \Cha07\ 电影调色 .mp4

图 7-1 电影调色

(1) 启动 Adobe After Effects CC，在【项目】面板中双击，在弹出的【导入文件】对话框中，选择随书附带光盘中的 CDROM\ 素材 \Cha07\01.jpg 素材图片，然后单击【导入】按钮。将【项目】面板中的 01.jpg 素材图片添加到时间轴面板中，如图 7-2 所示。

(2) 选择时间轴中的 01.jpg 层，在菜单栏中选择【效果】→【颜色校正】→【照片滤镜】命令，如图 7-3 所示。

图 7-2 添加素材图层

图 7-3 选择【照片滤镜】命令

(3) 在【效果控件】面板中，将【照片滤镜】中的【滤镜】设置为【自定义】，然后将【颜色】的 RGB 设置为 27、80、107，【密度】设置为 75.0%，如图 7-4 所示。

(4) 在菜单栏中选择【效果】→【颜色校正】→【通道混合器】命令，如图 7-5 所示。

图 7-4 设置【照片滤镜】效果

图 7-5 选择【通道混合器】命令

知识链接
【照片滤镜】效果可模拟以下技术：在摄像机镜头前面加彩色滤镜，以便调整通过镜头传输的光的颜色平衡和色温，使胶片曝光。用户可以选择颜色预设将色相调整应用到图像，也可以使用拾色器或吸管指定自定义颜色。

(5) 在【效果控件】面板中，设置【通道混合器】的效果参数，将【红色-蓝色】设置为33，【红色-恒量】设置为-18，【绿色-红色】设置为15，【绿色-蓝色】设置为-13，【绿色-恒量】设置为3，【蓝色-红色】设置为-22，【蓝色-绿色】设置为-23，【蓝色-蓝色】设置为100，【蓝色-恒量】设置为17，如图7-6所示。

(6) 在菜单栏中选择【效果】→【颜色校正】→【曲线】命令，如图7-7所示。

图7-6 设置【通道混合器】的效果参数

图7-7 选择【曲线】命令

知识链接
【通道混合器】效果可通过混合当前的颜色通道来修改颜色通道。使用此效果可执行使用其他颜色调整工具无法轻易完成的创意颜色调整：通过从每个颜色通道中选择贡献百分比来创建高品质的灰度图像、高品质的棕褐色调或其他色调的图像，以及互换或复制通道。

(7) 在【效果控件】面板中，设置【曲线】的效果参数，对曲线进行调整，如图7-8所示。

(8) 在时间轴中单击鼠标右键，在弹出的快捷菜单中选择【合成设置】命令。在弹出的【合成设置】对话框中，将【持续时间】设置为0:00:08:00，【背景颜色】设置为黑色，然后单击【确定】按钮，如图7-9所示。

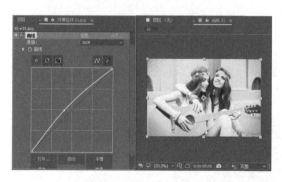

图7-8 设置【曲线】

图7-9 【合成设置】对话框

(9) 确认当前时间为0:00:00:00，将【01.jpg】层的【变换】→【缩放】设置为218.0%，【不透明度】设置为0%，然后单击【缩放】和【不透明度】左侧的按钮，如图7-10所示。

(10) 将当前时间设置为 0:00:01:11，将【不透明度】设置为 100%，如图 7-11 所示。

图 7-10　设置【缩放】和【不透明度】

图 7-11　设置【不透明度】

▶提示

将图层的持续时间设置为 0:00:08:00。

(11) 将当前时间设置为 0:00:06:02，将【缩放】设置为 100.0%，然后单击【不透明度】左侧的 ◆，添加关键帧，如图 7-12 所示。

(12) 将当前时间设置为 0:00:07:24，将【不透明度】设置为 0%，如图 7-13 所示。

图 7-12　设置【缩放】和【不透明度】

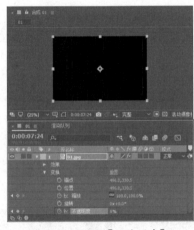

图 7-13　设置【不透明度】

(13) 按 Ctrl+M 组合键，在【渲染队列】面板中，设置合成的输出位置和名称，然后单击【渲染】按钮，如图 7-14 所示。最后保存场景文件。

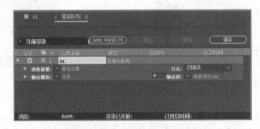

图 7-14　渲染输出视频

案例精讲 072　更换背景风格（视频案例）

　　本案例介绍如何更换背景风格。首先添加素材图片并复制图层，然后在图层上设置【色阶】效果，然后设置图层【不透明度】的关键帧动画。完成后的效果如图 7-15 所示。

> 案例文件：CDROM\ 场景 \Cha07\ 更换背景风格 .aep
> 视频教学：视频教学 \Cha07\ 更换背景风格 .mp4

图 7-15　更换背景风格

 案例精讲 073　更换衣服颜色（视频案例）

　　本案例介绍如何更换衣服颜色。首先添加素材图片，然后在图层上设置【更改为颜色】效果，最后设置图层的【不透明度】关键帧，实现图像的转场效果。完成后的效果如图 7-16 所示。

> 案例文件：CDROM\ 场景 \Cha07\ 更换颜色衣服 .aep
> 视频教学：视频教学 \Cha07\ 更换颜色衣服 .mp4

图 7-16　更换颜色衣服

案例精讲 074　黑白照片效果

　　本案例介绍如何制作黑白照片效果。首先添加素材图片，然后在图层上设置【黑色和白色】和【亮度和对比度】效果，最后设置图层的【缩放】关键帧动画。完成后的效果如图 7-17所示。

图 7-17　黑白照片效果

> 案例文件：CDROM\ 场景 \Cha07\ 黑白照片效果 .aep
> 视频文件：视频教学 \Cha07\ 黑白照片效果 .mp4

　　(1) 启动 Adobe After Effects CC，在【项目】面板中双击，在弹出的【导入文件】对话框中，选择随书附带光盘中的 CDROM\ 素材 \Cha07\04.jpg 素材图片，然后单击【导入】按钮。将【项目】面板中的 04.jpg 素材图片添加到时间轴面板中，如图 7-18 所示。

　　(2) 选中时间轴中的 04.jpg 层，在菜单栏中选择【效果】→【颜色校正】→【黑色和白色】命令，如图 7-19所示。

知识链接

　　【黑色和白色】效果可将彩色图像转换为灰度，以便控制如何转换单独的颜色。此效果适用于 8-bpc 和 16-bpc 颜色。减小或增大各颜色分量的属性值，以将该颜色通道转换为更暗或更亮的灰色阴影。要使用颜色为图像着色，选择【色调】，并单击色板或吸管以指定颜色。

图 7-18　添加素材图层

图 7-19　选择【黑色和白色】命令

（3）在【效果控件】面板中，将【黑色和白色】中的【红色】【黄色】和【绿色】都设置为 50.0，如图 7-20 所示。

（4）在菜单栏中选择【效果】→【颜色校正】→【亮度和对比度】命令，如图 7-21 所示。

图 7-20　设置【黑色和白色】参数

图 7-21　选择【亮度和对比度】命令

（5）在【效果控件】面板中，将【亮度和对比度】的【亮度】设置为 -20.0，【对比度】设置为 12.0，如图 7-22 所示。

（6）在时间轴中单击鼠标右键，在弹出的快捷菜单中选择【合成设置】命令。在弹出的【合成设置】对话框中，将【持续时间】设置为 0:00:03:00，然后单击【确定】按钮，如图 7-23 所示。

图 7-22　设置【亮度和对比度】参数

图 7-23　设置【持续时间】

(7) 将当前时间设置为 0:00:00:00，将时间轴中 04.jpg 层的【缩放】设置为 110%，并单击其左侧的 按钮，添加关键帧，如图 7-24 所示。

(8) 将当前时间设置为 0:00:02:23，将时间轴中 04.jpg 层的【缩放】设置为 100%，如图 7-25 所示。

(9) 将合成渲染输出并保存场景文件。

图 7-24　设置【缩放】

图 7-25　设置【缩放】

怀旧照片效果（视频案例）

本案例介绍如何制作怀旧照片效果。首先添加素材图片到时间轴中，然后在图层上添加【颜色平衡】效果，最后设置背景图层的【不透明度】关键帧动画。完成后的效果如图 7-26 所示。

案例文件：CDROM\ 场景 \Cha07\ 怀旧照片效果 .aep
视频教学：视频教学 \Cha07\ 怀旧照片效果 .mp4

图 7-26　怀旧照片效果

案例精讲 076 渐变背景效果

本案例介绍如何制作渐变背景效果。首先添加素材背景图片，然后创建纯色图层，并设置【梯度渐变】效果，最后输入文字并设置文字效果。完成后的效果如图 7-27 所示。

案例文件：CDROM\ 场景 \Cha07\ 渐变背景效果 .aep
视频教学：视频教学 \Cha07\ 渐变背景效果 .mp4

图 7-27　渐变背景效果

(1) 在【项目】面板中，单击鼠标右键，在弹出的快捷菜单中选择【新建合成】命令。在弹出的

【新建合成】对话框中，在【合成名称】处输入"渐变背景效果"，【宽度】和【高度】分别设置为 1024px、720px，【像素长宽比】设置为 D1/DV PAL(1.09)，【帧速率】设置为 24 帧 / 秒，【分辨率】设置为【完整】，【持续时间】设置为 0:00:00:01，然后单击【确定】按钮，如图 7-28 所示。

(2) 在【项目】面板中双击鼠标，在弹出的【导入文件】对话框中，选择随书附带光盘中的 CDROM\ 素材 \Cha07\ 渐变背景 .jpg 素材图片，然后将【渐变背景 .jpg】素材图片添加到时间轴中，并将其【缩放】设置为 17.0%，如图 7-29 所示。

图 7-28 　【合成设置】对话框

图 7-29 　添加素材图层

(3) 在时间轴中单击鼠标右键，在弹出的快捷菜单中选择【新建】→【纯色】命令，在弹出的【纯色设置】对话框中，单击【制作合成大小】按钮，然后单击【确定】按钮，如图 7-30 所示。

(4) 选中时间轴中的纯色图层，在菜单栏中选择【效果】→【生成】→【梯度渐变】命令。在【效果控件】面板中，将【梯度渐变】的【渐变形状】设置为【径向渐变】，【渐变起点】设置为 492.0、412.0，【起始颜色】的 RGB 值设置为 159、215、229，【渐变终点】设置为 1052.0、412.0，【结束颜色】的 RGB 值设置为 26、118、144，【渐变散射】设置为 50.0，如图 7-31 所示。

图 7-30 　【纯色设置】对话框

图 7-31 　设置【梯度渐变】

(5) 在时间轴中，将纯色图层调整到最底层，如图 7-32 所示。

(6) 在工具栏中使用【横排文字工具】T，在【合成】面板中输入文字，将字体设置为【微软雅黑】，字体大小设置为 55 像素，填充颜色设置为白色，描边颜色的 RGB 值设置为 1、143、184，字符间距设置为 200，描边宽度设置为 11 像素，选择【在填充上描边】，将【垂直缩放】和【水平缩放】都设置为 100，单击【仿斜体】 T 按钮，如图 7-33 所示。

图 7-32 调整图层顺序

图 7-33 输入文字

(7) 在菜单栏中选择【效果】→【透视】→【斜面 Alpha】命令，在【效果控件】面板中，将【斜面 Alpha】中的【边缘厚度】设置为 2.8，如图 7-34 所示。

(8) 在菜单栏中选择【效果】→【透视】→【径向阴影】命令，在【效果控件】面板中，将【径向阴影】中的【光源】设置为 186.0、41.0，【投影距离】设置为 2.0，【柔和度】设置为 5.5，如图 7-35 所示。

图 7-34 设置【斜面 Alpha】效果

图 7-35 设置【径向阴影】效果

知识链接

【径向阴影】效果，可在应用此效果的图层上根据点光源而非无限光源(与投影效果一样)创建阴影。阴影从源图层的 Alpha 通道投射，从而使光透过半透明区域时，该图层的颜色影响阴影的颜色。用户可以使用此效果使 3D 图层看起来像将阴影投射到 2D 图层上一样。其主要参数如下：

【阴影颜色】：阴影的颜色。

注意：

如果从"渲染"控件菜单中选择"玻璃边缘"，则图层的颜色可能会覆盖此选项。有关更多信息，请参阅"渲染"和"颜色影响"控件。

【不透明度】：阴影的不透明度。

【光源】：点光源的位置。

【投影距离】：从图层到阴影落到的表面的距离。阴影随此值增加而增大。

【柔和度】：阴影边缘的柔和度。

【渲染】：渲染的类型分为两种。【常规】：不管图层中是否有半透明像素，均根据【阴影颜色】和【不透明度】值创建阴影(如果选择【常规】，则禁用【颜色影响】控件)。【玻璃边缘】：根据图层的颜色和不透明度创建彩色阴影。如果图层包含半透明像素，则阴影会使用图层的颜色和透明度。例如，此选项用于创建通过彩色玻璃的阳光外观。

【颜色影响】：显示在阴影中的图层颜色值的百分比。值为 100%，阴影呈现图层中所有半透明像素的颜色。如果图层不包含半透明像素，则几乎不产生【颜色影响】效果，并且【阴影颜色】值将确定阴影的颜色。减少【颜色影响】值会使阴影中的图层颜色与【阴影颜色】混合。增加"颜色影响"会降低【阴影颜色】的影响。

【仅阴影】：选择此选项，则仅渲染阴影。

【调整图层大小】：选择此选项，则使阴影可扩展到图层的原始边界之外。

(9) 在时间轴中选中文字图层，按 Ctrl+D 组合键复制文字图层，选中复制得到的图层，在【效果控件】面板中将【径向阴影】效果删除，只保留【斜面 Alpha】效果，如图 7-36 所示。

(10) 将顶部文字图层的【位置】设置为 330.0、135.0，如图 7-37 所示。

图 7-36　复制文字图层

图 7-37　设置【位置】

(11) 在时间轴中选中顶部的文字图层，按 Ctrl+D 组合键复制文字图层，选中复制得到的图层，在【效果控件】面板中将【斜面 Alpha】效果删除，在【字符】面板中，将描边设置为白色，描边宽度设置为 1 像素，如图 7-38 所示。最后将场景文件进行保存。

图 7-38　设置文字

案例精讲 077　惊悚照片效果

本案例介绍如何制作惊悚照片效果。首先添加素材图片，然后在图层上设置【曝光度】效果，最后通过复制关键帧的方法，设置图层的【曝光度】关键帧动画。完成后的效果如图 7-39 所示。

图 7-39　惊悚照片效果

案例文件：CDROM\ 场景 \Cha07\ 惊悚照片效果 .aep
视频教学：视频教学 \Cha07\ 惊悚照片效果 .mp4

(1) 在【项目】面板中，单击鼠标右键，在弹出的快捷菜单中选择【新建合成】命令。弹出【新建合成】对话框，在【合成名称】处输入"惊悚照片效果"，【宽度】和【高度】分别设置为 669px、

1000px，【像素长宽比】设置为【方形像素】，【帧速率】设置为 25 帧 / 秒，【分辨率】设置为【完整】，【持续时间】设置为 0:00:05:00，【背景颜色】设置为黑色，然后单击【确定】按钮，如图 7-40 所示。

(2) 在【项目】面板中双击鼠标，在弹出的【导入文件】对话框中，选择随书附带光盘中的 CDROM\ 素材 \Cha07\07.jpg 素材图片，然后将 07.jpg 素材图片添加到时间轴中，如图 7-41 所示。

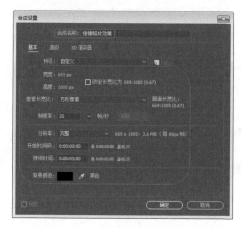

图 7-40　【合成设置】对话框

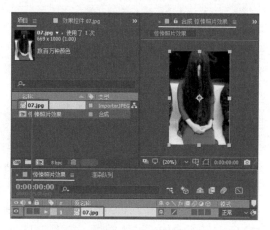

图 7-41　添加素材图层

(3) 将当前时间设置为 0:00:00:09，选中 07.jpg 层，在菜单栏中选择【效果】→【颜色校正】→【曝光度】命令。在【效果控件】面板中，将【曝光度】的【通道】设置为【单个通道】，【红色曝光度】设置为 0.03，【绿色曝光度】设置为 1.30，【绿色偏移】设置为 0.0600，【蓝色曝光度】设置为 0.50。然后将设置参数左侧的 按钮打开，如图 7-42 所示。

(4) 将当前时间设置为 0:00:00:00，将【曝光度】的【通道】设置为【单个通道】，【红色曝光度】设置为 0.00，【绿色曝光度】设置为 0.00，【绿色偏移】设置为 0.0000，【蓝色曝光度】设置为 0.00，如图 7-43 所示。

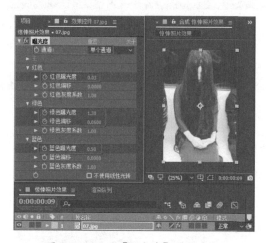

图 7-42　设置【曝光度】效果参数

图 7-43　设置【曝光度】效果参数

提 示

选中图层按 U 键，可以显示设置关键帧的属性。

知识链接

【曝光度】效果可对素材进行色调调整，一次可调整一个通道，也可调整所有通道。曝光度效果可模拟修改捕获图像的摄像机的曝光设置（以 f—stops 为单位）的结果。曝光度效果的工作方式是：在线性颜色空间而不是项目的当前颜色空间中执行计算。虽然曝光度效果适合对 32—bpc 颜色的高动态范围(HDR)图像执行色调调整，但可以对 8—bpc 和 16—bpc 图像使用此效果。其主要参数如下：

【主音轨】：同时调整所有通道。

【单个通道】：单独调整通道。

【曝光度】：模拟捕获图像的摄像机的曝光设置，将所有光照强度值增加一个常量。曝光度以 f—stops 为单位。

【偏移】：通过对高光所做的最小更改使阴影和中间调变暗或变亮。

【灰度系数校正】：用于为图像添加更多功率曲线调整的灰度系数校正量。值越高，图像越亮；值越低，图像越暗。负值会被视为它们的相应正值(也就是说，这些值仍然保持为负，但仍然会被调整，就像它们是正值一样)。默认值为 1.0，相当于没有任何调整。

【不使用线性光转换】：选择此选项可将曝光度效果应用到原始像素值。如果使用颜色配置文件转换器效果手动管理颜色，则此选项很有用。

(5) 将当前时间设置为 0:00:00:18，在时间轴中选中设置的所有关键帧，按 Ctrl+C 组合键进行复制，然后按 Ctrl+V 组合键粘贴关键帧，如图 7-44 所示。

(6) 将当前时间设置为 0:00:01:11，在时间轴中选中设置的所有关键帧，按 Ctrl+C 组合键进行复制，然后按 Ctrl+V 组合键粘贴关键帧，如图 7-45 所示。

(7) 将合成渲染输出并保存场景文件。

图 7-44　复制粘贴关键帧

图 7-45　复制粘贴关键帧

案例精讲 078　季节变换效果（视频案例）

本案例介绍如何制作季节变换效果。首先添加素材图片，然后在图层上设置 3 个【更改颜色】效果，最后通过设置【不透明度】关键帧，设置图层之间转场动画。完成后的效果如图 7-46 所示。

案例文件：CDROM\ 场景 \Cha07\ 季节变换效果 .aep

视频教学：视频教学 \Cha07\ 季节变换效果 .mp4

图 7-46　季节变换效果

案例精讲 079 　 素描效果

本案例介绍如何制作素描效果。首先添加素材图片，然后在图层上设置【黑色和白色】、【查找边缘】和【亮度和对比度】效果，最后创建纯色图层，并设置纯色图层的【镜头光晕】效果和【色相/饱和度】效果。完成后的效果如图 7-47 所示。

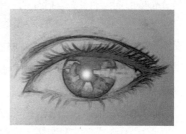

図書 案例文件：CDROM\ 场景 \Cha07\ 素描效果 .aep
　　视频教学：视频教学 \Cha07\ 素描效果 .mp4

图 7-47　素描效果

(1) 在【项目】面板中，单击鼠标右键，在弹出的快捷菜单中选择【新建合成】命令。弹出【新建合成】对话框，在【合成名称】处输入"素描效果"，【宽度】和【高度】分别设置为 643px、436px，【像素长宽比】设置为【方形像素】，【帧速率】设置为 25 帧 / 秒，【分辨率】设置为【完整】，【持续时间】设置为 0:00:00:01，然后单击【确定】按钮，如图 7-48 所示。

(2) 在【项目】面板中双击鼠标，在弹出的【导入文件】对话框中，选择随书附带光盘中的 CDROM\ 素材 \Cha07\09.jpg 素材图片，然后将 09.jpg 素材图片添加到时间轴中，如图 7-49 所示。

图 7-48　【合成设置】对话框

图 7-49　添加素材图层

(3) 选中时间轴中的 09.jpg 层，在菜单栏中选择【效果】→【颜色校正】→【黑色和白色】命令，然后查看其效果，如图 7-50 所示。

(4) 在菜单栏中选择【效果】→【风格化】→【查找边缘】命令。在【效果控件】面板中，将【查找边缘】的【与原始图像混合】设置为 60%，如图 7-51 所示。

图 7-50　添加【黑色和白色】效果

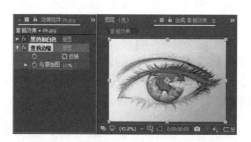

图 7-51　设置【查找边缘】效果

知识链接

【查找边缘】效果可确定具有大过渡的图像区域，并可强调边缘。边缘可在白色背景上显示为深色线条，也可在黑色背景上显示为彩色线条。在应用查找边缘效果时，图像通常看似原始图像的草图。

【反转】：在找到边缘之后反转图像。如果不选择【反转】，则边缘在白色背景上显示为暗线条。如果选择此控件，则边缘在黑色背景上显示为亮线条。

（5）在菜单栏中选择【效果】→【颜色较正】→【亮度和对比度】命令。在【效果控件】面板中，将【亮度和对比度】的【亮度】设置为 -40.0，【对比度】设置为 15.0，如图 7-52 所示。

（6）在时间轴中单击鼠标右键，在弹出的快捷菜单中选择【新建】→【纯色】命令，在弹出的【纯色设置】对话框中单击【确定】按钮，在时间中轴创建一个纯色图层，并将其【模式】设置为【屏幕】，如图 7-53 所示。

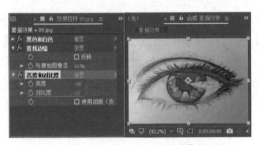
图 7-52　设置【亮度和对比度】效果

图 7-53　创建纯色图层

（7）选中时间轴中的纯色图层，在菜单栏中选择【效果】→【生成】→【镜头光晕】命令。在【效果控件】面板中，将【镜头光晕】的【光晕中心】设置为 259.0、245.0，【光晕亮度】设置为 77%，如图 7-54 所示。

（8）在菜单栏中选择【效果】→【颜色校正】→【色相/饱和度】命令。在【效果控件】面板中，勾选【色相/饱和度】中的【彩色化】选项，将【着色色相】设置为 0x+230.0°，【着色饱和度】设置为 30，适当地调整该对象的位置，如图 7-55 所示。最后将场景进行保存。

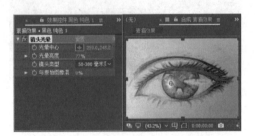
图 7-54　设置【镜头光晕】效果

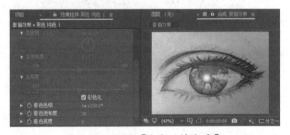
图 7-55　设置【色相/饱和度】

案例精讲 080　制作暖光效果（视频案例）

本例将学习暖光的制作过程，其中主要是应用了【灰度系数/增值/增益】特效，对素材的整体灰度系数进行调整，然后通过添加【曝光度】对整体颜色的曝光度进行调整，具体操作方法如下，完成后的效果如图 7-56 所示。

　案例文件：CDROM\ 场景 \Cha07\ 制作暖光效果 .aep
视频教学：视频教学 \Cha07\ 制作暖光效果示 .mp4

图 7-56　制作暖光效果

案例精讲 081 修复照片中的明暗失调

本例学习如何学习修复照片中的明暗失调，首先应用【曲线】特效，将素材的整体亮度进行调整，然后利用【自然饱和度】特效对人物的整个面色进行调整，具体操作方法如下，完成后的效果如图 7-57 所示。

> 📖 案例文件：CDROM\ 场景 \Cha07\ 修复照片中的明暗失调 .aep
> 视频教学：视频教学 \Cha07\ 修复照片中的明暗失调 .mp4

图 7-57　修复照片中的明暗失调

(1) 启动软件后，按 Ctrl+N 组合键，弹出【合成设置】对话框，在【合成名称】处输入"修复照片中的明暗失调"，在【基本】选项组中，将【宽度】和【高度】分别设为 1920px 和 1200px，将【像素长宽比】设为【方形像素】，将【帧速率】设为 25 帧 / 秒，将【持续时间】设为 0:00:05:00，单击【确定】按钮，如图 7-58 所示。

(2) 切换到【项目】面板，在该面板中进行双击，弹出【导入文件】对话框，在该对话框中，选择随书附带光盘中的 CDROM\ 素材 \Cha07\ 修复照片中的明暗失调 .jpg 文件，然后单击【导入】按钮，如图 7-59 所示。

图 7-58　新建合成

图 7-59　选择素材文件

(3) 在【项目】面板查看导入的素材文件和制作的合成，如图 7-60 所示。

(4) 在【项目】面板中选择添加的【修复照片中的明暗失调 .jpg】素材文件，将其添加到时间轴面板中，如图 7-61 所示。

图 7-60　查看素材文件

图 7-61　添加到时间轴面板中

(5) 在【效果和预设】面板中选择【颜色校正】→【曲线】特效，如图 7-62 所示。

(6) 将选择的【曲线】特效添加到素材文件上，在【效果控件】面板中查看添加的特效，如图 7-63 所示。

图 7-62　新建合成

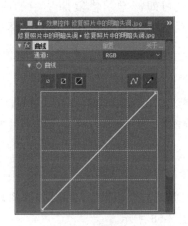

图 7-63　设置曲线

(7) 在【效果控件】面板中对曲线进行调整，如图 7-64 所示。

(8)【曲线】特效设置完成后，在【合成】面板中查看效果，会发现比原来的照片亮了，如图 7-65 所示。

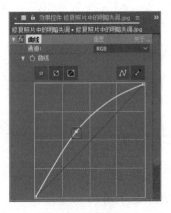

图 7-64　调整曲线

图 7-65　查看特效

知识链接

　　【曲线】：曲线效果可调整图像的色调范围和色调响应曲线。色阶效果也可调整色调响应，但曲线效果增强了控制力。使用色阶效果时，只能使用三个控件（高光、阴影和中间调）进行调整。使用曲线效果时，可以使用通过 256 点定义的曲线，将输入值任意映射到输出值。用户可以加载和保存任意图和曲线，以便使用曲线效果。

　　在应用曲线效果时，After Effects 会在【效果控件】面板中显示一个图表，用于指定曲线。图表的水平轴代表像素的原始亮度值（输入色阶），垂直轴代表新的亮度值（输出色阶）。在默认对角线中，所有像素的输入和输出值均相同。曲线将显示 0～255 范围（8位）中的亮度值或 0～32768 范围（16位）中的亮度值，并在左侧显示阴影（0）。

(9) 切换到【效果和预设】，选择【颜色校正】→【自然饱和】特效，将其添加素材文件上，在【效果控件】面板中查看添加的特效，如图 7-66 所示。

(10) 在【效果控件】面板中对【自然饱和度】特效进行设置，将【自然饱和度】设为 56，将【饱和度】设为 20，如图 7-67 所示。

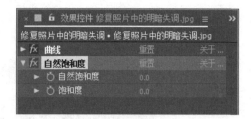

图 7-66　添加特效

图 7-67　设置特效参数

(11) 切换到【合成】面板中，查看最终效果，如图 7-68 所示。

图 7-68　查看最终效果

知识链接

　　【自然饱和度】：自然饱和度效果可调整饱和度，以便在颜色接近最大饱和度时最大限度地减少修剪。与原始图像中已经饱和的颜色相比，原始图像中未饱和的颜色受【自然饱和度】调整的影响更大。

　　自然饱和度效果特别适用于增加图像的饱和度，而不使肤色过于饱和。其色相在洋红色到橙色范围中的颜色的饱和度受自然饱和度调整的影响较少。此效果适用于 8-bpc 和 16-bpc 颜色。

　　要使饱和度值较低的颜色比饱和度值较高的颜色受更多的影响，并保护肤色，请修改【自然饱和度】属性。要均衡调整所有颜色的饱和度，请修改"饱和度"属性，自然饱和度效果基于 Photoshop 的自然饱和度调整图层类型。

案例精讲 082　　调整色彩失调（视频案例）

　　本例将详细讲解如何对色彩失调的图片进行调整，本例主要应用了【色相/饱和度】和【曲线】进行调整，具体操作方法如下，完成后的效果如图 7-69 所示。

 案例文件：CDROM\ 场景 \Cha07\ 调整色彩失调 .aep

　　视频教学：视频教学 \Cha07\ 调整色彩失调 .mp4

图 7-69　调整色彩失调的照片

案例精讲 083 炭笔效果（视频案例）

本例将讲解如何制作炭笔画效果，其中为图层添加了【亮度和对比度】和【阈值】特效，将图像融合在一起，完成后的效果如图 7-70 所示。

图 7-70　炭笔效果

案例文件：CDROM\ 场景 \Cha07\ 炭笔效果 .aep

视频教学：视频教学 \Cha07\ 炭笔效果 .mp4

第 8 章

抠取图像

本章重点

- 更换天空背景
- 制作直升机合成（视频案例）
- 黑夜蝙蝠动画短片（视频案例）
- 绿色健康图像
- 鸽子飞翔短片（视频案例）
- 音乐炫舞图像（视频案例）

- 飞机射击短片（视频案例）
- 飞机轰炸短片
- 破洞撕纸短片
- 生日蛋糕短片（视频案例）
- 飞机坠毁短片

　　视频中的许多精美画面都是由后期合成的，抠像是后期合成的主要技术方法。抠像是通过利用一定的特效手段，对素材进行整合的方法，在 After Effects 中专门提供了抠像工具和特效，本章将对其进行详细介绍。

案例精讲 084　更换天空背景

本案例介绍如何更换天空背景。首先添加素材图片，然后在【图层】面板中使用【Roto 笔刷工具】绘制选区，通过抠取天空图像，将底层的天空图层显示出来。完成后的效果如图 8-1 所示。

案例文件：CDROM\ 场景 \Cha08\ 更换天空背景 .aep

视频教学：视频教学 \Cha08\ 更换天空背景 .mp4

图 8-1　更换天空背景

(1) 启动 Adobe After Effects CC，在【项目】面板中双击，在弹出的【导入文件】对话框中，选择随书附带光盘中的 CDROM\ 素材 \Cha08\R01.jpg 和 R02.jpg 素材图片，然后单击【导入】按钮，将素材图片导入【项目】面板中，如图 8-2 所示。

(2) 将【项目】面板中的 R02.jpg 素材图片添加到时间轴中，创建一个合成，如图 8-3 所示。

图 8-2　导入素材图片

图 8-3　创建素材合成

(3) 在时间轴中单击鼠标右键，在弹出的快捷菜单中选择【合成设置】命令，在弹出的【合成设置】对话框中，将【合成名称】设置为"更改天空背景"，【持续时间】设置为 0:00:00:01，然后单击【确定】按钮，如图 8-4 所示。

(4) 双击【合成】面板中的图片，打开【图层】面板。在工具栏中选择【Roto 笔刷工具】按钮，在图片的天空区域进行涂抹创建选区，如图 8-5 所示。

图 8-4　【合成设置】对话框

图 8-5　创建选区

(5) 在【效果控件】面板中，勾选【Roto 笔刷和调整边缘】中的【反转前台 / 后台】选项，在【合成】面板中查看其效果，如图 8-6 所示。

图 8-6　设置【Roto 笔刷和调整边缘】

知识链接

　　【Roto笔刷工具】可创建初始遮罩，从而将物体从其背景中分离。使用 Roto 笔刷工具，可以在前景和背景元素的典型区域中进行描边。随后 After Effects 会使用该信息在前景和背景元素之间创建分段界。用户为一个区域进行的描边，可让 After Effects 了解相邻帧之间哪一个是前景以及哪一个是背景。可采用各种技术跨越时间跟踪区域，此信息将用于按时间向前和向后传播分段。用户所进行的每一次描边均可用于改进附近帧上的结果。即使对象逐帧移动或改变形状，片段边界也会相应调整来匹配对象。

▐▶提 示

　　在【图层】面板中进行了第一次【Roto 笔刷工具】或【调整边缘工具】描边后，会自动应用此效果。使用此效果可控制【Roto 笔刷工具】和【调整边缘工具】工具的设置。创建了分段边界且边界边缘需要优化时，使用【Roto 笔刷遮罩】和【调整边缘遮罩】属性可改善遮罩效果。

　　(6) 将【项目】面板中的 R01.jpg 素材图片添加到时间轴中的底层，然后将其【位置】设置为 390.0、60.0，将【缩放】设置为 120，如图 8-7 所示。

　　(7) 在时间轴中选中 R01.jpg 层，单击鼠标右键，在弹出的快捷菜单中选择【变换】→【水平翻转】命令，如图 8-8 所示。

图 8-7　设置【位置】和【缩放】

图 8-8　选择【水平翻转】命令

　　(8) 查看更换完天空背景后的效果，然后在【图层】面板中继续使用【Roto 笔刷工具】按钮，对选区轮廓进行修改，如图 8-9 所示。

　　(9) 修改完成后，按 Ctrl+S 组合键，在弹出的【另存为】对话框中，选择文件保存位置，并将【文件名】设置为"更改天空背景"，然后单击【保存】按钮，如图 8-10 所示。

图 8-9　修改选区轮廓

图 8-10　保存文件

案例精讲 085　制作直升机合成（视频案例）

本案例介绍如何制作直升机合成。首先添加素材图片，然后在直升机图层上添加 Keylight(1.2) 效果，通过设置吸取的颜色，抠取直升机图像。完成后的效果如图 8-11 所示。

图 8-11　制作直升机合成

　案例文件：CDROM\ 场景 \Cha08\ 制作直升机合成 .aep
　　　　　视频教学：视频教学 \Cha08\ 制作直升机合成 .mp4

案例精讲 086　黑夜蝙蝠动画短片（视频案例）

本案例介绍如何制作黑夜蝙蝠动画短片。首先添加素材图片，然后在视频层上使用【颜色键】效果，通过设置【颜色键】效果参数，将视频与图片合成在一起。完成后的效果如图 8-12 所示。

图 8-12　黑夜蝙蝠动画短片

　案例文件：CDROM\ 场景 \Cha08\ 黑夜蝙蝠动画短片 .aep
　　　　　视频教学：视频教学 \Cha08\ 黑夜蝙蝠动画短片 .mp4

案例精讲 087　绿色健康图像

本案例介绍如何制作绿色健康图像。首先添加素材图片，然后在图层上添加 Keylight(1.2) 效果，通过设置吸取的颜色，抠取图像。完成后的效果如图 8-13 所示。

图 8-13　绿色健康图像

　案例文件：CDROM\ 场景 \Cha08\ 绿色健康图像 .aep
　　　　　视频教学：视频教学 \Cha08\ 绿色健康图像 .mp4

(1) 在【项目】面板中，单击鼠标右键，在弹出的快捷菜单中选择【新建合成】命令。在弹出的【合成设置】对话框中，在【合成名称】处输入"绿色健康图像"，【宽度】和【高度】分别设置为1024px、768px，【像素长宽比】设置为【方形像素】，【帧速率】设置为25，【分辨率】设置为【完整】，【持续时间】设置为0:00:00:01，然后单击【确定】按钮，如图8-14所示。

(2) 在【项目】面板中双击，在弹出的【导入文件】对话框中，选择随书附带光盘中的 CDROM\ 素材 \Cha08\L01.jpg 和 L02.jpg 素材，然后单击【导入】按钮，将素材导入到【项目】面板中，如图8-15所示。

图 8-14　【合成设置】对话框

图 8-15　导入素材图片

(3) 将【项目】面板中的 L02.jpg 素材图片添加到时间轴中，然后将 L02.jpg 层的【缩放】设置为30.0%，如图8-16所示。

(4) 将【项目】面板中的 L01.jpg 素材图片添加到时间轴的顶层，然后将 L01.jpg 层的【缩放】设置为30.0%，【位置】设置为620.0、410.0，如图8-17所示。

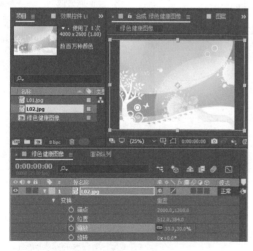

图 8-16　设置【缩放】

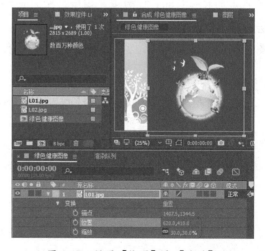

图 8-17　设置【位置】和【缩放】

(5) 选中时间轴中的 L01.jpg 层，在菜单栏中选择【效果】→【抠像】→Keylight(1.2)命令。在【效果控件】面板中，使用 Screen Colour 右侧的■工具吸取 L01.jpg 层中的蓝色，抠取图像，将 Screen Balance 设置为95.0，如图8-18所示。最后将场景文件进行保存。

图 8-18　设置 Keylight(1.2)

案例精讲 088　鸽子飞翔短片（视频案例）

　　本案例介绍如何制作鸽子飞翔短片。首先添加素材图片，然后在视频层上使用【颜色键】效果，通过设置【颜色键】效果参数，将视频与图片合成在一起。完成后的效果如图 8-19 所示。

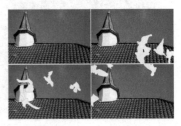

 案例文件：CDROM\ 场景 \Cha08\ 鸽子飞翔短片 .aep

　　视频教学：视频教学 \Cha08\ 鸽子飞翔短片 .mp4

图 8-19　鸽子飞翔短片

案例精讲 089　音乐炫舞图像（视频案例）

　　本案例介绍如何制作音乐炫舞图像。首先添加素材图片，然后在图层上添加 Keylight(1.2) 效果，通过设置吸取的颜色，抠取图像，并为图层添加【投影】和 CC Radial Fast Blur 效果，最后添加光点素材，设置图层的【缩放】和【位置】。完成后的效果如图 8-20 所示。

 案例文件：CDROM\ 场景 \Cha08\ 音乐炫舞图像 .aep

　　视频教学：视频教学 \Cha08\ 音乐炫舞图像 .mp4

图 8-20　音乐炫舞图像

案例精讲 090　飞机射击短片（视频案例）

　　本案例介绍如何制作飞机射击短片。首先添加素材视频，然后在图层上添加 Keylight(1.2) 效果，通过设置吸取的颜色，抠取图像。完成后的效果如图 8-21 所示。

 案例文件：CDROM\ 场景 \Cha08\ 飞机射击短片 .aep

　　视频教学：视频教学 \Cha08\ 飞机射击短片 .mp4

图 8-21　飞机射击短片

案例精讲 091　飞机轰炸短片

本案例介绍如何制作飞机轰炸短片。首先添加素材视频，然后在背景图层上设置【缩放】关键帧动画，为视频添加 Keylight(1.2) 效果，通过设置吸取的颜色，抠取图像。完成后的效果如图 8-22 所示。

图 8-22　飞机轰炸短片

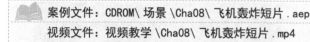
案例文件：CDROM\ 场景 \Cha08\ 飞机轰炸短片 .aep

视频文件：视频教学 \Cha08\ 飞机轰炸短片 .mp4

(1) 在【项目】面板中，单击鼠标右键，在弹出的快捷菜单中选择【新建合成】命令。在弹出的【合成设置】对话框中，在【合成名称】处输入"飞机轰炸短片"，【宽度】和【高度】分别设置为 1300px、731px，【像素长宽比】设置为【方形像素】，【帧速率】设置为 25，【分辨率】设置为【完整】，【持续时间】设置为 0:00:07:00，然后单击【确定】按钮，如图 8-23 所示。

(2) 将随书附带光盘中的 CDROM\ 素材 \Cha08\ 着火的汽车 .jpg 和 F03.mp4 素材视频，导入到【项目】面板中。然后将【项目】面板中的【着火的汽车 .jpg】素材图片添加到时间轴中，如图 8-24 所示。

图 8-23　【合成设置】对话框

图 8-24　添加素材层

(3) 确认当前时间为 0:00:00:00，设置【着火的汽车 .jpg】层的【缩放】为 110.0%，并单击【缩放】左侧的 按钮，设置关键帧，如图 8-25 所示。

(4) 将当前时间设置为 0:00:02:10，将【着火的汽车 .jpg】层的【缩放】设置为 65.0%，如图 8-26 所示。

(5) 将【项目】面板中的 F03.mp4 素材添加到时间轴的顶层，将其所在图层的【缩放】设置为 287.0%，如图 8-27 所示。

(6) 在时间轴中打开 图标，将 F03.mp4 层的【入】时间设置为 0:00:02:10，如图 8-28 所示。

图 8-25　设置【缩放】关键帧

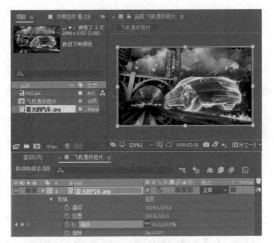

图 8-26　设置【缩放】

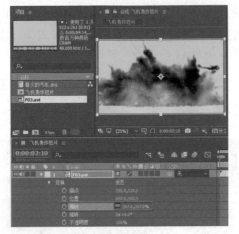

图 8-27　设置【缩放】

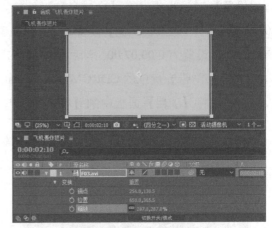

图 8-28　设置【入】时间

(7) 选中时间轴中的 F03.mp4 层，在菜单栏中选择【效果】→【键控】→ Keylight(1.2) 命令。在【效果控件】面板中，使用 Screen Colour 右侧的 工具吸取 F03.mp4 层中的绿色，抠取图像，如图 8-29 所示。

(8) 最后将合成添加到【渲染队列】中并输出视频，并保存场景文件。

图 8-29　设置 Keylight(1.2)

案例精讲 092 破洞撕纸短片

本案例介绍如何制作破洞撕纸短片。首先添加素材图片，然后在图层上使用【颜色键】效果，通过设置【颜色键】效果参数，将视频与图片合成在一起。完成后的效果如图 8-30 所示。

>
> 案例文件：CDROM\ 场景 \Cha08\ 破洞撕纸短片 .aep
> 视频教学：视频教学 \Cha08\ 破洞撕纸短片 .mp4

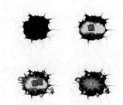

图 8-30 破洞撕纸短片

(1) 在【项目】面板中，单击鼠标右键，在弹出的快捷菜单中选择【新建合成】命令。在弹出的【合成设置】对话框中，在【合成名称】处输入"破洞撕纸短片"，【宽度】和【高度】分别设置为 1200px、1146px，【像素长宽比】设置为【方形像素】，【帧速率】设置为 25，【分辨率】设置为【四分之一】，【持续时间】设置为 0:00:03:00，然后单击【确定】按钮，如图 8-31 所示。

(2) 将随书附带光盘中的 CDROM\ 素材 \Cha08\C01.png 和 C01.mp4 素材视频，导入到【项目】面板中。然后将【项目】面板中的 C01.png 素材图片添加到时间轴中，如图 8-32 所示。

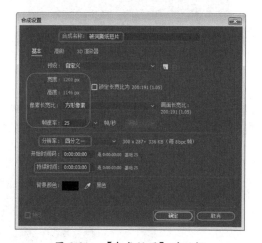

图 8-31 【合成设置】对话框

图 8-32 添加素材图层

(3) 在时间轴中选中 C01.png 层，在菜单栏中选择【效果】→【过时】→【颜色键】命令。然后在【效果控件】面板中，使用【颜色键】中【主色】右侧的 工具，吸取视频中的黑色，然后将【颜色容差】设置为 64，如图 8-33 所示。

(4) 将【项目】面板中的 C01.mp4 素材添加到时间轴的顶层，将其所在图层的【缩放】设置为 64.0%，如图 8-34 所示。

(5) 在时间轴中选中 C01.mp4 层，在菜单栏中选择【效果】→【过时】→【颜色键】命令。然后在【效果控件】面板中，使用【颜色键】中【主色】右侧的 工具，吸取合成面板中的暗红色，将【颜色容差】设置为 20，如图 8-35 所示。

(6) 然后将 C01.mp4 层的【位置】设置为 592.0、521.0，如图 8-36 所示。

(7) 最后将合成添加到【渲染队列】中并输出视频，保存场景文件。

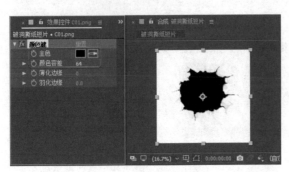

图 8-33　设置【颜色键】

图 8-34　设置【缩放】

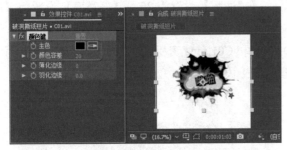

图 8-35　设置【颜色键】

图 8-36　设置【位置】

案例精讲 093　生日蛋糕短片（视频案例）

　　本案例介绍如何制作生日蛋糕短片。首先添加素材图片，然后在图层上使用【溢出抑制】、Keylight(1.2) 和 Zoom-bubble 效果，最后添加素材视频。完成后的效果如图 8-37 所示。

 案例文件：CDROM\ 场景 \Cha08\ 生日蛋糕短片 .aep

　　视频教学：视频教学 \Cha08\ 生日蛋糕短片 .mp4

图 8-37　生日蛋糕短片

案例精讲 094　飞机坠毁短片

　　本案例介绍如何制作飞机坠毁短片。首先添加素材图层，然后在视频图层上添加 Keylight(1.2) 效果，通过设置吸取的颜色，抠取图像，最后设置背景图层的【位置】关键帧动画，模拟镜头摆动。完成后的效果如图 8-38 所示。

 案例文件：CDROM\ 场景 \Cha08\ 飞机坠毁短片 .aep

　　视频教学：视频教学 \Cha08\ 飞机坠毁短片 .mp4

图 8-38　飞机坠毁短片

(1) 在【项目】面板中，单击鼠标右键，在弹出的快捷菜单中选择【新建合成】命令。在弹出的【合成设置】对话框中，在【合成名称】处输入"飞机坠毁短片"，【宽度】和【高度】分别设置为 250px、350px，【像素长宽比】设置为 D1/DV PAL(1.09)，【帧速率】设置为 25，【分辨率】设置为【完整】，【持续时间】设置为 0:00:07:05，然后单击【确定】按钮，如图 8-39 所示。

(2) 在【项目】面板中双击，在弹出的【导入文件】对话框中，选择随书附带光盘中的 CDROM\ 素材 \Cha08\ 背景 .jpg 和飞机坠毁 .mp4，然后单击【导入】按钮，将素材导入【项目】面板中，如图 8-40 所示。

图 8-39 【合成设置】对话框

图 8-40 【导入文件】对话框

(3) 然后将【项目】面板中的【背景 .jpg】素材图片添加到时间轴中，将其【缩放】设置为 70%，【位置】设置为 0.0、175.0，然后单击【位置】左侧的 ⏱ 按钮，添加关键帧，如图 8-41 所示。

(4) 将【项目】面板中的【飞机坠毁 .mp4】素材添加到时间轴中，将其【缩放】设置为 135.0%，【位置】设置为 225.0、175.0，如图 8-42 所示。

图 8-41 设置【位置】和【缩放】

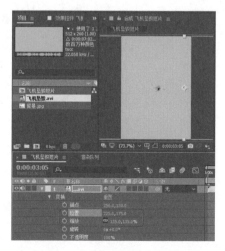

图 8-42 设置【位置】和【缩放】

(5) 选中时间轴中的【飞机坠毁 .mp4】层，在菜单栏中选择【效果】→【过时】→ Keylight(1.2) 命令。在【效果控件】面板中，使用 Screen Colour 右侧的 ➡ 工具吸取【飞机坠毁 .mp4】层中的绿色，抠取图像，如图 8-43 所示。

(6) 将当前时间设置为 0:00:03:12，将【背景 .jpg】层的【位置】设置为 320.0、175.0，如图 8-44 所示。

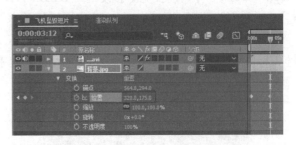

图 8-43　设置 Keylight(1.2)　　　　　　　　　　　　　　　　图 8-44　设置【位置】

(7) 按 Ctrl+M 组合键，在【渲染队列】面板中，设置合成的输出位置，然后单击【渲染】按钮，将合成渲染输出，如图 8-45 所示。最后保存场景文件。

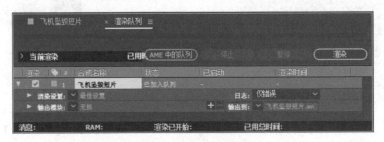

图 8-45　渲染输入视频

第9章

音频特效

本章重点

- ✓ 音乐的淡入淡出效果
- ✓ 倒放效果（视频案例）
- ✓ 部分损坏效果（视频案例）
- ✓ 跳动的圆点
- ✓ 节奏律动（视频案例）

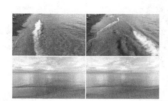

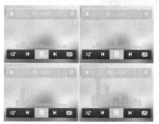

　　一个完整的视频不仅仅只有精美、炫丽的画面，还要有与画面相匹配的音乐。在 After Effects 中提供了音频的输入与输出方式，以及音频特效。本章将介绍在 After Effects 中设置音频的相关内容，使读者能够为制作好的视频添加适当的音频效果。

　　本例介绍音乐淡入淡出效果的制作，该例的制作非常简单，只需设置【音频电平】关键帧即可，完成后的效果如图 9-1 所示。

案例文件：CDROM\ 场景 \Cha09\ 音乐的淡入淡出效果 .aep

视频教学：视频教学 \Cha09\ 音乐的淡入淡出效果 .mp4

图 9-1　音乐的淡入淡出效果

　　(1) 按 Ctrl+N 组合键，弹出【合成设置】对话框，在【合成名称】处输入"音乐的淡入淡出效果"，将【宽度】和【高度】分别设置为 640px 和 360px，将【像素长宽比】设置为【方形像素】，将【持续时间】设置为 0:00:15:00，单击【确定】按钮，如图 9-2 所示。

　　(2) 在【项目】面板的空白处双击，弹出【导入文件】对话框，在该对话框中选择素材文件【淡入淡出效果背景音乐 .mp3】和【淡入淡出效果视频 .mp4】，单击【导入】按钮，如图 9-3 所示。

图 9-2　新建合成

图 9-3　选择素材文件

　　(3) 将选择的素材文件导入【项目】面板中，然后将【淡入淡出效果视频 .mp4】拖曳至时间轴中，如图 9-4 所示。

　　(4) 在【项目】面板中将【淡入淡出效果背景音乐 .mp3】音频文件拖曳至时间轴的图层的最下方，确认当前时间为 0:00:00:00，将【音频电平】设置为 -30dB，并单击左侧的 按钮，如图 9-5 所示。

图 9-4　添加视频文件

图 9-5　设置【音频电平】参数

　　(5) 将当前时间设置为 0:00:01:12，将【音频电平】设置为 0dB，如图 9-6 所示。

(6) 将当前时间设置为 0:00:13:12, 将【音频电平】设置为 0dB, 将当前时间设置为 0:00:14:24, 将【音频电平】设置为 -30dB, 如图 9-7 所示。按小键盘上的 0 键试听效果, 然后将场景文件保存即可。

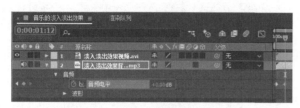

图 9-6　设置【音频电平】参数

图 9-7　设置关键帧参数

案例精讲 096　倒放效果（视频案例）

本例介绍视频和音频倒放效果的制作, 视频是通过【时间反向图层】命令制作倒放效果, 而音频是通过添加【倒放】效果实现音频倒放, 完成后的效果如图 9-8 所示。

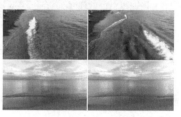

图 9-8　倒放效果

 案例文件：CDROM\ 场景 \Cha09\ 倒放效果 .aep

视频教学：视频教学 \Cha09\ 倒放效果 .mp4

案例精讲 097　部分损坏效果（视频案例）

本例介绍部分损坏效果的制作, 通过为视频添加【波形变形】效果来表现视频损坏效果, 通过设置【控制器】参数来实现音频损坏效果, 完成后的效果如图 9-9 所示。

图 9-9　部分损坏效果

 案例文件：CDROM\ 场景 \Cha09\ 部分损坏效果 .aep

视频教学：视频教学 \Cha09\ 部分损坏效果 .mp4

案例精讲 098　跳动的圆点

本例介绍跳动的圆点的制作, 首先制作背景效果, 然后通过为纯色图层添加【音频频谱】实现圆点的跳动, 完成后的效果如图 9-10 所示。

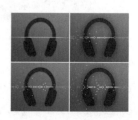

图 9-10　跳动的圆点

 案例文件：CDROM\ 场景 \Cha09\ 跳动的圆点 .aep

视频教学：视频教学 \Cha09\ 跳动的圆点 .mp4

(1) 按 Ctrl+N 组合键，弹出【合成设置】对话框，在【合成名称】处输入"跳动的圆点"，将【预设】设置为 PAL D1/DV，将【持续时间】设置为 0:00:20:00，单击【确定】按钮，如图 9-11 所示。

(2) 在【项目】面板的空白处双击，弹出【导入文件】对话框，在该对话框中选择素材文件【耳机 .png】、【跳动的圆点背景 .jpg】和【跳动的圆点背景音乐 .mp3】，单击【导入】按钮，如图 9-12 所示。

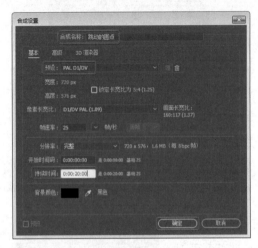

图 9-11　新建合成

图 9-12　选择素材文件

(3) 将选择的素材文件导入【项目】面板中，然后将【跳动的圆点背景 .jpg】和【跳动的圆点背景音乐 .mp3】素材文件拖曳至时间轴中，并将【跳动的圆点背景 .jpg】图层的【缩放】设置为 77%，如图 9-13 所示。

(4) 在【项目】面板中将【耳机 .png】素材图片拖曳至时间轴中，将其【缩放】设置为 66%，如图 9-14 所示。

图 9-13　添加并调整素材文件

图 9-14　调整素材图片

(5) 在菜单栏中选择【效果】→【生成】→【梯度渐变】命令，如图 9-15 所示。

(6) 操作完成后，即可为【耳机 .png】图层添加该效果，在【效果控件】面板中将【渐变起点】设置为 655.2、254.5，将【起始颜色】的 RGB 值设置为 4、77、251，将【渐变终点】设置为 425.8、707，将【结束颜色】的 RGB 值设置为 128、0、165，如图 9-16 所示。

图 9-15 选择【梯度渐变】命令

图 9-16 设置参数

(7) 在菜单栏中选择【效果】→【过时】→【快速模糊】命令，如图 9-17 所示。

(8) 操作完成后即可为【耳机 .png】图层添加该效果，将当前时间设置为 0:00:00:00，在【效果控件】面板中将【模糊度】设置为 20，并单击左侧的 ⏱ 按钮，如图 9-18 所示。

图 9-17 选择【快速模糊】命令

图 9-18 设置模糊度参数

(9) 将当前时间设置为 0:00:01:00，在【效果控件】面板中将【模糊度】设置为 150，如图 9-19 所示。

(10) 选择新创建的两个关键帧，按 Ctrl+C 组合键进行复制，然后将当前时间设置为 0:00:02:00，按 Ctrl+V 组合键粘贴关键帧，如图 9-20 所示。

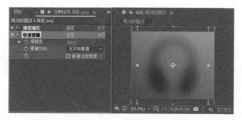

图 9-19 设置关键帧参数

图 9-20 复制关键帧

(11) 使用同样的方法，复制其他关键帧，效果如图 9-21 所示。

(12) 在【项目】面板中，再次将【耳机 .png】素材图片拖曳至时间轴中，将其【缩放】设置为 66%，如图 9-22 所示。

(13) 在时间轴的空白处单击鼠标右键，在弹出的快捷菜单中选择【新建】→【纯色】命令，弹出【纯色设置】对话框，在【名称】处输入"圆点"，单击【确定】按钮，如图 9-23 所示。

图 9-21　复制其他关键帧

图 9-22　调整素材图片

图 9-23　【纯色设置】对话框

(14) 在菜单栏中选择【效果】→【生成】→【音频频谱】命令，如图 9-24 所示。

(15) 操作完成后，即可为【圆点】图层添加该效果，在【效果控件】面板中将【音频层】设置为【跳动的圆点背景音乐 .mp3】，将【起始点】设置为 0、288，将【结束点】设置为 720、288，将【最大高度】设置为 10000，将【厚度】设置为 6，将【色相差值】设置为 150°，将【显示选项】设置为【模拟频点】，如图 9-25 所示。

图 9-24　选择【音频频谱】命令

图 9-25　设置效果参数

知识链接

将【音频频谱】效果应用到视频图层，以显示包含音频（和可选视频）的图层的音频频谱。此效果可显示使用【起始频率】和【结束频率】定义的范围中各频率的音频电平大小。此效果可通过多种不同方式显示音频频谱，包括沿蒙版路径。

【音频层】：要用作输入的音频图层。

【起始点、结束点】：指定【路径】，设置为【无】时，频谱处于开始或结束的位置。

【路径】：沿其显示音频频谱的蒙版路径。

【使用极坐标路径】：路径从单点开始，并显示为径向图。

【起始频率、结束频率】：要显示的最低和最高频率，以赫兹为单位。

【频段】：显示的频率分成的频段的数量。

【最大高度】：显示的频率的最大高度，以像素为单位。

【音频持续时间】：用于计算频谱的音频的持续时间，以毫秒为单位。

【音频偏移】：用于检索音频的时间偏移量，以毫秒为单位。

【粗细】：频段的粗细。

【柔和度】：频段的羽化或模糊程度。

【内部颜色、外部颜色】：频段的内部和外部颜色。

【混合叠加颜色】：指定混合叠加频谱。

【色相插值】：如果值大于 0，则显示的频率在整个色相颜色空间中旋转。

【动态色相】：如果选择此选项，并且【色相插值】大于 0，则起始颜色在显示的频率范围内转移到最大频率。当此设置改变时，允许色相遵循显示的频谱的基频。

【颜色对称】：如果选择此选项，并且【色相插值】大于 0，则起始颜色和结束颜色相同。此设置使闭合路径上的颜色紧密接合。

【显示选项】：指定是以【数字】、【模拟谱线】还是【模拟频点】形式显示频率。

【面选项】：指定是显示路径上方的频谱（A 面）、路径下方的频谱（B 面）还是这两者（A 和 B 面）都显示。

【持续时间平均化】：指定为减少随机性平均的音频频率。

【在原始图像上合成】：如果选择此选项，则显示使用此效果的原始图层。

(16) 在菜单栏中选择【效果】→【风格化】→【发光】命令，即可为【圆点】图层添加该效果，在【效果控件】面板中将【发光阈值】设置为 10%，将【发光半径】设置为 5，如图 9-26 所示。

(17) 设置完成后，在【合成】面板中查看效果，如图 9-27 所示，然后将场景文件保存即可。

图 9-26 添加效果并设置参数

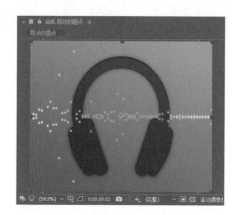

图 9-27 查看效果

案例精讲 099　节奏律动（视频案例）

　　本案例介绍如何制作节奏律动效果，该案例主要对图层添加【音频频谱】【马赛克】【网格】和【投影】效果，制作音乐的节奏律动界面效果，如图9-28所示。

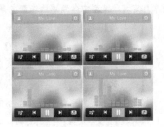

图 9-28　节奏律动

案例文件：CDROM\ 场景 \Cha09\ 节奏律动 .aep

视频教学：视频教学 \Cha09\ 节奏律动 .mp4

第10章

光效和粒子的制作

本章重点

- 泡沫飞舞
- 魔幻方块（视频案例）
- 粒子运动
- 光效倒计时

- 时尚沙龙片头（视频案例）
- 汇聚的粒子雕塑（视频案例）
- 摩托车宣传广告

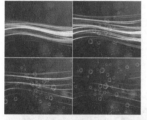
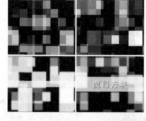
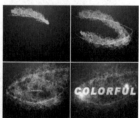

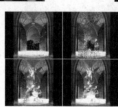

光效和粒子经常应用于制作视频中的环境背景，也能够制作特殊的炫酷效果。本章将通过为多个案例视频添加特效，介绍光效和粒子在 After Effects 中的应用。

案例精讲 100　气泡飞舞

本案例介绍如何制作泡沫效果。首先添加素材图片，然后创建纯色图层，为其添加【分形杂色】【贝塞尔曲线变形】【色相/饱和度】和【发光】效果，复制多个图层后，继续创建一个纯色图层，为其添加【泡沫】效果。完成后的效果如图10-1所示。

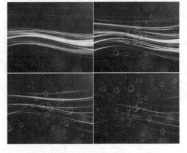

> 📖 案例文件：CDROM\ 场景 \Cha10\ 气泡飞舞 .aep
> 视频教学：视频教学 \Cha10\ 气泡飞舞 .mp4

图 10-1　气泡飞舞

（1）在【项目】面板中单击鼠标右键，在弹出的快捷菜单中选择【新建合成】命令。弹出【合成设置】对话框，在【合成名称】处输入"气泡飞舞"，【预设】设置为 PAL D1/DV，【持续时间】设置为 0:00:07:00，然后单击【确定】按钮，如图 10-2 所示。

（2）在【项目】面板中双击，在弹出的【导入文件】对话框中，选择随书附带光盘中的 CDROM\ 素材 \Cha10\ 背景 01.jpg 素材图片，然后将【背景 01.jpg】素材图片添加到时间轴中，将【缩放】设置为 128，128%，将【位置】设置为 360、384，如图 10-3 所示。

图 10-2　【合成设置】对话框

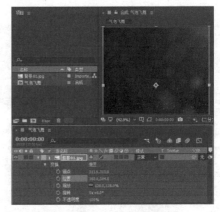

图 10-3　添加素材图层

（3）在时间轴中单击鼠标右键，在弹出的快捷菜单中选择【新建】→【纯色】命令，在弹出的【纯色设置】对话框中将【颜色】设置为黑色，将【宽度】设置为 350 像素，【高度】设置为 750 像素，然后单击【确定】按钮，如图 10-4 所示。

（4）选中时间轴中的纯色图层，在菜单栏中选择【效果】→【杂色和颗粒】→【分形杂色】命令。在【效果控件】面板中，将【分形杂色】中的【对比度】设置为 530.0，【亮度】设置 -100.0，【溢出】设置为【剪切】，在【变换】组中，取消勾选【统一缩放】，将【缩放宽度】设置为 60.0，【缩放高度】设置为 3500.0，【复杂度】设置为 10.0，如图 10-5 所示。

（5）在时间轴中，将纯色图层的【变换】下的【旋转】设置为 0x+90.0°，【缩放】设置为 77.0、130.0%，【位置】设置为 358.0、311.0，如图 10-6 所示。

（6）将当前时间设置为 0:00:00:00，在【效果控件】面板中将【变换】下的【偏移（湍流）】设置为 175.0、675.0，并单击其左侧的 ⏱ 按钮，然后单击【演化】左侧的 ⏱ 按钮，如图 10-7 所示。

图 10-4　【纯色设置】对话框

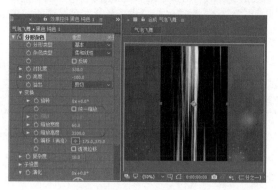

图 10-5　设置【分形杂色】效果

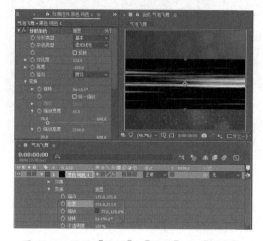

图 10-6　设置【位置】【缩放】和【旋转】

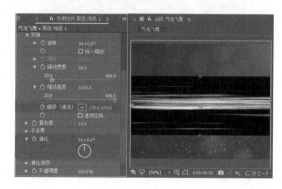

图 10-7　设置关键帧

(7) 将当前时间设置为 0:00:06:24，在【效果控件】面板中将【变换】下的【偏移（湍流）】设置为 175.0、75.0，将【演化】设置为 0x+350.0°，如图 10-8 所示。

(8) 在菜单栏中选择【效果】→【扭曲】→【贝塞尔曲线变形】命令，然后调整曲线的顶点和切点，如图 10-9 所示。

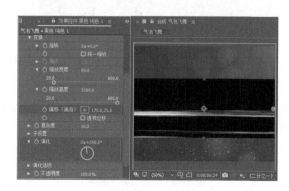

图 10-8　设置关键帧

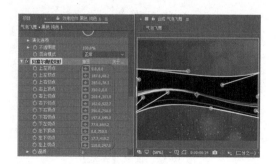

图 10-9　调整曲线

▶▶▶ 提示

通过调整曲线的顶点和切点来改变曲线形状。

【贝塞尔曲线变形】效果可沿图层边界，使用封闭的贝塞尔曲线形成图像。曲线包括四段，每段有三个点（一个顶点和两个切点）。

顶点和切点的位置决定曲线段的大小和形状。拖动这些点可改变形成边缘的曲线的形状，从而扭曲图像。例如，与围绕瓶贴标签一样，可以使用贝塞尔曲线变形效果改变一个图像的形状，以适合另一个图像。【贝塞尔曲线变形】效果也可用于校正镜头像差，如使用广角镜会发生的白点效果（桶形扭曲）；使用【贝塞尔曲线变形】效果，可以使图像弯曲回来，以实现不扭曲的外观。通过制作效果动画和选择高品质设置，可以创建流体视觉效果，如摇动的明胶甜食或飘动的旗帜。

(9) 在时间轴中，将纯色图层的【模式】设置为【屏幕】，如图 10-10 所示。

(10) 为纯色图层添加【色相/饱和度】效果，在【效果控件】面板中勾选【色相/饱和度】中的【彩色化】复选框，将【着色色相】设置为 0x+150.0°，【着色饱和度】设置为 50，如图 10-11 所示。

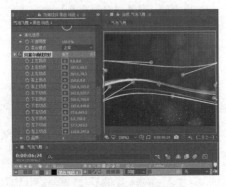 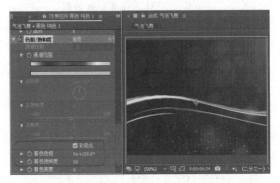

图 10-10　设置图层【模式】　　　　图 10-11　设置【色相/饱和度】

(11) 在菜单栏中选择【效果】→【风格化】→【发光】命令，为纯色图层添加【发光】效果。在【效果控件】面板中将【发光】的【发光udg阈值】设置为 80.0%，【发光半径】设置为 150.0，如图 10-12 所示。

(12) 按 Ctrl+D 组合键，复制纯色图层，将复制得到的图层的【位置】设置为 360.0、265.0，然后在【效果控件】面板中，将【色相/饱和度】中的【着色色相】设置为 0x+250.0°，【着色饱和度】设置为 80，如图 10-13 所示。

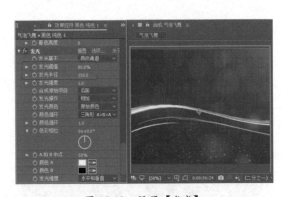 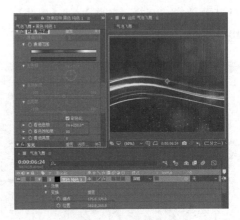

图 10-12　设置【发光】　　　　图 10-13　复制纯色图层

(13) 选中【贝塞尔曲线变形】效果，调整曲线形状，如图 10-14 所示。

(14) 按 Ctrl+D 组合键，复制纯色图层，将复制得到的图层的【位置】设置为 359、381，然后在【效果控件】面板中将【色相/饱和度】中的【着色色相】设置为 0x+240.0°，【着色饱和度】设置为 60，如图 10-15 所示。

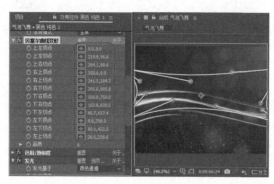

图 10-14　调整曲线

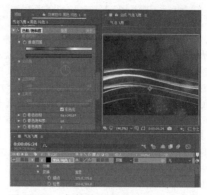

图 10-15　复制纯色图层并设置其参数

(15) 选中【贝塞尔曲线变形】效果，调整曲线形状，如图 10-16 所示。

(16) 在时间轴中单击鼠标右键，在弹出的快捷菜单中选择【新建】→【纯色】命令。在弹出的【纯色设置】对话框中，在【名称】处输入"泡沫"，单击【制作合成大小】按钮，然后单击【确定】按钮，如图 10-17 所示。

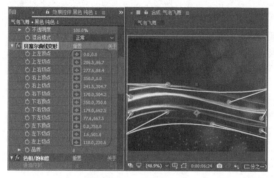

图 10-16　调整曲线

图 10-17　【纯色设置】对话框

(17) 选中新建的【泡沫】层，在菜单栏中选择【效果】→【模拟】→【泡沫】命令。在【效果控件】面板中，将【泡沫】的【视图】设置为【已渲染】，【大小】设置为 0.2，【大小差异】设置为 1.0，【寿命】设置为 100.0，【气泡增长速度】设置为 0.3，【强度】设置为 50.0，【缩放】设置为 2.0，【综合大小】设置为 2.0，如图 10-18 所示。

(18) 然后将【泡沫】层的【模式】设置为【线性减淡】，如图 10-19 所示。

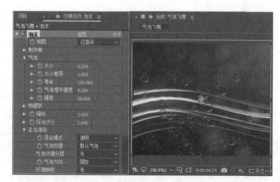

图 10-18　设置【泡沫】参数

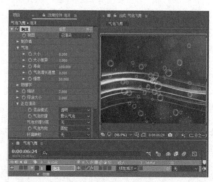

图 10-19　设置图层【模式】

(19) 最后将合成渲染输出并保存场景文件。

知识链接

【泡沫】：泡沫效果可生成流动、黏附和弹出的气泡。使用此效果的控制可调整气泡的属性，如黏性、黏度、寿命和气泡的强度。用户可以精确控制泡沫粒彼此交互的方式，以及泡沫粒与环境交互的方式，并可指定单独的图层来充当地图，从而精确控制泡沫流动的位置。例如，可以使泡沫粒在徽标周围流动，也可以使用气泡填充徽标。

【视图】：用于设置气泡效果的显示方式。

【草图】：以草图模式渲染气泡效果，不能看到气泡的最终效果，但可预览气泡的运动方式和设置状态，且使用该方式计算速度快。

【草图+流动映射】：为特效指定了影响通道后，使用该方式可以看到指定的影响对象。

【已渲染】：在该方式下可以预览气泡的最终效果，但是计算速度相对较慢。

【制作者】：该参数项用于设置气泡的粒子发射器。

【产生点】：该选项用于设置发射器的位置，用户可以通过参数或控制点调整产生点的位置。

【产生X、Y大小】：用于设置发射器的大小。

【产生方向】：用于设置泡泡产生的方向。

【缩放产生点】：该选项可缩放发射器位置。不选择该项，系统会以发射器效果点为中心缩放发射器。

【生成速率】：该选项用于设置发射速度。一般情况下，数值越高，发射速度较快，在相同时间内产生的气泡粒子也较多。当数值为0时，不发射粒子。

【气泡】：该参数项用于对气泡粒子的尺寸、生命、强度等进行设置。

【大小】：该选项用于调整产生泡沫的尺寸大小，数值越大则气泡越大，反之越小。

【大小差异】：用于控制粒子的大小差异。数值越大，每个粒子的大小差异越大。数值为0时，每个粒子的最终大小都是相同的。

【寿命】：该选项用于设置每个粒子的生命值。每个粒子在发射产生后，最终都会消失。所谓生命值，即是粒子从产生到消失之间的时间。

【气泡增长速度】：用于设置每个粒子生长的速度，即粒子从产生到最终大小的时间。

【强度】：调整产生泡沫的数量，数值越大，产生泡沫的数量也就越多。

【物理学】：该选项用于设置粒子的运动效果。

【初始速度】：设置泡沫特效的初始速度。

【初始方向】：设置泡沫特效的初始方向。

【风速】：设置影响粒子的风速。

【风向】：设置风的方向。

【湍流】：设置粒子的混乱度。该数值越大，粒子运动越混乱，数值越小，则粒子运动越有序和集中。

【摇摆量】：该选项用于设置粒子的晃动强度。参数较大时，粒子会产生摇摆变形。

【排斥力】：用于在粒子间产生排斥力。参数越大，粒子间的排斥性越强。

【弹跳速率】：设置粒子的总速率。

【粘度】：设置粒子间的黏性。参数越小，粒子越密。

【粘性】：设置粒子间的黏着性。参数越小，粒子堆砌得越紧密。

【缩放】：该选项用于调整粒子大小。

【综合大小】：该参数用于设置粒子效果的综合尺寸。在【草图】和【草图+流动映射】方式下可看到综合尺寸范围框。

【正在渲染】：该参数项用于设置粒子的渲染属性。该参数项的设置效果只有在【已渲染】方式下可以看到。

【混合模式】：用于设置粒子间的融合模式。在【透明】方式下，粒子与粒子间进行透明叠加。选择【旧实体在上】方式，则旧粒子置于新生粒子之上。选择【新实体在上】方式，则将新生粒子叠加到旧粒子之上。

【气泡纹理】：可在该下拉列表中选择气泡粒子的纹理方式，在该下拉列表中选择不同泡沫材质的效果。

【气泡纹理分层】：除了系统预制的粒子纹理外，还可以指定合成图像中的一个层作为粒子纹理。该层可以是一个动画层，粒子将使用其动画纹理。在下拉列表中选择粒子纹理层时，首先要在【气泡纹理】中将粒子纹理设置为【用户定义】。

【气泡方向】：用于设置气泡的方向。可使用默认的【固定】方式，或【物理定向】【气泡速度】。

【环境映射】：用于指定气泡粒子的反射层。

【反射强度】：设置反射的强度。

【反射融合】：设置反射的聚焦度。

【流动映射】：通过调整下拉选项参数属性，设置创建泡沫的流动动画效果。

【流动映射】：用于指定影响粒子效果的层。

【流动映射黑白对比】：用于设置参考图对粒子的影响效果。

【流动映射匹配】：用于设置参考图的大小。可设置为【总体范围】或【屏幕】。

【模拟品质】：用于设置气泡粒子的仿真质量。

【随机植入】：该选项用于设置气泡粒子的随机种子数。

案例精讲 101 　魔幻方块（视频案例）

本案例介绍如何制作魔幻方块。首先制作方块背景，创建纯色图层，为其添加【分形杂色】效果，然后创建调整图层，为其添加【色相/饱和度】和【色阶】效果，为背景设置颜色。然后绘制矩形，并设置矩形展开动画。最后输入文字并设置文字动画。完成后的效果如图 10-20 所示。

 案例文件：CDROM\ 场景 \Cha10\ 魔幻方块 .aep
　　　　视频教学：视频教学 \Cha10\ 魔幻方块 .mp4

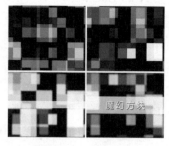

图 10-20　魔幻方块

案例精讲 102 　粒子运动

本案例介绍如何制作粒子运动效果。首先添加素材图片，制作【文字】合成，并新建【文字组】合成制作最终的文字效果。然后新建合成，在合成中新建纯色图层和调整图层，制作粒子运动效果，添加【文字组】合成。最后为合成制作镜头光晕效果。完成后的效果如图 10-21 所示。

 案例文件：CDROM\ 场景 \Cha10\ 粒子运动 .aep
　　　　视频教学：视频教学 \Cha10\ 粒子运动 .mp4

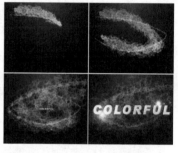

图 10-21　粒子运动效果

(1) 在【项目】面板中，单击鼠标右键，在弹出的快捷菜单中选择【新建合成】命令。在弹出的对话框的【合成名称】处输入"文字"，【预设】设置为 PAL D1/DV，【持续时间】设置为 0:00:08:00，然后单击【确定】按钮，如图 10-22 所示。

(2) 在【项目】面板中双击，在弹出的【导入文件】对话框中，选择随书附带光盘中的 CDROM\ 素材 \Cha10\ 背景 02.jpg 素材图片，然后将【背景 02.jpg】素材图片添加到时间轴中，在【时间轴】面板中将【缩放】设置为 136.0，136.0%，如图 10-23 所示。

图 10-22　【合成设置】对话框

图 10-23　添加素材图层并设置缩放

（3）在工具栏中使用【横排文字工具】，在【合成】面板中输入英文"COLORFUL"，将字体设置为 Arial Black，字体颜色的 RGB 值设置为 251、93、22，描边颜色的 RGB 值设置为 248、1、59，字体大小设置为 100 像素，字符间距设置为 139，描边宽度设置为 0 像素，单击【仿粗体】按钮，然后将文字图层的【位置】设置为 360、327，如图 10-24 所示。

图 10-24　输入文字

（4）在时间轴中将【背景 02.jpg】层的轨道遮罩设置为【Alpha 遮罩"COLORFUL"】，如图 10-25 所示。

（5）在【项目】面板中单击鼠标右键，在弹出的快捷菜单中选择【新建合成】命令。在弹出的对话框的【合成名称】处输入"文字组"，然后单击【确定】按钮，如图 10-26 所示。

图 10-25　设置轨道遮罩

图 10-26　【合成设置】对话框

（6）将【项目】面板中的【文字】合成添加到时间轴中的【文字组】合成中，如图 10-27 所示。

（7）选中时间轴中的【文字】合成，在菜单栏中选择【效果】→【透视】→【斜面 Alpha】命令。在【效果控件】面板中将【斜面 Alpha】中的【边缘厚度】设置为 3.00，如图 10-28 所示。

知识链接

【斜面 Alpha】效果可为图像的 Alpha 边界增添凿刻、明亮的外观，通常为 2D 元素增添 3D 外观。如果图层完全不透明，则将效果应用到图层的定界框。通过此效果创建的边缘比通过边缘斜面效果创建的边缘柔和。此效果特别适合在 Alpha 通道中具有文本的元素。

（8）选中文字合成图层，按 Ctrl+D 组合键复制图层，并按一次方向键中的←键，将复制的图层向左移动，形成文字厚度，如图 10-29 所示。

（9）重复（8）的操作，如图 10-30 所示。

图 10-27　添加合成图层

图 10-28　设置【斜面 Alpha】效果

图 10-29　复制图层并移动图层

图 10-30　复制图层并移动图层

(10) 在【项目】面板中单击鼠标右键，在弹出的快捷菜单中选择【新建合成】命令。弹出对话框，在【合成名称】处输入"粒子运动"，然后单击【确定】按钮，如图 10-31 所示。

(11) 在时间轴中单击鼠标右键，在弹出的快捷菜单中选择【新建】→【纯色】命令，弹出【纯色设置】对话框，在【名称】处输入"背景图层"，单击【制作合成大小】按钮，然后单击【确定】按钮，如图 10-32 所示。

图 10-31　【合成设置】对话框

图 10-32　【纯色设置】对话框

(12) 选中时间轴中的【背景图层】，在菜单栏中选择【效果】→【生成】→【梯度渐变】命令。在【效果控件】面板中，将【渐变形状】设置为【径向渐变】，【起始颜色】的 RGB 值设置为 1、57、100，【结束颜色】设置为黑色，如图 10-33 所示。

(13) 在时间轴中单击鼠标右键，在弹出的快捷菜单中选择【新建】→【纯色】命令，弹出【纯色设置】对话框，在【名称】处输入"粒子 1"，然后单击【确定】按钮，如图 10-34 所示。

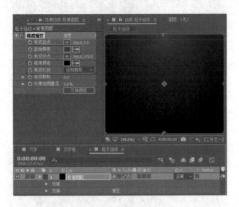

图 10-33　设置【梯度渐变】效果

图 10-34　【纯色设置】对话框

(14) 在时间轴中选中创建的【粒子 1】图层，将其【模式】设置为【相加】，如图 10-35 所示。

(15)将当前时间设置为 0:00:00:00，在菜单栏中选择【效果】→【模拟】→ CC Particle Systems Ⅱ 命令。在【效果控件】面板中将 Birth Rate 设置为 2.0，Longevity(sec) 设置为 5.0，在 Producer 组中将 Position 设置为 46.0、94.0，然后单击其左侧的 按钮，添加关键帧，将 Radius X 设置为 0.0，Radius Y 设置为 0.0，在 Physics 组中将 Animation 设置为 Jet Sideways，Velocity 设置为 -0.2，Gravity 设置为 0.1，Resistance 设置为 100.0，然后单击其左侧的 按钮，添加关键帧，Direction 设置为 0x+0.0°，如图 10-36 所示。

图 10-35　设置【模式】

图 10-36　设置 CC Particle Systems Ⅱ

知识链接

CC Particle Systems Ⅱ：粒子系统，可以产生高效的粒子效果。

Birth rate：粒子的出生速度。

Longevity：粒子的寿命。

Producer：粒子的发射控制项。

Position：粒子发射源的位置。

Radius X：粒子发射源的 X 向半径。

Radius Y：粒子发射源的 Y 向半径。

Physics：物理学设置。

Animation：粒子的动画方式。

Velocity：粒子的运动速度。

Inherit velocity：继承速度。	Size variation：粒子大小的紊乱性，比如设置为 50%，那么粒子的大小将在原来的基础上加减 50%，这样就可以产生大小不同的粒子。
Gravity：重力。	
Resistance：粒子的凝聚力。	
Direction：方向。	Opacity map：粒子的透明方式。
Extra：粒子在其他方向的发散强度。	Max opacity：粒子的最大透明度。
Particle：粒子设置项。	Color map：粒子的着色方式。
Particle type：粒子类型，可以定制多种粒子效果，极大的、丰富的、圈子的表现力。	Birth color：粒子出生时的颜色。
	Death color：粒子死亡时的颜色，使用这两项可以很轻松地创建出粒子发散的过渡效果。
Birth size：粒子出生时的大小。	
Death size：粒子死亡时的大小。	Transfer mode：粒子特效与原图像的叠加方式。

(16) 在 Particle 组中将 Particle Type 设置为 Faded Sphere，Birth Size 设置为 0.08，Death Size 设置为 0.15，Max Opacity 设置为 100.0%，Birth Color 的 RGB 值设置为 175、228、247，Death Color 的 RGB 值设置为 0、126、179，如图 10-37 所示。

(17) 将当前时间设置为 0:00:05:19，将 Position 设置为 -200.0、506.0，Resistance 设置为 0.0，如图 10-38 所示。

图 10-37　设置 Particle 组中的参数

图 10-38　设置关键帧

(18) 在 Position 两个关键帧之间设置关键帧动画，如图 10-39 所示。

(19) 拖动时间线查看其效果，如图 10-40 所示。

图 10-39　添加关键帧动画

图 10-40　查看效果

(20) 在菜单栏中选择【效果】→【风格化】→【发光】命令。在【效果控件】面板中，将【发光】中的【发光颜色】设置为【A 和 B 颜色】，如图 10-41 所示。

(21) 在菜单栏中选择【效果】→【模糊和锐化】→ CC Vector Blur 命令。在【效果控件】面板中将 CC Vector Blur 下的 Amount 设置为 30.0，Ridge Smoothness 设置为 8.00，Map Softness 设置为 6.0，如图 10-42 所示。

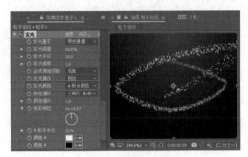

图 10-41　设置【发光】效果

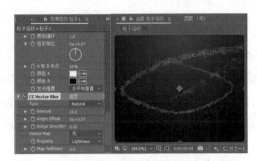

图 10-42　设置 CC Vector Blur

知识链接

CC Vector Blur：CC矢量模糊，可以产生一种特殊的变形模糊效果。

Type：指定模糊的类型。

Natural：自然方式。

Constant length：常数长度，根据图像的色度或亮度进行自然的过渡和扭曲并模糊。

Perpendicular：垂直线，以单个像素的中心点向外延伸进行垂直模糊。

Direction center：方向中心点，以单个像素的中心点向外延伸进行发射状模糊。

Direction fading：方向衰减，也是以中心点向外进行方向模糊，但是会考虑衰减因素，因而产生更为柔和的效果。

Amount：数量，控制模糊的强度。

Angle offset：角度，控制模糊的角度。

Revolutions：指定模糊方向。

Vector map：在这里可以指定一个层作为模糊作用区域。

Property：属性，决定将源图层的哪个通道信息作为当前图层的作用区域。

Red：红色通道。

Green：绿色通道。

Blue：蓝色通道。

Alpha：透明信息通道。

Luminance：以光照强度定义的信息通道亮度。

Lightness：以黑白定义的亮度信息通道。

Hue：色度，也就是色相。

Saturation：饱和度。

Map softness：图像柔化，将源图像进行一定量的模糊化，有时候这样反而能得到细腻的效果。

(22) 在菜单栏中选择【效果】→【过时】→【快速模糊】命令。在【效果控件】面板中将【快速模糊】中的【模糊度】设置为 1.0，如图 10-43 所示。

(23) 在时间轴中，将【粒子 1】图层的【运动模糊】开启，如图 10-44 所示。

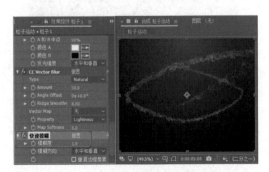

图 10-43　设置【快速模糊】效果

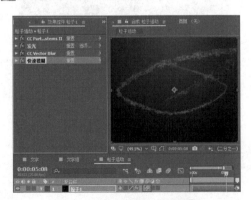

图 10-44　开启【运动模糊】

(24) 按 Ctrl+D 组合键，复制【粒子 1】图层，将复制得到的图层重命名为"粒子 2"，如图 10-45 所示。

(25) 选中【粒子 2】图层，更改 CC Particle Systems Ⅱ 中的 Position 关键帧参数，如图 10-46 所示。

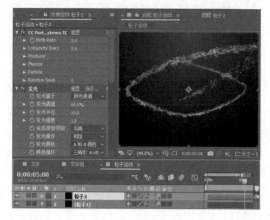
图 10-45　复制图层

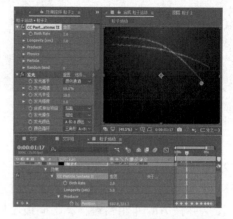
图 10-46　调整 Position 关键帧参数

(26) 在【效果控件】面板中将 CC Particle Systems Ⅱ 中的 Birth Rate 设置为 5.0，在 Physics 组中将 Velocity 设置为 -1.5，Inherit Velo 设置为 10.0，Gravity 设置为 0.2，如图 10-47 所示。

(27) 将【发光】中的【发光颜色】设置为【原始颜色】，如图 10-48 所示。

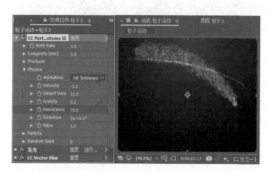
图 10-47　设置 CC Particle Systems Ⅱ 参数

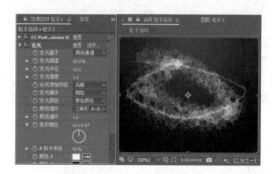
图 10-48　设置【发光】效果

(28) 将 CC Vector Blur 中的 Amount 设置为 40.0，Property 设置为 Alpha，Map Softness 设置为 10.0，如图 10-49 所示。

(29) 新建调整图层，然后为其添加【曲线】效果。在【效果控件】面板中调整曲线，如图 10-50 所示。

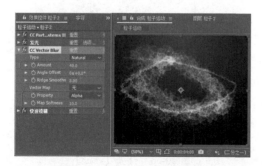
图 10-49　设置 CC Vector Blur

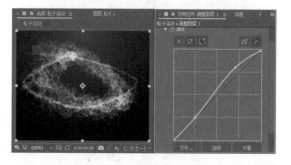
图 10-50　设置【曲线】

(30) 将【通道】更改为【红色】，然后调整曲线，如图 10-51 所示。

(31) 将【通道】更改为【绿色】，然后调整曲线，如图 10-52 所示。

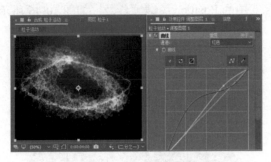
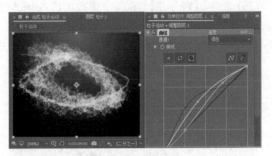

图 10-51　设置【红色】曲线　　　　　　　　图 10-52　设置【绿色】曲线

(32) 将【通道】更改为【蓝色】，然后调整曲线，如图 10-53 所示。

(33) 将【项目】面板中的【文字组】合成添加到时间轴顶层，将当前时间设置为 0:00:05:06，选中【文字组】图层并按 Alt + [组合键，将时间线左侧部分删除，如图 10-54 所示。

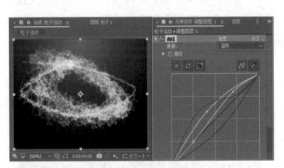

图 10-53　设置【蓝色】曲线　　　　　　　　图 10-54　剪切删除图层

(34) 确认当时间设置为 0:00:05:06，将【文字组】图层的【缩放】设置为 8.0，8.0%，然后单击其左侧的按钮，添加关键帧，如图 10-55 所示。

(35) 将当前时间设置为 0:00:05:15，将【缩放】设置为 100.0%，如图 10-56 所示。

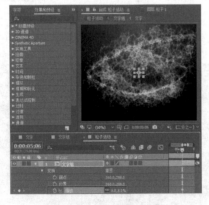

图 10-55　设置【缩放】　　　　　　　　　　图 10-56　设置【缩放】

(36) 将当前时间设置为 0:00:06:17，为【缩放】和【不透明度】添加关键帧，如图 10-57 所示。

(37) 将当前时间设置为 0:00:07:24，将【缩放】设置为 900.0%，【不透明度】设置为 0%，如图 10-58 所示。

图 10-57　添加关键帧

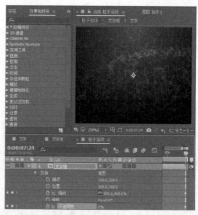

图 10-58　设置【缩放】和【不透明度】

(38) 新建纯色图层，将其命名为"镜头光晕"，然后将其【模式】设置为【相加】，如图 10-59 所示。

(39) 将当前时间设置为 0:00:05:12，选中【镜头光晕】图层并按 Alt＋[组合键，将时间线左侧部分删除，如图 10-60 所示。

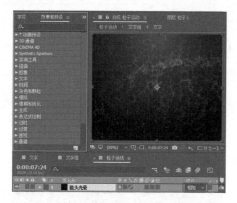

图 10-59　新建纯色图层

图 10-60　剪切删除图层

(40) 将当前时间设置为 0:00:05:15，为【镜头光晕】图层添加【镜头光晕】效果。在【效果控件】面板中，将【光晕中心】设置为 90.0、240.0，然后单击其左侧的 ⚙ 按钮，添加关键帧，如图 10-61 所示。

(41) 将当前时间设置为 0:00:06:15，将【光晕中心】设置为 665.0、240.0，【光晕亮度】设置为 70%，然后单击其左侧的 ⚙ 按钮，添加关键帧，如图 10-62 所示。

图 10-61　设置【镜头光晕】效果

图 10-62　设置【镜头光晕】关键帧

(42) 将当前时间设置为 0:00:06:17，将【光晕亮度】设置为 0%，如图 10-63 所示。

(43) 在【效果控件】面板中选中【镜头光晕】效果，按 Ctrl+D 组合键对其进行复制，将当前时间设置为 0:00:05:15，将【镜头光晕 2】的【镜头类型】设置为【105 毫米定焦】，将【光晕中心】设置为 640.0、330.0，如图 10-64 所示。

图 10-63　设置【光晕亮度】　　　　　　　　图 10-64　设置【镜头光晕】效果

(44) 将当前时间设置为 0:00:06:15，将【镜头光晕 2】的【光晕中心】设置为 45.0、330.0，如图 10-65 所示。

(45) 将场景文件进行保存，然后按 Ctrl+M 组合键，在【渲染队列】面板中，设置合成渲染输出位置，然后单击【渲染】按钮，将合成渲染输出，如图 10-66 所示。

图 10-65　设置【光晕中心】　　　　　　　　图 10-66　渲染输出视频

案例精讲 103　光效倒计时

本例将学习如何制作光效倒计时，其中主要应用了【音频频谱】【发光】【定向模糊】【CC Lens】等制作发光效果，然后利用【梯度渐变】和【斜面 Alpha】制作出文字修改，具体操作方法如下，完成后的效果如图 10-67 所示。

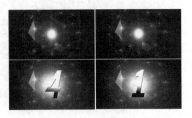

案例文件：CDROM\ 场景 \Cha10\ 光效倒计时 .aep

视频教学：视频教学 \Cha10\ 光效倒计时 .mp4

图 10-67　制作光效倒计时

(1) 启动软件后，按 Ctrl+N 组合键，弹出【合成设置】对话框，在【合成名称】处输入"光效倒计时 01"，在【基本】选项组中将【预设】设为 HDTV 1080 25，将【像素长宽比】设为【方形像素】，将【帧速率】设为 25 帧/秒，将【持续时间】设为 0:00:05:00，将【背景颜色】设为【黑色】，单击【确定】按钮，如图 10-68 所示。

(2) 在时间轴面板中单击鼠标右键，在弹出的快捷菜单中选择【新建】→【纯色】命令，如图 10-69 所示。

图 10-68　新建合成

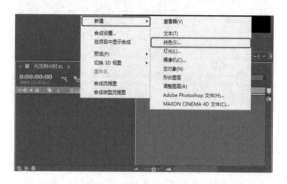

图 10-69　选择【纯色】命令

(3) 弹出【纯色设置】对话框，将【名称】设为"光 01"，将【颜色】设为黑色，单击【确定】按钮，如图 10-70 所示。

(4) 在时间轴面板底部单击按钮 ，开启【光 01】图层的【运动模糊】和【3D 图层】，如图 10-71 所示。

图 10-70　纯色设置

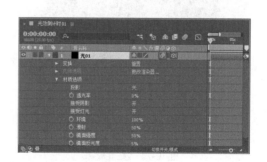

图 10-71　设置图层

(5) 切换到【效果和预设】面板，选择【生成】→【音频频谱】特效，并将其添加到【光 01】图层上，如图 10-72 所示。

(6) 在时间轴面板中选择【光 01】图层，在【效果控件】面板中对上一步添加的【音频频谱】进行设置，将【起始点】设为 955.6，-34.3，将【结束点】设为 959.6，1108.1，将【起始频率】和【结束频率】分别设为 120，601，将【最大高度】设为 4050，【音频持续时间】设为 200，【音频偏移】设为 50，【柔和度】设为100%，将【内部颜色】的RGB值设为0，168，255，将【外部颜色】的RGB值设为50，180，255，如图10-73所示。

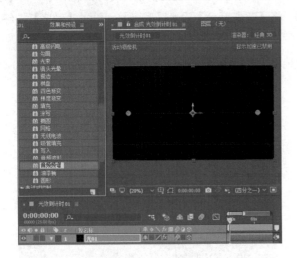

图10-72　选择特效

图10-73　设置特效参数

(7) 在【合成】面板中，查看添加特效后的效果，如图10-74所示。

(8) 在【效果和预设】面板中选择【风格化】→【发光】特效，将其添加到"光01"图层上，如图10-75所示。

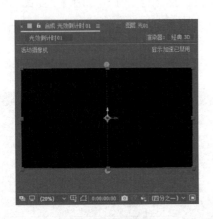

图10-74　查看效果

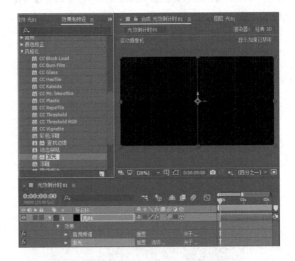

图10-75　选择【发光】特效

知识链接

【发光】：发光效果可找到图像的较亮部分，然后使那些像素和周围的像素变亮，以创建漫射的发光光环。发光效果也可以模拟明亮的光照对象的过度曝光。用户可以使发光基于图像的原始颜色，或基于其Alpha通道。基于Alpha通道的发光仅在不透明和透明区域之间的图像边缘产生漫射亮度。也可以使用发光效果创建两种颜色（A和B颜色）之间的渐变发光，以及创建循环的多色效果。

【发光基于】：确定发光是基于颜色值还是透明度值。

【发光阈值】：将阈值设置为不向其应用发光的亮度百分比。较低的百分比会在图像的更多区域产生发光效果；较高的百分比会在图像的更少区域产生发光效果。

【发光半径】：发光效果从图像的明亮区域开始延伸的距离，以像素为单位。较大的值会产生漫射发光，较小的值会产生锐化边缘发光。

【发光强度】：发光的亮度。

【合成原始项目】：指定如何合成效果结果和图层。

【顶端】：用于将发光效果放在图像顶端，以便使用为【发光操作】选择的混合方法。

【后面】：用于将发光效果放在图像后面，从而创建逆光结果。

【无】：用于从图像中分离发光效果。

【发光颜色】：发光的颜色。

【A 和 B 颜色】：用于使用【颜色 A】和【颜色 B】控件指定的颜色，创建渐变发光。

【颜色循环】：选择【A 和 B 颜色】作为【发光颜色】的值时，使用的渐变曲线的形状。

【颜色循环】：可在选择两个或更多循环时，创建发光的多色环。单个循环可循环显示为【发光颜色】指定的渐变（或任意图）。

【色彩相位】：在颜色周期中，开始颜色循环的位置。默认情况下，颜色循环在第一个循环的源点开始。

【A 和 B 中点】：此中点用于指定渐变中使用的两种颜色之间的平衡点。对于较低的百分比，使用较少的 A 颜色。对于较高的百分比，使用较少的 B 颜色。

【颜色 A、颜色 B】：在选择【A 和 B 颜色】作为【发光颜色】的值时，发光的颜色。

【发光维度】：指定发光是水平的、垂直的，还是这两者兼有的。

(9) 切换到【效果控件】面板中，对上一步添加的效果进行设置，将【发光基于】设为【Alpha 通道】，【发光阈值】设为 15.3%，【发光半径】设为 64，【发光强度】设为 3.5，【发光颜色】设为【A 和 B 颜色】，【色彩相位】设为 5x+0°，将【颜色 A】的 RGB 值设为 136，203，255，将【颜色 B】的 RGB 值设为 4，163，255，如图 10-76 所示。

(10) 在合成面板中查看效果，如图 10-77 所示。

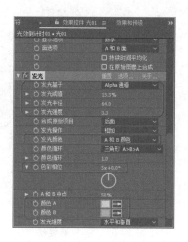

图 10-76　设置【发光】参数

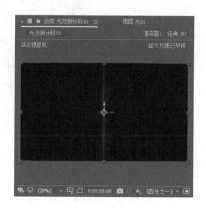

图 10-77　查看效果

(11) 切换到【效果和预设】面板中，选择【扭曲】→ CC Lens 特效，将其添加到【光 01】图层上，如图 10-78 所示。

(12) 切换到【效果控件】面板中查看添加的特效，将 Center 设置为 960、540，将 Size 设为 40，将 Convergence 设为 100，如图 10-79 所示。

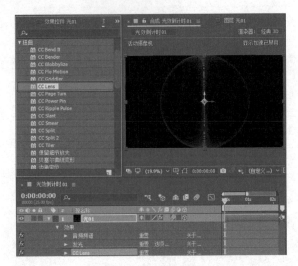

图 10-78　选择特效

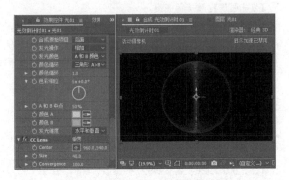

图 10-79　设置特效参数

知识链接

CC Lens：透镜特效，使用它可以创建高质量的透镜特效。

Center：透镜中心点位置。

Size：透镜大小。

Convergence：透镜的变形强度，正值向外负值向内。

(13) 将当前时间设为 0:00:02:01，在【效果控件】面板中单击 Size 左侧的添加关键帧按钮 ⏱，添加关键帧，如图 10-80 所示。

(14) 将当前时间设为 0:00:03:03，将 Size 设为 0，添加关键帧，如图 10-81 所示。

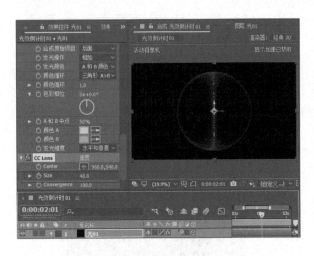

图 10-80　添加关键帧

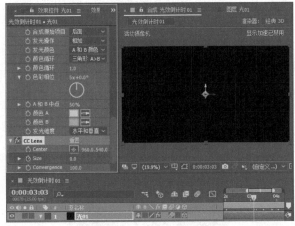

图 10-81　添加关键帧

(15) 切换到【效果和预设】面板中，选择【扭曲】→ CC Flo Motion 特效，将其添加到【光 01】图层上，如图 10-82 所示。

(16) 切换到【效果控件】面板中，将 Knot 1 设为 950.6，535.5，将 Knot 2 设为 953.7，538.5，将 Antialiasing 设为 Low，如图 10-83 所示。

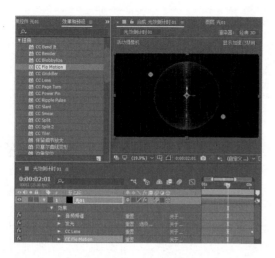

图 10-82　选择特效

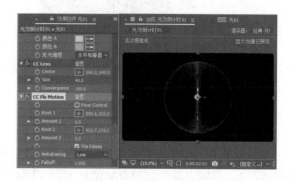

图 10-83　设置特效参数

知识链接

CC Flo motion：这个特效由两个点进行控制，两个点可以分别设置对图像进行向内吸收或向外放射的变形。

Knot 1：控制点 1 的位置。

Amount 1：控制点 1 的变形强度，正值为向外推，负值为向内吸收。

Knot 2：控制点 2 的位置。

Amount 2：控制点 2 的变形强度。

Title edges：重复边缘，勾选它可以对变形边缘进行保护。

Antialiasing：抗锯齿。

Falloff：对变形点效果进行衰减控制。

(17) 将当前时间设为 0:00:00:00，单击 Amount 1 和 Amount 2 前面的关键帧按钮 ⧗，添加关键帧，并将其 Amount 1 和 Amount 2 分别设为 20，86，如图 10-84 所示。

(18) 将当前时间设为 0:00:02:01，将其 Amount 1 和 Amount 2 分别设为 -131，-75，如图 10-85 所示。

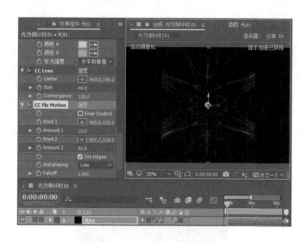

图 10-84　设置关键帧

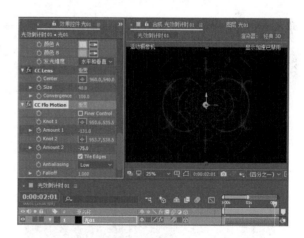

图 10-85　添加关键帧

(19) 在时间轴上选择【光 01】图层，按 Ctrl+D 组合键，对其进行复制，选择最上侧【光 01】图层，将其名称修改为″光 02″，如图 10-86 所示。

(20) 在时间轴中选择【光 02】图层，按 U 键，显示该图层的所有关键帧，并将其所有的关键帧删除，如图 10-87 所示。

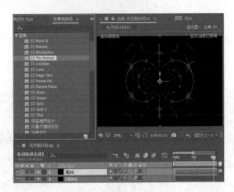 

图 10-86　复制图层　　　　　　　　　　　图 10-87　删除关键帧

(21) 切换到【效果控件】面板，选择【音频频谱】特效，将【起始点】设为 955.6，-26.2，将【结束点】设为 955.6，1100，其他保持默认值，如图 10-88 所示。

(22) 展开【发光】特效，将【发光半径】和【发光强度】分别设为 113，2.4，其他参数保持不变，如图 10-89 所示。

 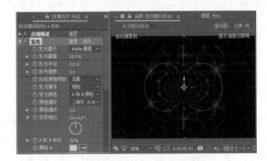

图 10-88　修改特效参数　　　　　　　　　图 10-89　设置特效参数

(23) 切换到【效果和预设】面板中，选择【模糊和锐化】→【定向模糊】特效，将其添加到【光02】图层的【效果控件】面板中，并将其位于【发光】特效的下方，并将【模糊长度】设为 114，如图 10-90 所示。

(24) 设置完特效后，将当前时间设为 0:00:00:00，在【合成】面板中查看效果如图 10-91 所示。

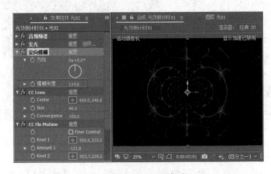 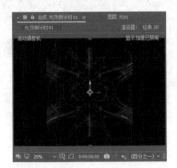

图 10-90　添加特效　　　　　　　　　　　图 10-91　查看效果

(25) 切换到【效果和预设】面板中，选择【过时】→【快速模糊】特效，将其添加到【效果和控件】面板中，并将其位于【定向模糊】的下方，并将【模糊度】设为 10，如图 10-92 所示。

(26) 将当前时间设为 0:00:00:00，在【合成】面板查看效果如图 10-93 所示。

图 10-92　添加特效

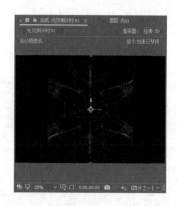

图 10-93　预览效果

(27) 继续对【光 02】图层特效进行设置，切换到【效果控件】面板，展开 CC Lens，将 Size 设为 56，其他不变，如图 10-94 所示。

(28) 展开 CC Flo Motion 特效，将 Knot 1 设为 480，270，将 Knot 2 设为 953.7，538.5，将 Amount 1 和 Amount 2 分别设为 0，121，如图 10-95 所示。

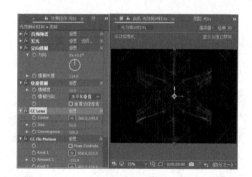

图 10-94　设置特效参数

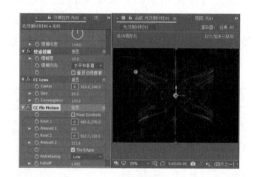

图 10-95　设置特效参数

(29) 在时间轴中选择【光 02】对象，按 Ctrl+D 组合键进行复制，复制出【光 03】对象，将其【模式】设为【相加】，并在【效果控件】面板中将所有的特效删除，如图 10-96 所示。

(30) 在【效果和预设】面板中搜索【镜头光晕】特效，将其添加到【光 03】图层上，在【效果控件】面板中将【光晕中心】设为 960，536，将【镜头类型】设为【105 毫米定焦】，如图 10-97 所示。

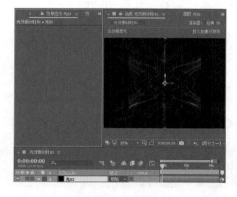

图 10-96　复制图层

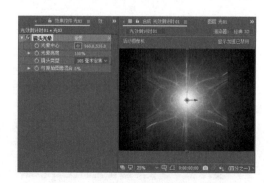

图 10-97　设置【镜头光晕】特效

（31）将当前时间设为 0:00:03:02，单击【光晕亮度】前面的添加关键帧按钮，并将【光晕亮度】设为 111%，如图 10-98 所示。

（32）将当前时间设为 0:00:03:20，将【光晕亮度】设为 138%，添加关键帧，如图 10-99 所示。

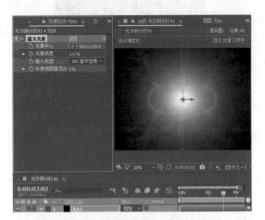

图 10-98　添加关键帧

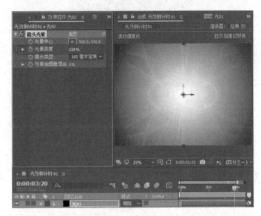

图 10-99　添加关键帧

（33）在【效果和预设】面板中搜索【色调】特效，将其添加到【光 03】图层上，保持默认值，如图 10-100 所示。

（34）在【效果和预设】面板中搜索【曲线】特效，将其添加到【光 03】图层上，在【效果控件】面板中将【通道】设为 RGB，对曲线进行调整，如图 10-101 所示。

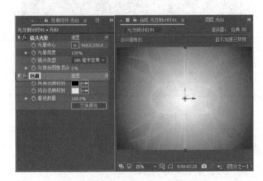

图 10-100　添加【色调】特效

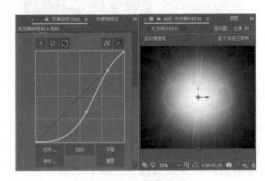

图 10-101　调整曲线

（35）将【曲线】特效下的【通道】设为【红色】，对曲线进行调整，如图 10-102 所示。

（36）将【曲线】特效下的【通道】设为【绿色】，对曲线进行调整，如图 10-103 所示。

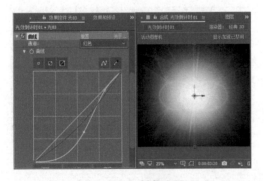

图 10-102　调整曲线

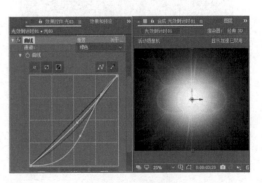

图 10-103　调整曲线

(37) 将【曲线】特效下的【通道】设为【蓝色】，对曲线进行调整，如图 10-104 所示。

(38) 在【项目】面板中选择【光效倒计时 01】合成，将其拖至面板底部的【新建合成】按钮，此时会新建名为【光效倒计时 02】的合成，如图 10-105 所示。

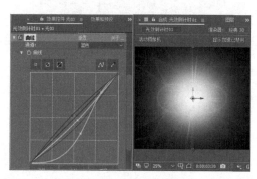

图 10-104　调整曲线

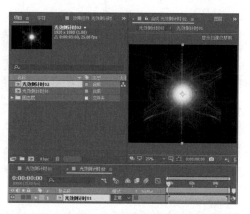

图 10-105　新建合成

知识链接

　　【曲线】：曲线效果可调整图像的色调范围和色调响应曲线。色阶效果也可调整色调响应，但曲线效果增强了控制力。使用色阶效果时，只能使用三个控件 (高光、阴影和中间调)进行调整。使用曲线效果时，用户可以使用通过 256 点定义的曲线，将输入值任意映射到输出值。用户可以加载和保存任意图和曲线，以便使用曲线效果。此效果适用于 8-bpc、16-bpc和 32-bpc颜色。

　　在应用曲线效果时，After Effects会在【效果控件】面板中显示一个图表，用于指定曲线。图表的水平轴代表像素的原始亮度值 (输入色阶)；垂直轴代表新的亮度值 (输出色阶)。在默认对角线中，所有像素的输入值和输出值均相同。曲线将显示 0 ~ 255 范围 (8位)中的亮度值或 0 ~ 32768范围 (16位)中的亮度值，并在左侧显示阴影 (0)。

(39) 在【光效倒计时 02】时间轴中，单击鼠标右键，在弹出的快捷菜单中选择【合成设置】命令，如图 10-106 所示。

(40) 弹出【合成设置】对话框，将【持续时间】设为 0:00:02:00，单击【确定】按钮，如图 10-107 所示。

图 10-106　选择【合成设置】命令

图 10-107　设置持续时间

(41) 在时间轴中单击底部的按钮，展开出入时间，单击【入】下面的时间按钮，弹出【图层入点时间】对话框，设为 0:00:03:00，单击【确定】按钮，如图 10-108 所示。

(42) 使用同样的方法将【出】设置为 0:00:01:24，按 Ctrl+N 组合键，弹出【合成设置】对话框，将【合成名称】设为"光效倒计时 03"，在【基本】选项组中，将【预设】设为 HDTV 1080 25，将【像素长宽比】

设为【方形像素】，将【帧速率】设为25帧/秒，将【持续时间】设为0:00:13:00，将【背景颜色】设为【黑色】，单击【确定】按钮，如图10-109所示。

图 10-108　设置【入】的时间

图 10-109　新建合成

(43) 在【项目】面板中双击，弹出【导入文件】对话框，选择随书附带光盘中的CDROM\素材\Cha10\背景03.jpg文件，然后单击【导入】按钮，如图10-110所示。

(44) 在【项目】面板中选择【背景03.jpg】素材文件，将其添加到【光效倒计时03】的时间轴中，按Enter键，修改名称为"背景"，如图10-111所示。

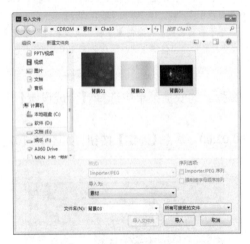

图 10-110　选择导入的素材文件

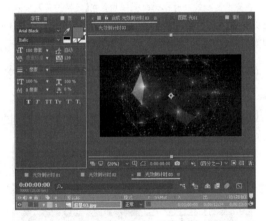

图 10-111　添加背景素材

(45) 在【项目】面板中选择【光效倒计时01】合成，将其添加到时间轴的最顶端，并将其【图层模式】设为【相加】，如图10-112所示。

(46) 在工具选项栏中选择【横排文字工具】，输入"5"，在【字符】面板中将【字体】设为【长城新艺体】，将【字体大小】设为483像素，【字体颜色】设为任意一种颜色，并单击【仿斜体】按钮，调整其位置，如图10-113所示。

(47) 在时间轴选择5图层，展开【变换】选项组，将【描点】设为116、-188，将【位置】设为944、528，如图10-114所示。

(48) 将当前时间设为0:00:03:00，继续选择5图层，单击鼠标右键，在弹出的快捷菜单中选择【时间】→【时间伸缩】命令，弹出【时间伸缩】对话框，在该对话框中将【新持续时间】设为0:00:02:00，如图10-115所示。

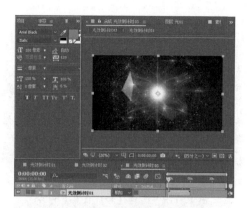

图 10-112　设置图层模式

图 10-113　设置持续时间

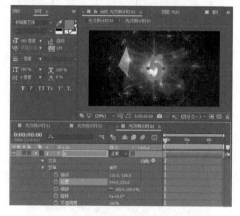

图 10-114　选择【合成设置】命令

图 10-115　设置持续时间

(49) 将当前时间设为 0:00:03:00，对 5 图层进行拖动，将其开始与时间线对齐，如图 10-116 所示。

(50) 确认当前时间为 0:00:03:00，在时间轴中选择 5 图层，按 S 键调出【缩放】选项，单击【缩放】前面的添加关键帧按钮，添加关键帧，并将其【缩放】值设为 0%，如图 10-117 所示。

图 10-116　对齐图层

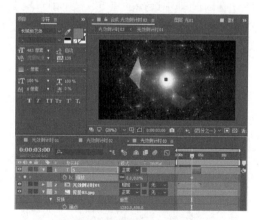

图 10-117　添加关键帧

(51) 将当前时间设为 0:00:03:12，将【缩放】设为 156%，如图 10-118 所示。

(52) 在【效果和预设】面板中搜索【梯度渐变】特效，将其添加到图层 5 上，在【效果控件】面板中查看添加的特效，将【渐变起点】设为 948，714，将【渐变终点】设为 974，564，如图 10-119 所示。

图 10-118　添加关键帧

图 10-119　选择【合成设置】命令

(53) 在【效果和预设】面板中选择【斜面 Alpha】特效，将其添加到 5 图层上，在【效果控件】面板中将【边缘厚度】设为 9.4，将【灯光角度】设为 0x-30°，将【灯光强度】设为 1，如图 10-120 所示。

(54) 将当前时间设为 0:00:03:12，在【合成】面板中查看效果，如图 10-121 所示。

图 10-120　设置效果参数

图 10-121　查看效果

(55) 在【项目】面板中选择【光效倒计时 02】，添加到时间轴的最上侧，并将其开始与图层 5 的结束对齐，将图层模式设置为【相加】，如图 10-122 所示。

(56) 在时间轴中选择图层 5，按 Ctrl+D 组合键，对其进行复制，并将其放置到时间轴的最上方，与【光效倒计时 02】图层对齐，并将其名称修改为 "4"，如图 10-123 所示。

图 10-122　添加文件到时间轴

图 10-123　复制图层

(57) 选择图层 4，使用【横排文字工具】在【合成】面板对文字进行更改，将其更改为 "4"，如图 10-124 所示。

(58) 使用同样的方法对文字和【光效倒计时 02】进行复制，并修改文字，完成后的效果如图 10-125 所示。

图 10-124　修改完成后的效果

图 10-125　设置完成后的效果

案例精讲 104　时尚沙龙片头（视频案例）

本例介绍如何制作时尚片头，其中主要应用了【钢笔工具】绘制轮廓，然后通过【梯度渐变】对轮廓上侧进行处理，最后对轮廓设置动画效果，具体操作方法如下，完成后的效果如图 10-126 所示。

 案例文件：CDROM\ 场景 \Cha10\ 时尚沙龙片头 .aep
视频教学：视频教学 \Cha10\ 时尚沙龙片头 .mp4

图 10-126　时尚沙龙

案例精讲 105　汇聚的粒子雕塑（视频案例）

本例介绍如何制作汇聚的粒子雕塑。本例首先为背景图层添加【亮度和对比度】效果，然后为图片图层添加【碎片】效果，创建摄影机图层并设置关键帧动画，最后创建调整图层，添加【发光】效果，完成后的效果如图 10-127 所示。

 案例文件：CDROM\ 场景 \Cha10\ 汇聚的粒子雕塑 .aep
视频教学：视频教学 \Cha10\ 汇聚的粒子雕塑 .mp4

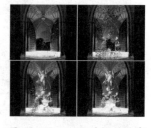

图 10-127　汇聚的粒子雕塑

案例精讲 106　摩托车宣传广告

本例介绍摩托车宣传广告的制作，该例的制作比较复杂，首先制作出摩托车闪光灯的动画，然后制作文字动画，完成后的效果如图 10-128 所示。

 案例文件：CDROM\ 场景 \Cha10\ 摩托车宣传广告 .aep
视频教学：视频教学 \Cha10\ 摩托车宣传广告 .mp4

图 10-128　摩托车宣传广告

（1）按 Ctrl+N 组合键，弹出【合成设置】对话框，在【合成名称】处输入〝摩托车宣传广告〞，将【宽度】和【高度】分别设置为 3000px 和 2200px，将【像素长宽比】设置为【方形像素】，将【帧速率】设置为 29.97 帧 / 秒，将【持续时间】设置为 0:00:10:00，单击【确定】按钮，如图 10-129 所示。

（2）在【项目】面板的空白处双击，弹出【导入文件】对话框，在该对话框中选择素材文件 logo.png、【摩托车 .jpg】和【背景音乐 .mp3】，单击【导入】按钮，如图 10-130 所示。

图 10-129　新建合成

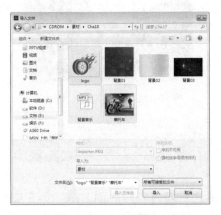

图 10-130　选择素材文件

（3）即可将选择的素材文件导入【项目】面板中，然后将【摩托车 .jpg】和【背景音乐 .mp3】拖曳至时间轴中，将【摩托车】的缩放值设置为 331，将当前时间设置为 0:00:00:20，将音频的入点与当前时间指示器对齐，如图 10-131 所示。

（4）在时间轴中选择【摩托车 .jpg】图层，在菜单栏中选择【效果】→【颜色校正】→【黑色和白色】命令，如图 10-132 所示。

图 10-131　调整素材文件

图 10-132　选择【黑色和白色】命令

（5）即可为选择的图层添加该效果，在【效果控件】面板中使用默认参数设置即可，如图 10-133 所示。

（6）在菜单栏中选择【效果】→【颜色校正】→【曲线】命令，即可为【摩托车 .jpg】图层添加该效果，在【效果控件】面板中调整曲线，如图 10-134 所示。

（7）将当前时间设置为 0:00:00:00，在时间轴中将【摩托车 .jpg】图层的【不透明度】设置为 0%，并单击左侧的按钮，如图 10-135 所示。

（8）将当前时间设置为 0:00:00:20，将【不透明度】参数设置为 100%，如图 10-136 所示。

图 10-133　添加【黑色和白色】效果

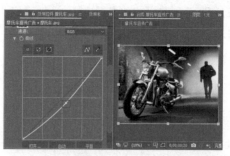

图 10-134　调整曲线

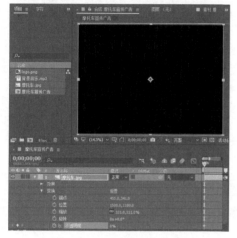

图 10-135　设置不透明度

图 10-136　设置关键帧参数

(9) 使用同样的方法，将当前时间设置为 0:00:05:03，将【不透明度】设置为 100%，将当前时间设置为 0:00:05:23，将【不透明度】设置为 0%，如图 10-137 所示。

▌▌▶提示

　　如果需要创建的关键帧参数与上一个关键帧参数相同，可以直接单击图层属性的关键帧导航器按钮 。

(10) 在时间轴的空白处单击鼠标右键，在弹出的快捷菜单中选择【新建】→【纯色】命令，弹出【纯色设置】对话框，在【名称】处输入"灯光"，单击【确定】按钮，如图 10-138 所示。

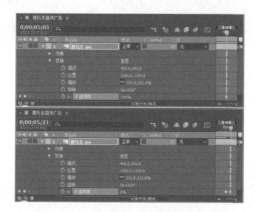

图 10-137　设置关键帧参数

图 10-138　新建纯色图层

195

(11) 即可创建【灯光】图层，并将【灯光】图层的【模式】设置为【相加】，如图 10-139 所示。

(12) 在菜单栏中选择【效果】→【生成】→【镜头光晕】命令，如图 10-140 所示。

图 10-139 设置图层混合模式

图 10-140 选择【镜头光晕】命令

(13) 即可为【灯光】图层添加该效果，将当前时间设置为 0:00:01:17，在【效果控件】面板中，将【光晕中心】设置为 800、616，将【光晕亮度】设置为 0%，并单击左侧的 ⊙ 按钮，将【镜头类型】设置为【105毫米定焦】，如图 10-141 所示。

(14) 将当前时间设置为 0:00:01:21，将【光晕亮度】设置为 106%，如图 10-142 所示。

图 10-141 设置参数

图 10-142 设置【光晕亮度】参数

知识链接

【镜头光晕】：效果可模拟将明亮的灯光照射到摄像机镜头所致的折射。通过单击图像缩览图的任一位置或拖动其十字线，指定光晕中心的位置。

(15) 将当前时间设置为 0:00:02:09，将【光晕亮度】设置为 64%，如图 10-143 所示。

(16) 将当前时间设置为 0:00:02:22，将【光晕亮度】设置为 106%，将当前时间设置为 0:00:03:08，将【光晕亮度】设置为 64%，如图 10-144 所示。

图 10-143　设置【光晕亮度】参数

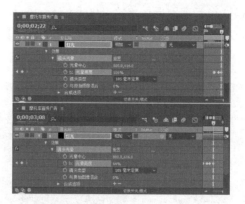

图 10-144　设置关键帧参数

(17) 将当前时间设置为 0:00:03:29，在菜单栏中选择【动画】→【添加 "光晕亮度" 关键帧】命令，如图 10-145 所示。

(18) 即可添加一个与上一个关键帧参数相同的关键帧，将当前时间设置为 0:00:04:11，将【光晕亮度】设置为 106%，如图 10-146 所示。

图 10-145　选择【添加 "光晕亮度" 关键帧】命令

图 10-146　设置【光晕亮度】参数

(19) 将当前时间设置为 0:00:05:01，将【光晕亮度】设置为 0%，如图 10-147 所示。

(20) 将当前时间设置为 0:00:05:03，单击【灯光】图层中【不透明度】左侧的 ◎ 按钮，如图 10-148 所示。

图 10-147　设置关键帧参数

图 10-148　添加动画关键帧

(21) 将当前时间设置为 0:00:05:23，将【不透明度】设置为 0%，如图 10-149 所示。

(22) 按 Ctrl+N 组合键，弹出【合成设置】对话框，在【合成名称】处输入"logo"，单击【确定】按钮，如图 10-150 所示。

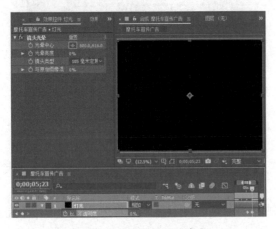

图 10-149　设置关键帧参数

图 10-150　新建合成

(23) 在【项目】面板中将 logo.png 素材图片拖曳至时间轴中 logo 合成中，将【缩放】设置为 172、172%，将【位置】设置为 1626、988，如图 10-151 所示。

(24) 然后在【项目】面板中将 logo 合成拖曳至时间轴中【摩托车宣传广告】合成中，将当前时间设置为 0:00:05:23，将【位置】设置为 1508、796，将【缩放】设置为 128、128%，并将其入点与当前时间指示器对齐，如图 10-152 所示。

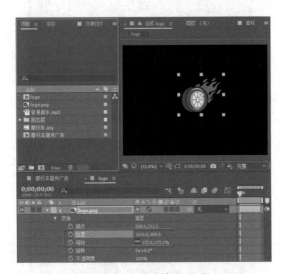

图 10-151　添加素材图片

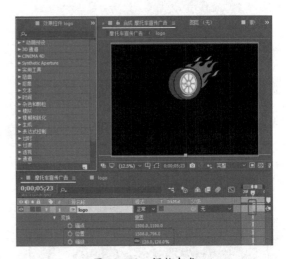

图 10-152　调整合成

(25) 在菜单栏中选择【效果】→【模糊和锐化】→ CC Radial Blur 命令，即可为 logo 图层添加该效果，在【效果控件】面板中将 Type 设置为 Straight Zoom，将 Amount 设置为 250，并单击左侧的圆按钮，如图 10-153 所示。

(26) 将当前时间设置为 0:00:07:03，在【效果控件】面板中将 Amount 设置为 0，如图 10-154 所示。

图 10-153　添加效果并设置参数

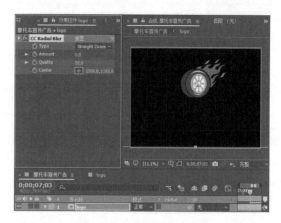

图 10-154　设置关键帧参数

知识链接

　　CC radial blur：CC 径向模糊，它原来是以插件形式存在的特效，后来被整合到 After Effects 中来，相比 Radial Blur，它有更多的操控项，也产生更为细腻的效果。

　　Type：类型，定义模糊的类型。

　　Amount：数量，控制模糊强度。

　　Quality：模糊质量，较低的模糊质量可以得到更快的反馈，较高的模糊质量效果更为细腻但是会占用更多的系统资源。

　　Center：定义中心点的位置。

(27) 按 Ctrl+N 组合键，弹出【合成设置】对话框，在【合成名称】处输入 "标语"，单击【确定】按钮，如图 10-155 所示。

(28) 在工具栏中选择【横排文字工具】 T ，在【合成】面板中输入文字，选择输入的文字，在【字符】面板中将字体设置为【隶书】，将字体大小设置为 350 像素，将基线偏移设置为 0，并单击【仿粗体】按钮 T ，如图 10-156 所示。

图 10-155　新建合成

图 10-156　输入并设置文字

(29) 在时间轴中将文字图层的【位置】设置为 660、1600，将当前时间设置为 0:00:05:23，将其入点与当前时间指示器对齐，如图 10-157 所示。

(30) 在菜单栏中选择【效果】→【生成】→【梯度渐变】命令，即可为文字图层添加该效果，在【效果控件】面板中将【渐变起点】设置为 1500、1612，将【渐变终点】设置为 1500、1248，将【渐变形状】设置为【径向渐变】，如图 10-158 所示。

图 10-157 调整文字图层

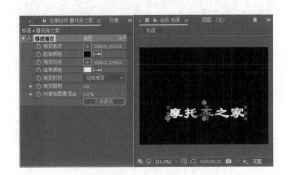

图 10-158 添加效果并设置参数

(31) 在菜单栏中选择【效果】→【透视】→【斜面 Alpha】命令，即可为文字图层添加该效果，在【效果控件】面板中将【边缘厚度】设置为 4.5，将【灯光强度】设置为 0.88，如图 10-159 所示。

(32) 在【项目】面板中将【标语】合成拖曳至时间轴的【摩托车宣传广告】合成中，将当前时间设置为 0:00:07:03，将其入点与当前时间指示器对齐，并打开该图层的运动模糊效果，如图 10-160 所示。

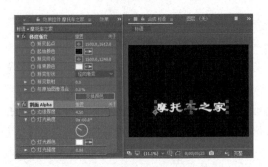

图 10-159 添加效果并设置参数

图 10-160 调整合成

(33) 在菜单栏中选择【效果】→【过时】→【快速模糊】命令，即可为【标语】图层添加该效果，在【效果控件】面板中将【模糊度】设置为 600，并单击左侧的 按钮，将【模糊方向】设置为【水平】，如图 10-161 所示。

(34) 将当前时间设置为 0:00:08:06，在【效果控件】面板中将【模糊度】设置为 0，如图 10-162 所示。

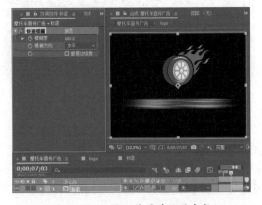

图 10-161 添加效果并设置参数

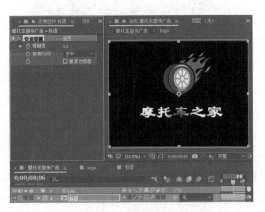

图 10-162 设置关键帧参数

(35) 将当前时间设置为 0:00:07:03，在时间轴中将【标语】图层的【位置】设置为 -604、1100，并单击左侧的 按钮，如图 10-163 所示。

(36) 将当前时间设置为 0:00:07:13，将【标语】图层的【位置】设置为 1500、1100，如图 10-164 所示。

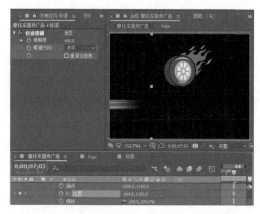

图 10-163　添加【位置】动画关键帧

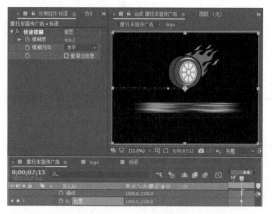

图 10-164　设置【位置】参数

(37) 结合前面介绍的方法，制作【广告语】合成，并将该合成添加到【摩托车宣传广告】合成中，然后为其添加【快速模糊】效果，并添加【快速模糊】效果和【位置】关键帧，完成后的效果如图 10-165 所示。设置完成后，在【合成】面板中查看效果，然后将场景文件保存即可。

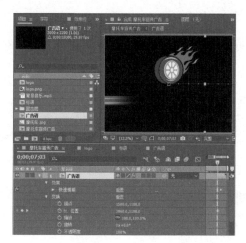

图 10-165　制作其他内容

第 11 章

水 墨 特 效

本章重点

- 制作镜头 1 动画
- 制作荡漾的墨
- 制作镜头 2 动画

- 制作镜头 3 动画
- 制作合成动画

　　本例主要通过建立基础关键帧制作素材运动画面，通过运用【径向擦除】特效制作圆圈的擦除动画，并通过轨道遮罩的使用制作动画的转场效果。

案例精讲 107　制作镜头 1 动画

通过本例，学习【径向擦除】特效的参数设置以及轨道遮罩的使用方法，掌握水墨中国风的制作。

> 案例文件：CDROM\ 场景 \Cha11\ 水墨特效 .aep
>
> 视频文件：视频教学 \Cha11\ 制作镜头 1 动画 .mp4

(1) 执行菜单栏中的【文件】→【导入】→【文件】命令，打开【导入文件】对话框，选择随书附带光盘中的 CDROM\ 素材 \Cha11\ 水墨中国风 \ 镜头 1.psd 素材文件，如图 11-1 所示。

(2) 单击【导入】按钮，打开【镜头 1.psd】对话框，在【导入种类】下拉列表框中选择【合成 - 保持图层大小】选项，将素材以合成的方式导入，如图 11-2 所示，单击【确定】按钮，素材将导入【项目】面板中，使用同样的方法，将【镜头 3.psd】素材导入【项目】面板中。

图 11-1　【导入文件】对话框

图 11-2　以合成的方法导入素材

(3) 执行菜单栏中的【文件】→【导入】→【文件】命令，打开【导入文件】对话框，选择随书附带光盘中的 CDROM\ 素材 \Cha11\ 水墨中国风 \ 镜头 2 文件夹，如图 11-3 所示，单击【导入文件夹】按钮，【镜头 2】文件夹将导入【项目】面板中，使用同样的方法，将【视频素材】文件夹导入【项目】面板中，完成后的效果如图 11-4 所示。

图 11-3　导入文件夹

图 11-4　导入文件夹的效果

(4) 在【项目】面板中双击【镜头 1】合成，打开【镜头 1】合成的时间线面板，按住 Ctrl+K 组合键，打开【合成设置】对话框，设置【持续时间】为 0:00:06:00，如图 11-5 所示，单击【确定】按钮。此时合成窗口中的画面效果如图 11-6 所示。

图 11-5　设置持续时间为 6 秒

图 11-6　合成窗口中的画面效果

(5) 将时间调整到 0:00:00:00 帧的位置，选择【群山 2】层，按 P 键，打开该图层的【位置】选项，单击【位置】左侧的 按钮，对当前位置设置关键帧，并设置【位置】的参数为 470、420，如图 11-7 所示。

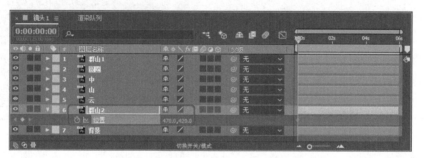

图 11-7　设置【位置】的参数为 470、420

(6) 将时间调整到 0:00:05:24 帧的位置，将【位置】的参数设置为 470、380，如图 11-8 所示，此时画面效果如图 11-9 所示。

图 11-8　修改【位置】的参数为 470、380

图 11-9　在 0:00:05:24 帧的画面效果

(7) 选择【云】层，按 Ctrl+D 组合键，将其复制一层，在【层名称】模式下，复制层的名称将自动变为【云 2】，如图 11-10 所示。

(8) 将时间调整到 0:00:00:00 帧的位置，选择【云 2】【云】层，按 P 键，打开所选层的【位置】选项，单击【位置】左侧的 ⏱ 按钮，在当前位置为【云 2】【云】层设置关键帧，然后在时间线面板的空白处单击，取消选择。再设置【云 2】层【位置】的值设置为 -141、309，【云】层【位置】的值为 592、309，如图 11-11 所示。

图 11-10 复制【云 2】层

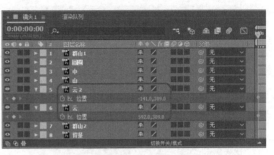

图 11-11 设置【云 2】【云】的位置

(9) 此时画面效果如图 11-12 所示。将时间调整至 0:00:05:24 帧的位置，修改【云 2】层的【位置】的参数设置为 347、309，【云】层【位置】的参数设置为 1102、309，如图 11-13 所示。

图 11-12 设置【云 2】【云】位置后的画面

图 11-13 修改【云 2】【云】层的位置

(10) 此时画面效果如图 11-14 所示。

(11) 选择【中】层，在【中】层右侧的【父级】属性栏中选择【2. 圆圈】选项，建立父子关系。选择【圆圈】层，按 P 键，打开该层的【位置】选项。将时间调整到 0:00:00:00 帧的位置，单击【位置】左侧的 ⏱ 按钮，在当前位置设置关键帧，并设置【位置】的值为 320、180，如图 11-15 所示。

图 11-14 0:00:05:24 帧云的画面效果

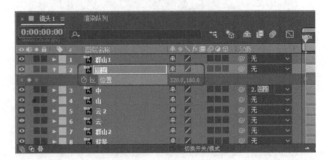

图 11-15 新建父子关系

(12) 将时间调整到 0:00:05:00 帧，修改【位置】的值为 320、250，如图 11-16 所示。

(13) 此时的画面效果如图 11-17 所示。

图 11-16　修改【位置】的参数为 320、250

图 11-17　0:00:05:00 帧的【圆圈】的位置

(14) 为【圆圈】层添加【径向擦除】特效。在【特效】面板中展开【过渡】特效组，双击【径向擦除】特效，如图 11-18 所示。

(15) 将时间调整到 0:00:00:20 帧的位置，在【效果控件】面板中修改【径向擦除】特效的参数，单击【过渡完成】左侧的 ⏱，在当前位置设置关键帧，并设置【过渡完成】的参数为 100%，将【起始角度】的参数设置为 45，将【羽化】的参数设置为 25，参数如图 11-19 所示。

图 11-18　添加【径向擦除】特效

图 11-19　设置转换完成的参数 100%

(16) 将时间调整到 0:00:02:00 帧的位置，修改【过渡完成】的参数为 20%，如图 11-20 所示。

(17) 其中一帧的画面效果如图 11-21 所示。

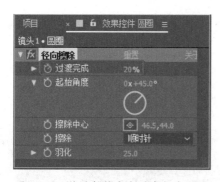

图 11-20　修改转换完成的参数为 20%

图 11-21　其中一帧的画面效果

(18) 选择【中 .psd】层，按 T 键，打开该层的【不透明度】选项，将时间调整到 0:00:00:00 帧的位置，设置【不透明度】的值为 50%，然后单击【不透明度】左侧的 ⏱，在当前位置设置关键帧，如图 11-22 所示。

(19) 此时画面效果如图 11-23 所示。

图 11-22　设置【国 .psd】层的【不透明度】的值设置为 50%

图 11-23　画面效果

(20) 将时间调整到 0:00:01:00 帧的位置，修改【不透明度】的参数设置为 100%，系统将在当前位置自动设置关键帧。

案例精讲 108　制作荡漾的墨

该案例通过然后添加【波纹】效果，制作墨点效果，使用钢笔工具制作墨滴效果，从而实现荡漾的墨的效果。

 案例文件：CDROM\ 场景 \Cha11\ 水墨特效 .aep

视频文件：视频教学 \Cha11\ 制作荡漾的墨 .mp4

(1) 执行菜单栏中的【合成】→【新建合成】命令，打开【合成设置】对话框，设置【合成名称】为"镜头 2"，将【宽】设置为 720px，【高】设置为 576px，将【帧率】设置为 25，并设置【持续时间】为 0:00:10:00，如图 11-24 所示。

(2) 打开【镜头 2】合成，在【项目】面板中选择【镜头 2】文件夹，将其拖动到【镜头 2】合成的时间线面板中，然后调整图层顺序，完成后的效果如图 11-25 所示。

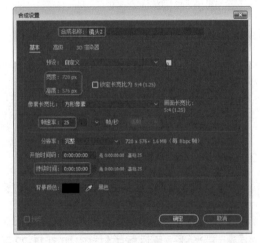

图 11-24　新建【镜头 2】合成

图 11-25　调整图层顺序

(3) 在【镜头 2】合成的时间线面板中按 Ctrl+Y 组合键，打开【纯色设置】对话框，设置【名称】为＂背景＂，将【颜色】设置为白色，如图 11-26 所示。

(4) 单击【确定】按钮，在时间线面板中将会创建一个名为【背景】的固态层，然后将【背景】固态层拖动到【群山 2】层的下一层，如图 11-27 所示。

图 11-26　新建固态层

图 11-27　调整【背景】固态层的位置

(5) 将除【背景】【墨点 .psd】层以外的其他层隐藏，然后选择【墨点 .psd】层，在【特效面板】中展开【扭曲】特效组，双击【波纹】特效，如图 11-28 所示。

(6) 将时间调整到 0:00:03:15 帧的位置，在【效果控件】面板中修改【波纹】特效的参数，单击【半径】左侧的 按钮，在当前位置设置关键帧，并设置【半径】的参数为 60，在【转换类型】右侧的下拉列表框中选择【对称】选项，设置【波形速度】的值为 1.9，将【波形宽度】的参数设置为 62.6，将【波形高度】的参数设置为 208，将【波纹相】的参数设置为 88，参数设置为如图 11-29 所示。

图 11-28　添加【波纹】特效

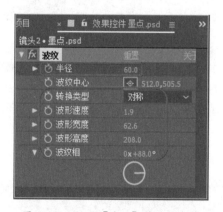

图 11-29　设置【波纹】特效的参数

(7) 设置完【波纹】特效的参数后，当前帧的画面效果如图 11-30 所示。将时间调整到 0:00:07:14 的位置，修改【半径】的参数设置为 40，系统将在当前位置自动设置关键帧。

(8) 为【墨点 .psd】层绘制蒙版。单击工具栏中的【椭圆工具】按钮 ，在【镜头 2】合成窗口中绘制正圆蒙版，如图 11-31 所示。

图 11-30　设置完成【波纹】特效后的画面效果

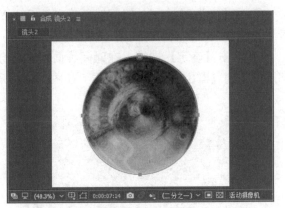

图 11-31　绘制蒙版

（9）将时间调整到 0:00:03:15 帧的位置，在时间线面板中按 M 键，打开【墨点 .psd】层的【蒙版路径】选项，然后单击【蒙版路径】左侧的 🕑，在当前位置设置关键帧，如图 11-32 所示。

（10）将时间调整到 0:00:05:15 帧的位置，在合成窗口中修改蒙版的大小，如图 11-33 所示。

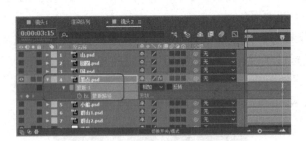

图 11-32　为蒙版路径设置关键帧

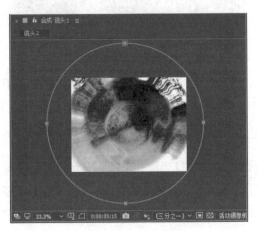

图 11-33　0:00:05:15 帧的蒙版形状

（11）在时间线面板中按 F 键，打开【蒙版羽化】选项，设置【蒙版羽化】的值设置为 105、105，如图 11-34 所示。

（12）其中一帧的画面效果如图 11-35 所示。

图 11-34　设置蒙版羽化的参数

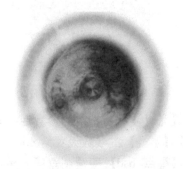

图 11-35　设置羽化后其中一帧的画面效果

（13）打开【墨点 .psd】层的三维属性开关，然后单击【墨点 .psd】层左侧的灰色三角形按钮，展开【变换】

选项组，设置【位置】的参数设置为 390、600、1086，将【缩放】的参数设置为 165、165、165，将【X
轴旋转】设置为 -63，参数设置为如图 11-36 所示。

(14) 将时间调整到 0:00:03:14 帧的位置，将【不透明度】设置为 0，单击【不透明度】左侧的 ，
将时间调整到 0:00:03:15 帧的位置，将【不透明度】设置为 100，如图 11-37 所示。

图 11-36　设置【墨点 .psd】层的属性值

图 11-37　设置不透明度

(15) 在【镜头 2】合成的时间线面板中按 Ctrl+Y 组合键，展开【纯色设置】对话框，新建一个【名
称】位置设为"墨滴"，将【颜色】设置为黑色的纯色层。

(16) 制作【墨滴】下落效果，单击工具栏中的【钢笔工具】按钮 ，在【镜头 2】合成窗口中绘制墨滴，
如图 11-38 所示。打开该层的【蒙版羽化】选项，设置【蒙版羽化】的参数设置为 5、5，如图 11-39 所示。

图 11-38　绘制墨滴

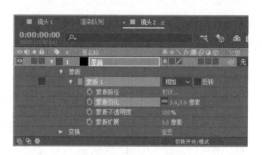

图 11-39　设置蒙版羽化的值

(17) 设置【蒙版羽化】后的画面效果，如图 11-40 所示。

(18) 将【墨滴】缩小到如图 11-41 所示的大小。

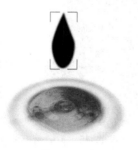

图 11-40　设置蒙版羽化后的墨滴效果

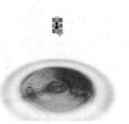

图 11-41　缩小墨滴

(19) 将时间调整到 0:00:03:04 帧的位置，打开【墨滴】层的三维属性开关，然后单击【墨滴】左侧
的灰色三角形按钮，展开【变换】选项组，设置【锚点】的参数为 353、150、0，将【位置】设置为
367、-299、0，然后单击【位置】左侧的 ，在当前位置设置关键帧，参数设置如图 11-42 所示。将时

间调整到 0:00:03:16 帧的位置，修改【位置】的参数设置为 367、287、0，系统将在当前位置自动设置关键帧。

(20) 将时间调整到 0:00:03:14 帧的位置，单击【不透明度】左侧的 ⏱，在当前位置设置关键帧，如图 11-43 所示。将时间调整到 0:00:03:16 帧的位置，修改【不透明度】的参数为 0%，系统将在当前位置自动设置关键帧。

图 11-42　在 0:00:03:04 帧设置关键帧

图 11-43　为【不透明度】设置关键帧

案例精讲 109　制作镜头 2 动画

本节主要通过设置【山】、【小船】以及【国】图层的关键帧，然后添加摄像机，来实现运动效果。从而完成镜头 2 动画的制作。

案例文件：CDROM\ 场景 \Cha11\ 水墨特效 .aep

视频文件：视频教学 \Cha11\ 制作镜头 2 动画 .mp4

(1) 在【镜头 2】合成的时间线面板中，单击【山 .psd】层左侧眼睛图标 👁，将【山 .psd】层显示。选择【山 .psd】，按 Ctrl+D 组合键，将【山 .psd】层复制一份，然后将复制处的图层重命名为"山 2"，如图 11-44 所示。此时的画面效果如图 11-45 所示。

图 11-44　【山 2】层

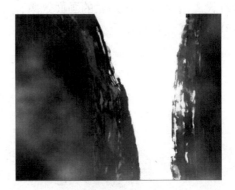

图 11-45　山的画面效果

(2) 选择【山 .psd 层】，单击工具栏中的【钢笔工具】按钮 ✎，在【镜头 2】合成窗口中创建蒙版，如图 11-46 所示。

(3) 在时间线面板中按 F 键，打开该层的【蒙版羽化】选项，设置【蒙版羽化】的参数为 20、20，如图 11-47 所示。

图 11-46　为【山 .psd】层绘制蒙版

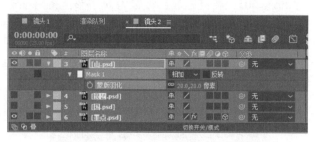

图 11-47　设置【山 .psd】层蒙版羽化值为 20、20

(4) 选择【山 2】层，单击工具栏中的【钢笔工具】按钮 ，在【镜头 2】合成窗口中绘制蒙版，如图 11-48 所示。在时间线面板中按 F 键，打开改层的【蒙版羽化】选项，设置【蒙版羽化】的参数为 20、20。

(5) 选择【山 2】【山 .psd】层，打开所选层的三维属性开关，按 P 键，打开所选层的【位置】选项，在 0:00:00:00 帧的位置，单击【位置】左侧的 ，在当前位置为所选层设置关键帧，然后再分别设置【山 2】层【位置】的参数为 385、287、0。【山 .psd】层的【位置】的参数为 320、287、0，如图 11-49 所示。

图 11-48　为【山 2】层绘制蒙版

图 11-49　为【山 2】【山 .psd】层设置关键帧

(6) 将时间调整到 0:00:04:14 帧的位置，修改【山 2】层【位置】的参数设置为 376、287、-210，将时间调整到 0:00:05:13 帧的位置，修改【山 .psd】层的【位置】的参数为 222、287、-291，如图 11-50 所示。

(7) 此时的画面效果如图 11-51 所示。

图 11-50　修改【山 2】【山 .psd】层的【位置】

图 11-51　修改位置后的画面效果

(8) 单击【小船 .psd】层左侧眼睛图标 ，将【小船 .psd】层显示。将时间调整到 0:00:00:00 帧的位置，选择【小船.psd】层，单击其左侧的灰色三角形按钮，展开【变换】选项组，设置【位置】的参数为409、303，将【缩放】设置为6、6%，将【不透明度】设置为80%，然后单击【位置】左侧的，在当前位置设置关键帧，参数设置为如图11-52所示。

(9) 此时的画面效果如图11-53所示。

图11-52　设置【位置】的参数为409、303

图11-53　小船的画面效果

(10) 将时间调整到0:00:09:24帧的位置，修改【位置】的参数为543、341，然后按Ctrl+D组合键，将【小船】层复制一层，将复制出的图层重命名为"小船2"，单击【小船2】左侧的灰色三角形按钮，展开【变换】选项组，单击【位置】左侧的，取消所有关键帧，然后设置【位置】的参数为565、222，将【缩放】的参数设置为4、4%，将【不透明度】设置为60%，参数设置如图11-54所示。

(11) 此时的画面效果如图11-55所示。

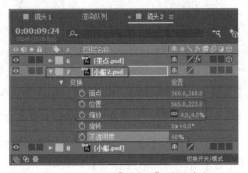

图11-54　设置【小船2】层的参数

图11-55　【小船2】的画面效果

(12) 将【镜头2】时间线面板中隐藏的其他层显示，然后选择【国】层，在【国】层右侧的【父级】属性栏中选择【4.圆圈】选项，建立父子关系，选择【圆圈】层，按P键，打开该层的【位置】选项，将时间调整到0:00:00:00帧的位置，单击【位置】左侧的，在当前位置设置关键帧，并设置【位置】的参数为460、279，如图11-56所示。

图11-56　新建父子关系

(13) 将时间调整到 0:00:09:24 帧，修改【位置】的参数为 460、340，如图 11-57 所示。

(14) 此时的画面效果如图 11-58 所示。

图 11-57　修改【位置】的参数为 460、340

图 11-58　0:00:09:24 帧【圆圈】的位置

(15) 为【圆圈】层添加【径向擦除】特效，在【特效】面板中展开【变换】特效组，双击【径向擦除】效果。

(16) 将时间调整到 0:00:00:20 帧的位置，在【效果控件】面板中修改【径向擦除】特效的参数，单击【过渡完成】左侧的，在当前位置设置关键帧，并设置【过渡完成】的参数为 100%，将【起始角度】设置为 0x+45，将【羽化】参数设置为 25，如图 11-59 所示。

(17) 将时间调整到 0:00:02:00 帧，修改【过渡完成】的参数为 20%，完成后其中一帧的画面效果如图 11-60 所示。

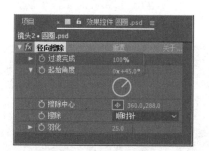

图 11-59　修改【径向擦除】特效的参数

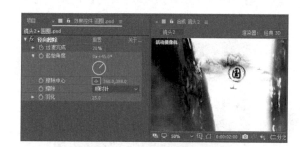

图 11-60　其中一帧的画面效果

(18) 选择【国 .psd】层，按 T 键，打开该层的【不透明度】选项，将时间调整到 0:00:00:00 帧的位置，设置【透明】的参数为 50%，然后单击【不透明度】左侧的，在当前位置设置关键帧，如图 11-61 所示。

(19) 此时的画面效果如图 11-62 所示。将时间调整到 0:00:01:00 帧的位置，修改【不透明度】的参数为 100%，系统将在当前位置自动设置关键帧。

图 11-61　设置【国 .psd】层的【不透明度】的参数为 30%

图 11-62　画面效果

(20) 执行菜单栏中的【图层】→【新建】→【摄像机】命令，打开【摄像机设置】对话框，设置【预设】为【自定义】，参数设置为如图11-63所示，单击【确定】按钮，在时间线面板中将会创建一个摄像机。

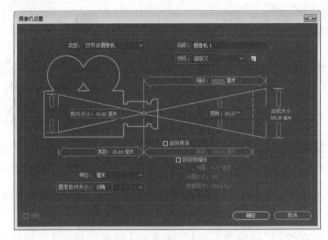

图 11-63　【摄像机设置】对话框

(21) 打开【镜头2】合成中除【背景】层外的其他所有图层的三维属性开关，如图11-64所示。将时间调整到0:00:00:00帧的位置，选择摄像机1层，单击其左侧的灰色三角形按钮，将展开【变换】、【摄像机选项】选项组，设置【位置】的参数为360、288、-427，将【缩放】设置为427，将【景深】设置为关，将【焦距】的参数设置为427，将【光圈】的参数设置为10，然后单击【缩放】左侧的 ⏱ ，在当前位置设置关键帧，参数设置如图11-65所示。

图 11-64　打开三维属性开关

图 11-65　设置摄像机的参数

(22) 将时间调整到0:00:07:09帧的位置，修改【缩放】的参数为545，参数设置为如图11-66所示。

(23) 此时的画面效果如图11-67所示。

图 11-66　修改【缩放】的参数

图 11-67　0:00:07:09帧的画面效果

案例精讲 110 制作镜头 3 动画

本节主要通过设置摄像机动画，来制作镜头效果，记录摄像机动画可以使画面整体动势呈现出远近交替的纵深感，增加画面的视觉效果，为平淡无奇增加新意。

> 案例文件：CDROM\ 场景 \Cha11\ 水墨特效 .aep
> 视频文件：视频教学 \Cha11\ 制作镜头 3 动画 .mp4

(1) 在【项目】面板中双击【镜头 3】合成，打开【镜头 3】合成的时间线面板，按 Ctrl+K 组合键，打开【合成设置】对话框，设置【持续时间】为 0:00:08:00，如图 11-68 所示。单击【确定】按钮。此时合成窗口中的画面效果如图 11-69 所示。

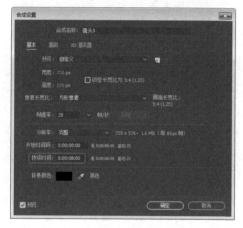

图 11-68　设置持续时间为 8 秒

图 11-69　合成窗口中的画面效果

(2) 将时间调整到 0:00:00:00 帧的位置。选择【云】层，按 P 键，打开该层的【位置】选项，然后单击【位置】左侧的 ⏱，在当前位置设置关键帧，并设置【位置】的参数为 315、131，如图 11-70 所示。

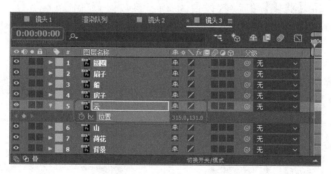

图 11-70　设置【位置】参数

(3) 将时间调整到 0:00:07:24 帧的位置，修改【位置】的参数为 401、131，如图 11-71 所示。此时的画面效果如图 11-72 所示。

(4) 为【扇子】层添加【径向擦除】特效。选择【扇子】层，在【特效】面板中展开【变换】特效组，双击【径向擦除】特效。

(5) 将时间调整到 0:00:03:19 帧的位置，在【效果控件】面板中，修改【径向擦除】特效的参数，首先在【擦除】右侧的下拉列表框中选择【两者兼有】选项，然后单击【过渡完成】左侧的 ⏱，在当前位置设置关键帧，并设置【过渡完成】的参数设置为100%，将【起始角度】设置为0x+180，将【擦除中心】的参数设置为258、301，参数如图11-73所示。

(6) 将时间调整到0:00:06:15帧的位置，修改【过渡完成】的参数为0%，完成后其中一帧的效果如图11-74所示。

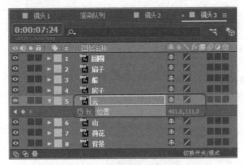

图11-71 修改【位置】的参数

图11-72 0:00:07:24帧的画面效果

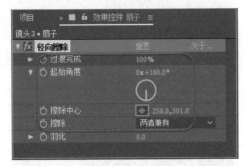

图11-73 修改【径向擦除】特效的参数

图11-74 其中一帧的画面效果

(7) 选择【圆圈】层，在【特效】面板中展开【变换】特效组，双击【径向擦除】特效。

(8) 将时间调整到0:00:04:00帧的位置，在【效果控件】面板中修改【径向擦除】特效的参数，单击【过渡完成】左侧的秒表，在当前位置设置关键帧，并设置【过渡完成】的参数为100%，将【起始角度】的参数设置为0x+45°，将【羽化】的参数设置为25，参数设置如图11-75所示。

(9) 将时间调整到0:00:05:00帧的位置，修改【过渡完成】的参数为0%，完成后其中一帧的画面效果如图11-76所示。

图11-75 设置【圆圈】层径向擦除特效的参数

图11-76 修改转换完成的值后其中一帧的画面

(10) 将时间调整到0:00:00:00帧的位置，选择【船】层，单击其左侧的灰色三角形按钮，展开【变换】选项组，设置【位置】的参数为282、319，然后分别单击【位置】【缩放】左侧的秒表，在当前位置设置关键帧，参数设置如图11-77所示。此时的画面效果如图11-78所示。

图 11-77　为【船】层设置关键帧

图 11-78　0:00:00:00 帧的船的位置

(11) 为了方便观看【船】的位置变化，首先将【圆圈】和【扇子】层隐藏。将时间调整到 0:00:07:24 帧的位置，修改【位置】的参数为 363、289，将【缩放】的参数设置为 90、90%，如图 11-79 所示。

(12) 此时的画面效果如图 11-80 所示。设置完成后，再将【圆圈】和【扇子】层显示。

图 11-79　修改船的位置和缩放值

图 11-80　0:00:07:24 帧船的位置和大小变化

(13) 添加摄像机，执行菜单栏中的【图层】→【新建】→【摄像机】命令，打开【摄像机设置】对话框，设置【预设】为 24mm，参数设置如图 11-81 所示。单击【确定】按钮，在时间线面板中将会创建一个摄像机。

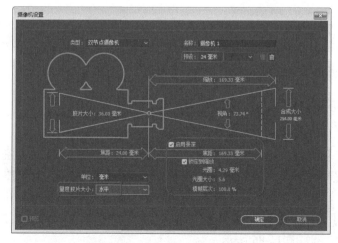

图 11-81　【摄像机设置】对话框

(14) 打开【镜头3】合成中除【背景】层外的其他所有图层的三维属性开关，如图 11-82 所示。

(15) 将时间调整到 0:00:00:00 帧的位置，选择 Camera 1 层，按 P 键，打开该层的【位置】选项，单击【位置】左侧的 ⏱，在当前位置设置关键帧，参数如图 11-83 所示。

图 11-82　打开三维属性开关

图 11-83　设置摄像机的参数

(16) 将时间调整到 0:00:00:00 帧的位置，修改【位置】的参数为 360、288、-435，参数设置如图 11-84 所示。

(17) 将【圆圈】和【扇子】图层取消隐藏，此时的画面效果如图 11-85 所示。

图 11-84　修改【位置】的参数

图 11-85　0:00:05:00 帧的画面效果

案例精讲 111　制作合成动画

制作完成后，下面将把所有的镜头合成起来，从而完成水墨特效的制作。

> 案例文件：CDROM\ 场景 \Cha11\ 水墨特效 .aep
>
> 视频文件：视频教学 \Cha11\ 制作合成动画 .mp4

(1) 执行菜单栏中的【合成】→【新建合成】命令，打开【合成设置】对话框，在【合成名称】处输入"最终合成"，将【宽】设置为 720，将【高】设置为 576，将【帧率】设置为 25，将【持续时间】设置为 20 秒。

(2) 打开【最终合成】合成，在【项目】面板中选择【镜头1】【镜头2】【镜头3】合成，将其拖动到【最终合成】的时间线面板中，如图 11-86 所示。

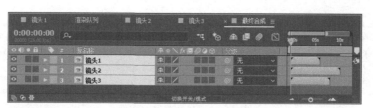

图 11-86　添加合成素材

(3) 在【最终合成】合成的时间线面板中按 Ctrl+Y 组合键，打开【纯色设置】对话框，设置【名称】为"边幅"，将【颜色】设置为【黑色】，如图 11-87 所示。

(4) 单击【确定】按钮，在时间线面板中将会创建一个名为【边幅】的图层。选择【边幅】固态层，单击工具栏中的【矩形工具】按钮，在【最终合成】合成窗口中绘制矩形蒙版，如图 11-88 所示。

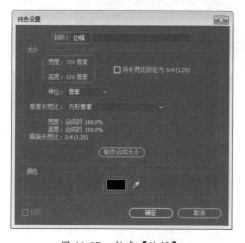

图 11-87　新建【边幅】

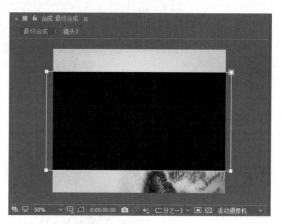

图 11-88　绘制矩形蒙版

(5) 在时间线面板中按 M 键，打开【蒙版 1】选项，然后在【蒙版 1】右侧勾选【反转】复选框，如图 11-89 所示。

(6) 此时的画面效果如图 11-90 所示。

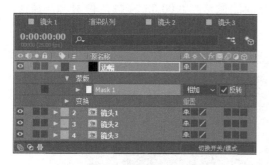

图 11-89　选中【反转】复选框

图 11-90　选中【反转】复选框后的画面效果

(7) 将时间调整到 0:00:05:01 帧的位置，选择【镜头 2】层，按 [键，将其入点设置为当前位置，用同样的方法将【镜头 3】层的入点设置到 0:00:12:00 帧的位置，完成后的效果如图 11-91 所示。

图 11-91 调整图层的入点

(8) 在【项目】面板中的视频素材文件夹下选择【云 1】【云 2】素材，将其拖动到【最终合成】合成的时间线面板中，然后调整【云 1】【云 2】的图层顺序，如图 11-92 所示。

图 11-92 调整【云 1】【云 2】的图层顺序

(9) 在时间线面板中将【云 1】【云 2】层的入点分别调整到 0:00:05:00、0:00:11:24 帧的位置，然后分别设置【云 1】的【伸缩】设置为 50%，【云 2】的【伸缩】参数设置为 62%，完成后的效果如图 11-93 所示。

图 11-93 调整【云 1】【云 2】的图层顺序

(10) 将时间调整 0:00:05:00 帧的位置，选择【镜头 1】层，按 Ctrl+D 组合键，将其复制一层，将复制出的图层重命名为"转场 1"，然后在当前位置按 Alt+[组合键，为【转场 1】层设置入点，选择【镜头 1】层，按 Alt+] 组合键，为【镜头 1】层设置出点，将时间调整到 0:00:05:24 帧的位置，选择【云 1】层，在当前位置按 Alt+] 组合键，为【云 1】层设置出点，完成后的效果如图 11-94 所示。

图 11-94 为图层设置入点和出点

(11) 选择【转场 1】层，在其右侧的【父级】属性栏中选择【云 1.mov】选项，如图 11-95 所示。

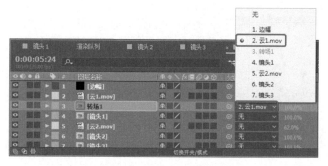

图 11-95　设轨道遮罩选项

(12) 将时间调整到 0:00:12:00 帧的位置，选择【镜头 2】层，按 Ctrl+D 组合键，将其复制一层，并将复制出的图层重命名为"转场 2"，然后在当前位置按 Alt+[组合键，为【转场 2】层设置入点，选择【镜头 2】层，按 Alt+] 组合键，为【镜头 2】层设置出点，然后在【转场 2】层右侧的【父级】属性栏中选择【云 2.mov】选项，如图 11-96 所示。

图 11-96　为图层设置入点和出点

(13) 至此，水墨特效就制作完成了，按小键盘上的 0 键，在合成窗口中预览动画，效果如图 11-97 所示。

图 11-97　【水墨特效】动画

第 12 章

节 目 预 告

本章重点

- ✓ 制作 Logo
- ✓ 制作背景
- ✓ 制作标志动画
- ✓ 制作结尾字幕

- ✓ 制作节目预告
- ✓ 添加背景音乐
- ✓ 输出影片

　　节目预告，指在电视媒体播出的内容中无主持人画面，介绍或预告在电视媒体本台或电视媒体其他台将要播出的节目信息，本章将介绍如何制作节目预告，其效果如下图所示。

节 目 预 告

案例精讲 112　制作 Logo

在制作节目预告动画之前，首先要制作电视台的台标，该案例主要通过导入素材文件，并为其添加不同的效果，从而为后面的制作奠定基础。

📖 **案例文件**：CDROM\ 场景 \Cha12\ 节目预告 .aep
视频文件：视频教学 \Cha12\ 制作 Logo.mp4

(1) 新建一个项目文件，按 Ctrl+N 组合键，在弹出的对话框中将【合成名称】设置为"Logo 1"，将【宽度】【高度】分别设置为 1100px、750px，将【像素长宽比】设置为【方形像素】，将【帧速率】设置为 29.97，将【持续时间】设置为 0:00:10:00，将【背景颜色】的颜色值设置为 # 9C8B00，如图 12-1 所示。

|||▶提示
> 在此将背景颜色设置为深黄色是为了更好地显示要导入的素材。

(2) 设置完成后，单击【确定】按钮，按 Ctrl+I 组合键，在弹出的对话框中选择随书附带光盘中的 CDROM\ 素材 \Cha12\logo.png 素材文件，如图 12-2 所示。

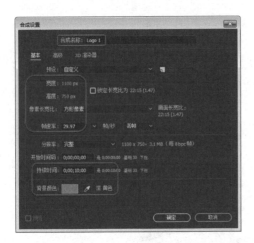

图 12-1　设置合成参数

图 12-2　选择素材文件

(3) 单击【导入】按钮，在【项目】面板中选择【logo.png】素材文件，按住鼠标将其拖曳至时间轴中，将【变换】下的【位置】设置为 560、377，如图 12-3 所示。

(4) 按 Ctrl+N 组合键，在弹出的对话框中将【合成名称】设置为"Logo 2"，将【预设】设置为 HDTV 1080 29.97，其他参数保持默认即可，如图 12-4 所示。

(5) 设置完成后，单击【确定】按钮，在【项目】面板中选择 Logo 1 合成文件，按住鼠标将其拖曳至【合成】面板中，如图 12-5 所示。

(6) 在时间轴中选中该图层，按 Ctrl+D 组合键，对该图层进行复制，并将其命名为"Logo 炫光"，选中重命名后的图层，在菜单栏中选择【效果】→【生成】→【填充】命令，如图 12-6 所示。

图 12-3　添加素材文件并设置其位置

图 12-4　新建合成

图 12-5　嵌套合成

图 12-6　选择【填充】命令

(7) 在时间轴中将【填充】下的【颜色】设置为白色，效果如图 12-7 所示。

(8) 选中该图层，将当前时间设置为 0:00:02:28，在工具栏中单击【椭圆工具】，在【合成】面板中绘制一个蒙版，在时间轴中单击【蒙版路径】左侧的 按钮，添加一个关键帧，如图 12-8 所示。

图 12-7　设置填充颜色

图 12-8　绘制蒙版并添加关键帧

(9) 将当前时间设置为 0:00:08:23，在工具栏中单击【选取工具】，在【合成】面板中调整蒙版的位置，效果如图 12-9 所示。

(10) 继续选中该图层，将当前时间设置为 0:00:02:28，在时间轴中单击【变换】下【不透明度】左侧的 按钮，将【不透明度】设置为 0%，如图 12-10 所示。

图 12-9　调整蒙版的位置

图 12-10　添加不透明度关键帧

(11) 将当前时间设置为 0:00:03:17，在时间轴中将【变换】下的【不透明度】设置为 14%，如图 12-11 所示。

(12) 在时间轴中选择 Logo 1，按 Ctrl+D 组合键，对其进行复制，将其命名为"Logo 反射"，然后将其调整至【Logo 炫光】的上方，效果如图 12-12 所示。

图 12-11　设置不透明度参数

图 12-12　复制图层并进行调整

(13) 选中修改名称后的图层，在菜单栏中选择【效果】→【生成】→【单元格图案】命令，如图 12-13 所示。

||||>提 示

单元格图案效果可根据单元格杂色生成单元格图案。使用它可创建静态或移动的背景纹理和图案。这些图案进而可用作有纹理的遮罩、过渡图或置换图的源图。

(14) 在时间轴中将【单元格图案】下的【单元格图案】设置为【晶体】，将【反转】设置为【开】，将【分散】【大小】分别设置为 0、78，将【偏移】设置为 1112、1171.9，如图 12-14 所示。

图 12-13　选择【单元格图案】命令

图 12-14　设置单元格图案参数

知识链接

【单元格图案】：用户可以在该下拉列表中选择要使用的单元格图案。HQ表示高品质图案，与未标记的图案相比，这类图案使用更高的清晰度渲染。

【反转】：勾选【反转】复选框后，黑色区域变成白色，白色区域变成黑色。

【对比度／锐度】：在使用气泡、晶体、枕状、混合晶体或管状单元格图案时，可以通过该选项指定单元格图案的对比度。

【溢出】：用于设置效果重映射超出 0～255 灰度范围的值的方式。

【分散】：用于设置绘制图案的随机程度。值越低，单元格图案更一致或更像网格。

【大小】：该选项用于设置单元格的大小。默认大小是 60。

【偏移】：该选项用于设置图案偏移的位置。

【平铺选项】：选择【启用平铺】可创建针对重复拼贴构建的图案。【水平单元格】和【垂直单元格】用于确定每个拼贴的单元格宽度和单元格高度。

【演化】：该选项可以使图案随时间发生变化。

【演化选项】：【演化选项】用于提供控件，以便在一次短循环中渲染效果，然后在修剪持续时间内循环它。使用这些控件可预渲染循环中的单元格图案元素，因此可以缩短渲染时间。

【循环演化】：勾选该复选框后，将会启用循环演化。

【循环】：可以通过该选项设置循环的旋转次数。

【随机植入】：该选项用于指定生成单元格图案使用的值。

(15) 继续选中该图层，在菜单栏中选择【效果】→【颜色校正】→【曲线】命令，如图 12-15 所示。

(16) 选中该图层，再在菜单栏中选择【效果】→【过时】→【亮度键】命令，如图 12-16 所示。

图 12-15　选择【曲线】命令

图 12-16　选择【亮度键】命令

（17）在时间轴中将【亮度键】下的【阈值】设置为228，如图12-17所示。

（18）设置完成后，在菜单栏中选择【效果】→【过时】→【快速模糊】命令，如图12-18所示。

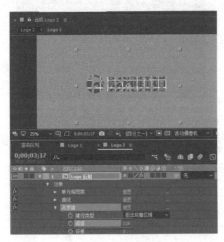

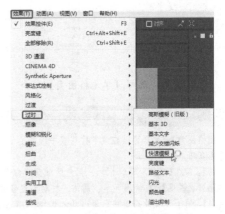

图12-17　设置阈值　　　　　　　　　　　图12-18　选择【快速模糊】命令

（19）在时间轴中将【模糊度】设置为15，将【重复边缘像素】设置为【开】，将【变换】下的【不透明度】设置为29，如图12-19所示。

（20）在时间轴中选择Logo 1，按Ctrl+D组合键，对其进行复制，并将其命名为"Logo遮罩"，将其调整到【Logo反射】图层的上方，将【Logo反射】图层的轨道遮罩设置为【Alpha遮罩"Logo遮罩"】，如图12-20所示。

图12-19　设置模糊参数和不透明度　　　　　　图12-20　复制图层并添加遮罩

(21) 按 Ctrl+N 组合键，在弹出的对话框中将【合成名称】设置为 "Logo"，将【开始时间码】设置为 0:00:00:01，其他参数保持默认即可，如图 12-21 所示。

(22) 设置完成后，单击【确定】按钮，在【项目】面板中选择 Logo 2，按住鼠标将其拖曳至【合成】面板中，在时间轴中打开该图层的【运动模糊】【3D 图层】模式，将【变换】下的【位置】设置为 960、540、19.3，【锚点】设置为 960、540、0，然后单击【为设置了 "运动模糊" 开关的所有图层启用运动模糊】按钮，如图 12-22 所示。

图 12-21　设置合成参数

图 12-22　设置图层模式和位置

案例精讲 113　制作背景

Logo 制作完成后，接下来介绍如何制作节目预告的背景，该案例主要通过为【纯色】图层添加【梯度渐变】【照片滤镜】【添加颗粒】等效果来完成制作的。

> 案例文件：CDROM\ 场景 \Cha12\ 节目预告 .aep
>
> 视频文件：视频教学 \Cha12\ 制作背景 .mp4

(1) 继续前面的操作，按 Ctrl+N 组合键，在弹出的对话框中将【合成名称】设置为 "背景"，将【开始时间码】设置为 0:00:00:00，将【背景颜色】设置为黑色，如图 12-23 所示。

(2) 设置完成后，单击【确定】按钮，在时间轴中右击鼠标，在弹出的快捷菜单中选择【新建】→【纯色】命令，如图 12-24 所示。

图 12-23　设置合成参数

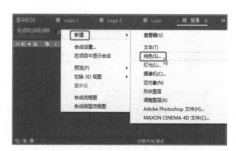

图 12-24　选择【纯色】命令

(3) 在弹出的对话框中将【名称】设置为"背景"，其他参数保持默认即可，如图 12-25 所示。

(4) 设置完成后，单击【确定】按钮，选中该图层，在菜单栏中选择【效果】→【生成】→【梯度渐变】命令，在时间轴中将【梯度渐变】下的【渐变起点】设置为 960、540，将【起始颜色】的颜色值设置为 #F4F4F4，将【渐变终点】设置为 988、1800，将【结束颜色】的颜色值设置为 #A1A1A1，将【渐变形状】设置为【径向渐变】，将【渐变散射】设置为 55.9，如图 12-26 所示。

图 12-25　设置纯色参数

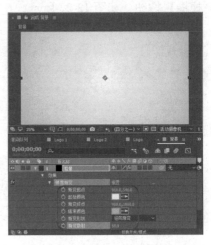

图 12-26　设置梯度渐变

(5) 继续选中该图层，在菜单栏中选择【效果】→【颜色校正】→【照片滤镜】命令，如图 12-27 所示。

(6) 在时间轴中将【照片滤镜】下的【滤镜】设置为【青】，将【密度】设置为 10，如图 12-28 所示。

图 12-27　选择【照片滤镜】命令

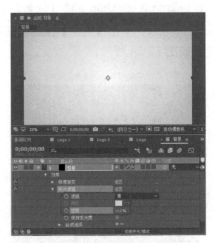

图 12-28　设置照片滤镜参数

(7) 在菜单栏中选择【效果】→【杂色和颗粒】→【添加颗粒】命令，如图 12-29 所示。

提 示

　　添加颗粒效果可从头开始生成新杂色，但不能从现有杂色中采样。而不同类型的胶片的参数和预设可用于合成许多不同类型的杂色或颗粒。用户可以修改此杂色的几乎每个特性，控制其颜色。

　　(8) 在时间轴中将【添加颗粒】下的【查看模式】设置为【最终输出】，将【动画】选项组中的【动画速度】设置为 0，如图 12-30 所示。

图 12-29　选择【添加颗粒】命令

图 12-30　设置添加颗粒参数

　　(9) 在时间轴中右击鼠标，在弹出的快捷菜单中选择【新建】→【纯色】命令，在弹出的对话框中将【名称】设置为"灯"，将【颜色】设置为白色，如图 12-31 所示。

　　(10) 设置完成后，单击【确定】按钮，在工具栏中单击【椭圆工具】，在【合成】面板中绘制一个正圆作为蒙版，将【蒙版 1】下的【蒙版羽化】设置为 268 像素，如图 12-32 所示。

图 12-31　设置纯色的名称

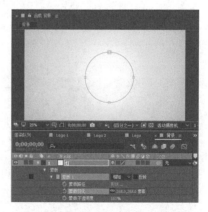

图 12-32　绘制蒙版并设置蒙版羽化

　　(11) 继续选中该图层，在时间轴中将【变换】下的【锚点】设置为 960,540，【位置】设置为 1722、328，将【缩放】设置为 145，如图 12-33 所示。

　　(12) 在【项目】面板中选择【灯】纯色图层，按 Ctrl+D 组合键，复制图层，然后在【合成】面板中调整圆的位置及大小，在时间轴面板中将【蒙版 1】下的【蒙版羽化】设置为 419 像素，如图 12-34 所示。

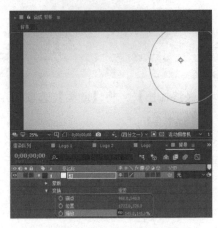

图 12-33　设置位置和缩放参数

图 12-34　绘制蒙版并设置其参数

案例精讲 114　制作标志动画

　　下面介绍如何制作标志动画，该案例主要添加前面所创建的背景、Logo 合成文件，然后再创建其他纯色和调整图层，并为其添加不同的效果，从而完成标志动画的制作。

　　案例文件：CDROM\ 场景 \Cha12\ 节目预告 .aep
　　视频文件：视频教学 \Cha12\ 制作标志动画 .mp4

　　(1) 继续前面的操作，按 Ctrl+N 组合键，在弹出的对话框中将【合成名称】设置为"标志动画"，将【持续时间】设置为 0:00:07:20，其他参数保持默认即可，如图 12-35 所示。

　　(2) 设置完成后，单击【确定】按钮，在【项目】面板中选择【背景】合成文件，按住鼠标将其拖曳至【合成】面板中，在菜单栏中选择【图层】→【时间】→【启用时间重映射】命令，如图 12-36 所示。

知识链接

　　使用时间重映射可以延长、压缩、回放或冻结图层持续时间的某个部分。

图 12-35　设置合成参数

图 12-36　选择【启用时间重映射】命令

　　(3) 将当前时间设置为 0:00:03:03，在当前时间添加一个关键帧，如图 12-37 所示。

　　(4) 选中添加的关键帧，在菜单栏中选择【图层】→【时间】→【冻结帧】命令，如图 12-38 所示。

图 12-37　添加关键帧

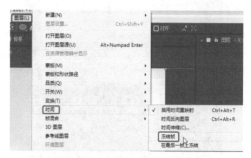

图 12-38　选择【冻结帧】命令

(5) 即可将选中的关键帧进行冻结，效果如图 12-39 所示。

(6) 在【项目】面板中选择 Logo 合成文件，按住鼠标将其拖曳至时间轴中，将其开始时间设置为 -0:00:00:15，选中该图层，在菜单栏中选择【效果】→【过渡】→【渐变擦除】命令，如图 12-40 所示。

▶▶▶ 提 示

渐变擦除效果导致图层中的像素基于另一个图层（称为渐变图层）中相应像素的明亮度值变得透明。渐变图层中的深色像素导致对应像素以较低的【过渡完成】值变得透明。

图 12-39　冻结帧

图 12-40　选择【渐变擦除】命令

(7) 将当前时间设置为 0:00:02:01，在时间轴中将【渐变擦除】下的【过渡完成】设置为 100%，并单击其左侧的 ⏱ 按钮，将【过渡柔和度】设置为 45%，将【反转渐变】设置为【开】，打开该图层的【运动模糊】和【3D 图层】模式，如图 12-41 所示。

知识链接

【过渡完成】：用户可以通过设置该选项设置图层的过渡百分比。

【过渡柔和度】：每个像素渐变的程度。如果此值为 0%，则应用了该效果的图层中的像素将是完全不透明或完全透明。如果此值大于 0%，则在过渡的中间阶段像素是半透明的。

【渐变图层】：用户可以通过该选项设置渐变图层。

【渐变位置】：用户可以通过该选项设置渐变的位置，其中包括【拼贴渐变】【中心渐变】【伸缩渐变以适合】等三个选项。

【反转渐变】：勾选该复选框后，将会反转渐变图层的影响。

(8) 将当前时间设置为 0:00:02:14，在时间轴中将【过渡完成】设置为 0%，如图 12-42 所示。

图 12-41　设置渐变擦除参数

图 12-42　设置过渡完成参数

(9) 在【项目】面板中选择 Logo 合成文件，按住鼠标将其拖曳至时间轴中，将其命名为"Logo 阴影"，将其调整到 Logo 图层的下方，打开该图层的【运动模糊】和【3D 图层】模式，将当前时间设置为 0:00:02:01，将【变换】下的【锚点】设置为 960、540、0，【位置】设置为 960、700.2、-175，取消【缩放】的锁定，将【缩放】设置为 100、-100、100，将【X 轴旋转】设置为 0x+85°，将【不透明度】设置为 0%，并单击其左侧的 ⏱ 按钮，如图 12-43 所示。

(10) 将当前时间设置为 0:00:02:14，将【不透明度】设置为 36%，如图 12-44 所示。

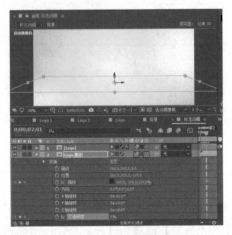
图 12-43　设置变换参数

图 12-44　设置不透明度

(11) 选中该图层，在菜单栏中选择【效果】→【过渡】→【线性擦除】命令，在时间轴中将【线性擦除】下的【过渡完成】【擦除角度】【羽化】分别设置为 42、180、186，如图 12-45 所示。

(12) 设置完成后，再在菜单栏中选择【效果】→【过时】→【快速模糊】命令，如图 12-46 所示。

(13) 在时间轴中将【快速模糊】下的【模糊度】设置为 66%。在菜单栏中选择【效果】→【生成】→【填充】命令，在时间轴中将【颜色】的颜色值设置为 #131313，将该图层的父级对象设置为 1.Logo，如图 12-47 所示。

(14) 按 Ctrl+N 组合键，在弹出的对话框中将【合成名称】设置为【阳光剧场】，将【宽度】、【高度】分别设置为 800、60px，将【持续时间】设置为 0:00:10:00，如图 12-48 所示。

图 12-45　设置线性擦除参数

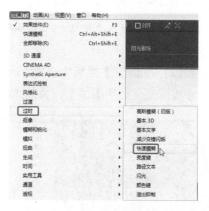

图 12-46　添加快速模糊效果

图 12-47　设置填充颜色

图 12-48　设置合成参数

提示

两个图层建立父子层关系后，当父层的【不透明度】属性发生改变时，子层的【不透明度】属性不会受到影响。这是因为【不透明度】属性不受父子层关系的影响。

(15) 设置完成后，单击【确定】按钮，在【合成】面板中单击【切换透明网格】按钮，在工具栏中单击【横排文字工具】，在【合成】面板中单击鼠标，输入文字，选中输入的文字，在【字符】面板中将字体设置为【微软雅黑】，字体大小设置为 56 像素，将行距设置为 36，将字符间距设置为 8，将垂直缩放设置为 83，单击【仿粗体】**T** 和【全部大写字母】按钮 **TT**，在【段落】面板中单击【居中对齐文本】按钮，如图 12-49 所示。

(16) 选中该图层，在时间轴中将【变换】下的【位置】设置为 397.8、50.3，如图 12-50 所示。

图 12-49　输入文本并进行设置　　　　　　　　图 12-50　设置文字的位置

(17) 在时间轴中单击文字图层右侧的 按钮，在弹出的快捷菜单中选择【启用逐字 3D 化】命令，如图 12-51 所示。

(18) 在【动画和预设】面板中选择【动画预设】→ Text(文字) → Blurs (模糊)→【子弹头列车】选项，按住鼠标将其拖曳至文字图层上，为其添加该效果，如图 12-52 所示。

图 12-51　选择【启用逐字 3D 化】命令　　　　图 12-52　添加动画预设效果

(19) 将当前时间设置为 0:00:00:00，在时间轴中将 Range Selector 1(量程选择器 1) 下的【偏移】设置为 100，将【高级】选项组中的【形状】设置为【下斜坡】，将【缓和高】设置为 100，将【模糊】取消锁定，将【模糊】设置为 48、48，如图 12-53 所示。

(20) 设置完成后，将 0:00:00:16 位置处的关键帧调整至 0:00:01:06 位置处，并将【偏移】设置为 -100%，如图 12-54 所示。

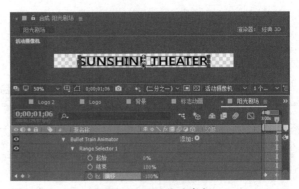

图 12-53　设置 Range Selector 1 参数　　　　　图 12-54　设置偏移参数

(21) 在【项目】面板中选择【阳光剧场】合成文件，按住鼠标将其拖曳至【标志动画】面板中，打开该图层的三维模式，将该图层的开始时间设置为 0:00:03:18，将【变换】下的【位置】设置为 960、639、0，如图 12-55 所示。

(22) 在时间轴中右击鼠标，在弹出的快捷菜单中选择【新建】→【纯色】命令，在弹出的对话框中将【名称】设置为"镜头光晕"，将【颜色】设置为黑色，如图 12-56 所示。

图 12-55　添加合成文件并设置其参数

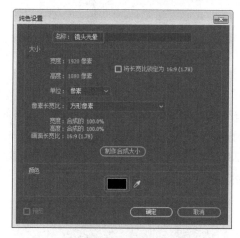

图 12-56　设置纯色参数

(23) 设置完成后，单击【确定】按钮，选中该图层，在菜单栏中选择【效果】→【生成】→【镜头光晕】命令，如图 12-57 所示。

(24) 将当前时间设置为 0:00:03:21，在时间轴中将【镜头光晕】下的【光晕中心】设置为 1474、638.5，单击其左侧的 ⏱ 按钮，将【光晕亮度】设置为 0%，单击其左侧的 ⏱ 按钮，将【镜头类型】设置为【105 毫米定焦】，如图 12-58 所示。

图 12-57　选择【镜头光晕】命令

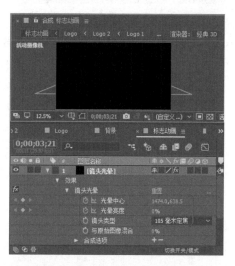

图 12-58　设置镜头光晕参数

(25) 将当前时间设置为 0:00:03:26，在时间轴中将【光晕亮度】设置为 57%，如图 12-59 所示。

(26) 将当前时间设置为 0:00:04:26，在时间轴中为【光晕亮度】添加一个关键帧，如图 12-60 所示。

图 12-59　设置光晕亮度

图 12-60　添加关键帧

(27) 将当前时间设置为 0:00:05:06，在时间轴中将【光晕中心】设置为 539、638.5，将【光晕亮度】设置为 0%，如图 12-61 所示。

(28) 选中【光晕中心】右侧的第二个关键帧，右击鼠标，在弹出的快捷菜单中选择【关键帧辅助】→【缓动】命令，如图 12-62 所示。

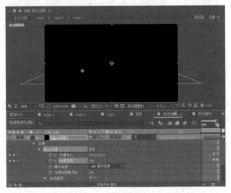

图 12-61　设置光晕中心和光晕亮度

图 12-62　选择【缓动】命令

(29) 选中该图层，在菜单栏中选择【效果】→【颜色校正】→【色调】命令，如图 12-63 所示。

(30) 添加完成后，在时间轴中将图层的混合模式设置为【相加】，如图 12-64 所示。

图 12-63　选择【色调】命令

图 12-64　设置图层混合模式

(31) 继续选中该图层，在菜单栏中选择【效果】→【颜色校正】→【曲线】命令，在【效果控件】
面板中将【曲线】下的【通道】设置为【红色】，然后对曲线进行调整，如图 12-65 所示。

(32) 将【曲线】下的【通道】设置为【绿色】，然后对曲线进行调整，如图 12-66 所示。

图 12-65　设置红色通道曲线

图 12-66　调整绿色通道曲线

(33) 将【曲线】下的【通道】设置为【蓝色】，然后对曲线进行调整，如图 12-67 所示。

(34) 按 Ctrl+N 组合键，在弹出的对话框中将【合成名称】设置为"蓝光"，将【预设】设置为
HDTV 1080 29.97，将【持续时间】设置为 0:00:07:15，如图 12-68 所示。

图 12-67　调整蓝色通道曲线

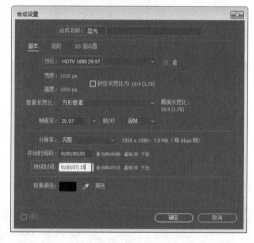

图 12-68　设置合成参数

(35) 设置完成后，单击【确定】按钮，在时间轴中右击鼠标，在弹出的快捷菜单中选择【新建】→【纯
色】命令，在弹出的对话框中将【名称】设置为"闪光"，如图 12-69 所示。

(36) 设置完成后，单击【确定】按钮，选中该图层，在菜单栏中选择【效果】→【生成】→【镜头光晕】
命令，在时间轴中将【镜头光晕】下的【光晕中心】设置为 960、540，将【光晕亮度】设置为 57%，将【镜
头类型】设置为【35 毫米定焦】，如图 12-70 所示。

(37) 继续选中该图层，在菜单栏中选择【效果】→【颜色校正】→【色调】命令，为选中的图层添
加色调效果，将该图层的混合模式设置为【相加】，如图 12-71 所示。

(38) 在菜单栏中选择【效果】→【颜色校正】→【曲线】命令，在【效果控件】面板中将【曲线】
下的【通道】设置为【红色】，然后对曲线进行调整，如图 12-72 所示。

图 12-69　设置纯色名称

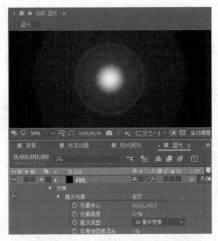

图 12-70　设置镜头光晕参数

图 12-71　添加色调并设置混合模式

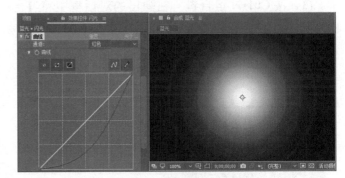

图 12-72　调整红色通道曲线

(39) 将【曲线】下的【通道】设置为【绿色】，然后对曲线进行调整，如图 12-73 所示。

(40) 将【曲线】下的【通道】设置为【蓝色】，然后对曲线进行调整，如图 12-74 所示。

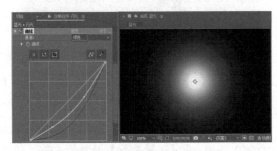

图 12-73　调整绿色通道曲线

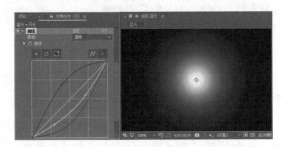

图 12-74　调整蓝色通道曲线

(41) 在【标志动画】时间轴中右击鼠标，在弹出的快捷菜单中选择【新建】→【纯色】命令，在弹出的对话框中将【名称】设置为"路径"，将【宽度】【高度】都设置为 100 像素，将【颜色】设置为白色，如图 12-75 所示。

(42) 设置完成后，单击【确定】按钮，在时间轴中将该图层的【入】设置为 -0:00:00:16，将【出】设置为 0:00:07:14，将【持续时间】设置为 0:00:08:01，如图 12-76 所示。

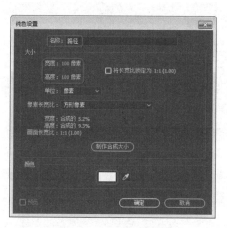

图 12-75　设置纯色参数

图 12-76　设置入和出以及持续时间的参数

(43) 继续选中该图层，将当前时间设置为 0:00:00:16，打开该图层的三维模式，将【变换】下的【锚点】设置为 11、137.8、0，将【位置】设置为 -1259.9、598.9、1941.1，并单击其左侧的 按钮，将【Y 轴旋转】设置为 2x+86°，将【不透明度】设置为 0%，如图 12-77 所示。

||||▶提 示

> 需要将当前时间设置为负数时，无法通过拖动时间线来将当前时间设置为负数，需要在时间轴中直接输入负数时间。

(44) 将当前时间设置为 0:00:00:00，将【变换】下的【位置】设置为 -944.7、437.5、1772.5，如图 12-78 所示。

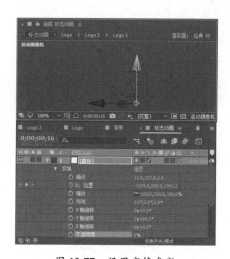

图 12-77　设置变换参数

图 12-78　设置位置参数

(45) 将当前时间设置为 0:00:02:00，将【变换】下的【位置】设置为 960、540、-1348，如图 12-79 所示。

(46) 将当前时间设置为 0:00:03:26，将【变换】下的【位置】设置为 1460、298、-1038，如图 12-80 所示。

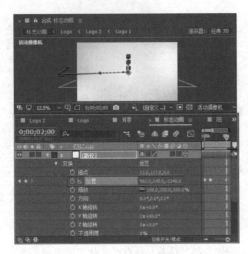

图 12-79 设置位置参数

图 12-80 再次添加位置关键帧

(47) 在时间轴中选中添加的四个关键帧，右击鼠标，在弹出的快捷菜单中选择【关键帧辅助】→【缓动】命令，如图 12-81 所示。

(48) 设置完成后，继续选中该图层，在【合成】面板中调整运动曲线的平滑度，调整后的效果如图 12-82 所示。

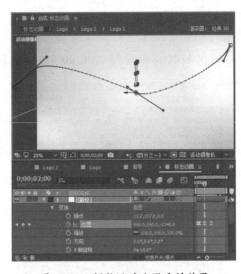

图 12-82 调整运动曲线后的效果

图 12-81 选择【缓动】命令

(49) 在【项目】面板中将【蓝光】合成文件拖曳至【标志动画】时间轴中，在时间轴中打开该图层的三维模式，将该图层的混合模式设置为【相加】，按住 Alt 键单击【位置】左侧的 ⏱ 按钮，添加表达式，输入 "thisComp.layer(" 路径 ").transform.position"，将【缩放】设置为 23，如图 12-83 所示。

(50) 在时间轴中右击鼠标，在弹出的快捷菜单中选择【新建】→【纯色】命令，在弹出的对话框中将【名称】设置为 "粒子"，将【宽度】、【高度】分别设置为 1920、1080，将【颜色】设置为白色，如图 12-84 所示。

(51) 设置完成后，单击【确定】按钮，在时间轴中将该图层的开始时间设置为 -0:00:03:18，将持续时间设置为 0:00:11:03，如图 12-85 所示。

(52) 继续选中该图层，在菜单栏中选择【效果】→【模拟】→ CC Particle World(粒子世界) 命令，如图 12-86 所示。

图 12-83　设置图层模式并添加表达式

图 12-84　设置纯色参数

图 12-85　设置开始时间和持续时间

图 12-86　选择 CC Particle World 命令

(53) 在时间轴中将 Grid&Guides 选项组中的 Radius 复选框取消勾选，将 Birth Rate(出生率) 设置为 6.4，将 Longevity(sec)(寿命) 设置为 1.78，如图 12-87 所示。

(54) 在时间轴中按住 Alt 键单击 Producer(生产者) 选项组中 PositionX(位置 X) 左侧的按钮，输入表达式，并为 PositionY(位置 Y)、PositionZ(位置 Z) 添加表达式，将 RadiusX(半径 X)、RadiusY(半径 Y)、RadiusZ(半径 Z) 分别设置为 0.007、0.007、0.01，如图 12-88 所示。

▶提　示

PositionX 表达式：
p = thisComp.layer(" 路径 ").transform.position;
d =(p - [thisComp.width/2,thisComp.height/2,0])/thisComp.width;
d[0]
PositionY 表达式：
p = thisComp.layer(" 路径 ").transform.position;

▶▶▶提 示

d =(p - [thisComp.width/2,thisComp.height/2,0])/thisComp.width;

d[1]

PositionZ 表达式：

p = thisComp.layer(" 路径 ").transform.position;

d =(p - [thisComp.width/2,thisComp.height/2,0])/thisComp.width;

d[2]

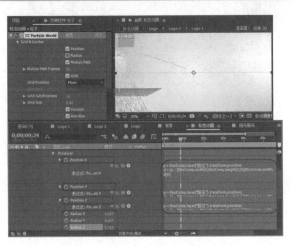

图 12-88　设置【Producer】参数

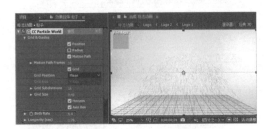

图 12-87　设置【CC Particle World】参数

(55) 将 Physics(物理) 选项组中的 Animation(动画) 设置为 Fractal Omni(分形泛光灯)，将 Velocity(速度)、Gravity(重力)、Resistance(电阻)、Extra 分别设置为 0.04、0、0、2.35，如图 12-89 所示。

(56) 将 Particle(粒子) 选项组中 Particle Type(粒子类型) 设置为 LenseConvex(凸面镜)，将 Birth Size(出生大小)、Death Size(死亡大小)、Size Variation(大小变化)、Max Opacity(Max 不透明度) 分别设置为 0.03、0.02、100、75，将 Transfer Mode(传输模式) 设置为 Add(添加)，如图 12-90 所示。

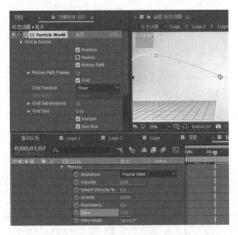

图 12-89　设置 Physics 参数

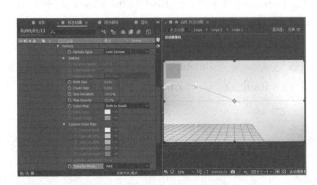

图 12-90　设置 Particle 参数

(57) 继续选中该图层，将当前时间设置为 0:00:03:26，将【变换】下的【不透明度】设置为 100%，并单击其左侧的 按钮，如图 12-91 所示。

(58) 将当前时间设置为 0:00:04:10，将【变换】下的【不透明度】设置为 0%，将图层的混合模式设置为【相加】，如图 12-92 所示。

图 12-91　添加不透明度参数关键帧　　　　　　　　图 12-92　设置不透明度参数

(59) 使用同样的方法创建其他粒子效果，并为其添加表达式，将【蓝光】图层调整至最上方，效果如图 12-93 所示。

(60) 按 Ctrl+I 组合键，在弹出的对话框中选择【光 .mp4】素材文件，如图 12-94 所示。

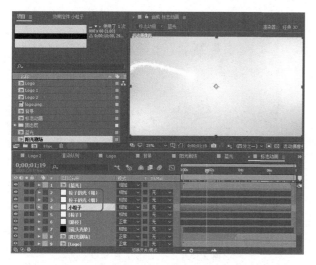

图 12-93　创建其他粒子效果并调整图层后的效果　　　　图 12-94　选择素材文件

(61) 单击【导入】按钮，在【项目】面板中选中该素材文件，按住鼠标将其拖曳至【合成】面板中，在时间轴中将图层的混合模式设置为【相加】，将该图层的开始时间设置为 0:00:01:29，如图 12-95 所示。

(62) 在时间轴中右击鼠标，在弹出的快捷菜单中选择【新建】→【摄像机】命令，如图 12-96 所示。

图 12-95 设置图层的混合模式和开始时间

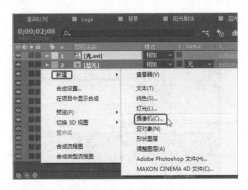

图 12-96 选择【摄像机】命令

(63) 在弹出的对话框中单击【确定】按钮，在时间轴中将【变换】下的【目标点】设置为 960、540、272.3，将【位置】设置为 960、540、-1594.4，如图 12-97 所示。

(64) 在时间轴中将【摄像机选项】下的【缩放】设置为 1866.7，将【焦距】【光圈】【模糊层次】分别设置为 1866.9、590、79%，如图 12-98 所示。

图 12-97 设置变换参数

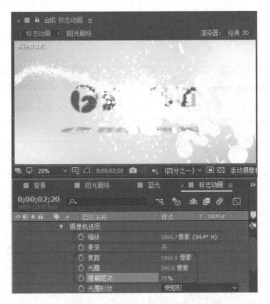

图 12-98 设置摄像机参数

(65) 在【项目】面板中对【路径】纯色图层进行复制，选中复制后的图层，按住鼠标将其拖曳至时间轴中，将其持续时间设置为 0:00:07:15，如图 12-99 所示。

(66) 打开该图层的三维图层模式，将当前时间设置为 0:00:00:00，将【变换】下的【锚点】设置为 0、0、0，单击【位置】左侧的 按钮，将【不透明度】设置为 0%，如图 12-100 所示。

(67) 将当前时间设置为 0:00:07:10，将【变换】下的【位置】设置为 960、540、288，在时间轴中选择【摄像机 1】图层，将其【父级】设置为【1. 路径 2】，如图 12-101 所示。

(68) 在时间轴中右击鼠标，在弹出的快捷菜单中选择【新建】→【纯色】命令，在弹出的对话框中将【名称】设置为"亮光"，将【颜色】设置为黑色，如图 12-102 所示。

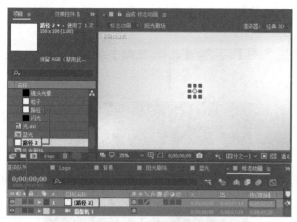

图 12-99　设置图层的持续时间

图 12-100　设置变换参数

图 12-101　设置位置参数

图 12-102　设置纯色参数

(69) 设置完成后,单击【确定】按钮,选中新建的图层,在时间轴中将【持续时间】设置为 0:00:07:15,如图 12-103 所示。

(70) 选中该图层,在菜单栏中选择【效果】→【生成】→【镜头光晕】命令,将当前时间设置为 0:00:00:10,将【镜头光晕】下的【光晕中心】设置为 1024、-72,将【光晕亮度】设置为 180%,单击其左侧的按钮,将【镜头类型】设置为【105 毫米定焦】,如图 12-104 所示。

图 12-103　设置持续时间

图 12-104　设置镜头光晕参数

(71) 将当前时间设置为 0:00:01:04，将【镜头光晕】下的【光晕亮度】设置为 100%，如图 12-105 所示。

(72) 将当前时间设置为 0:00:06:04，将【镜头光晕】下的【光晕亮度】设置为 96%，如图 12-106 所示。

图 12-105　设置光晕亮度

图 12-106　设置光晕亮度

(73) 将当前时间设置为 0:00:07:03，将【镜头光晕】下的【光晕亮度】设置为 185%，将该图层的混合模式设置为【屏幕】，如图 12-107 所示。

(74) 继续选中该图层，在菜单栏中选择【效果】→【颜色校正】→【色调】命令，使用其默认参数即可，效果如图 12-108 所示。

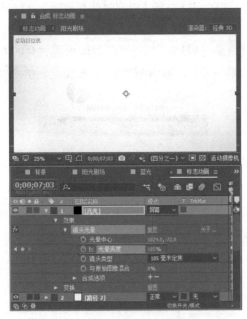

图 12-107　设置光晕亮度和图层混合模式

图 12-108　添加【色调】效果

(75) 在菜单栏中选择【效果】→【颜色校正】→【曲线】命令，在【效果控件】面板中将【曲线】下的【通道】设置为【红色】，调整曲线，效果如图 12-109 所示。

(76) 将【曲线】下的【通道】设置为【绿色】，调整曲线，如图 12-110 所示。

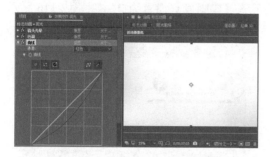

图 12-109　调整红色通道曲线

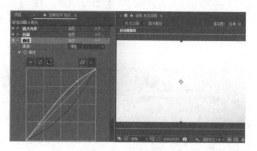

图 12-110　调整绿色通道曲线

(77) 将【曲线】下的【通道】设置为【蓝色】，调整曲线，如图 12-111 所示。

(78) 继续选中该图层，在菜单栏中选择【效果】→【过时】→【快速模糊】命令，将【快速模糊】下的【模糊度】设置为 3，将【重复边缘像素】设置为【开】，如图 12-112 所示。

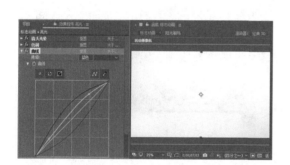

图 12-111　调整蓝色通道曲线

图 12-112　设置【快速模糊】参数

(79) 在时间轴中右击鼠标，在弹出的快捷菜单中选择【新建】→【调整图层】命令，如图 12-113 所示。

(80) 选中新建的调整图层，在时间轴中将其持续时间设置为 0:00:07:15，如图 12-114 所示。

图 12-113　选择【调整图层】命令

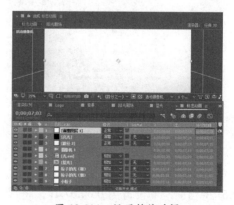

图 12-114　设置持续时间

(81) 选中该图层，为其添加【锐化】效果，将【锐化量】设置为 20，为其添加【曲线】效果，调整 RGB 通道曲线，再为其添加【快速模糊】效果，将当前时间设置为 0:00:00:11，将【快速模糊】下的【模糊度】设置为 20，单击其左侧的 ⏱ 按钮，勾选【重复边缘像素】复选框，如意通 11-115 所示。

(82) 将当前时间设置为 0:00:01:06，将【快速模糊】下的【模糊度】设置为 0，如图 12-116 所示。

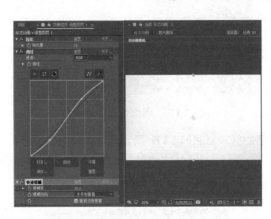

图 12-115　添加效果并设置其参数

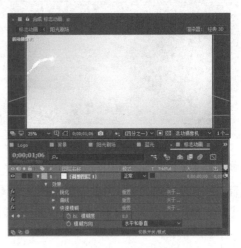

图 12-116　设置模糊度

(83) 在【项目】面板中选择【灯】纯色图层，按住鼠标将其拖曳至时间轴中，将其命名为"遮罩"，将当前时间设置为 0:00:00:00，单击【变换】下的【不透明度】左侧的 ⏱ 按钮，添加一个关键帧，如图 12-117 所示。

(84) 将当前时间设置为 0:00:00:15，将【变换】下的【不透明度】设置为 0%，如图 12-118 所示。

图 12-117　添加素材和不透明度关键帧

图 12-118　设置不透明度参数

(85) 将当前时间设置为 0:00:06:19，在时间轴中为【变换】下的【不透明度】添加一个关键帧，如图 12-119 所示。

(86) 将当前时间设置为 0:00:07:10，将【变换】下的【不透明度】设置为 100%，如图 12-120 所示。

图 12-119　添加关键帧　　　　　　　　　图 12-120　将不透明度设置为 100%

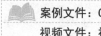
案例精讲 115　制作结尾字幕

下面介绍如何制作结尾字幕，该案例主要通过为纯色图层添加不同的效果并添加关键帧动画，然后再输入文字，从而完成结尾字幕。

案例文件：CDROM\ 场景 \Cha12\ 节目预告 .aep

视频文件：视频教学 \Cha12\ 制作结尾字幕 .mp4

(1) 继续上面的操作，按 Ctrl+N 组合键，在弹出的对话框中将【合成名称】设置为"结尾字幕"，将【持续时间】设置为 0:00:02:00，如图 12-121 所示。

(2) 设置完成后，单击【确定】按钮，新建一个 1024×768 的【形状】纯色图层，选中该图层，在菜单栏中选择【效果】→【生成】→【梯度渐变】命令，将【渐变起点】设置为 0、384，将【起始颜色】的颜色值设置为 #A70000，将【渐变终点】设置为 1024、384，将【结束颜色】的颜色值设置为 #F32E00，如图 12-122 所示。

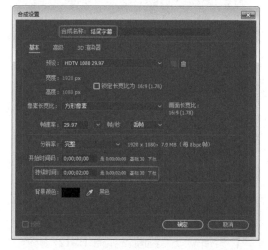

图 12-121　设置合成参数　　　　　　　　图 12-122　设置梯度渐变参数

（3）继续选中该图层，在菜单栏中选择【效果】→【透视】→【投影】命令，将【投影】选的【不透明度】设置为35%，将【方向】【柔和度】分别设置为0x+308°、10，如图12-123所示。

（4）在工具栏中单击【钢笔工具】，在【合成】面板中绘制一个蒙版，如图12-124所示。

图12-123　添加投影效果

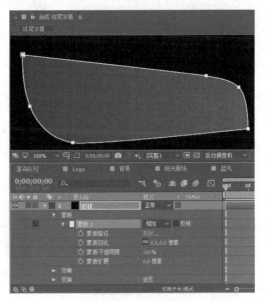

图12-124　绘制蒙版

（5）继续选中该图层，将当前时间设置为0:00:00:00，将【变换】下的【锚点】设置为998、484，将【位置】设置为2571、626，将【缩放】设置为300、300%，【旋转】设置为0x+48°，并单击其左侧的 按钮，如图12-125所示。

（6）将当前时间设置为0:00:00:10，将【变换】下的【旋转】设置为0x-6°，如图12-126所示。

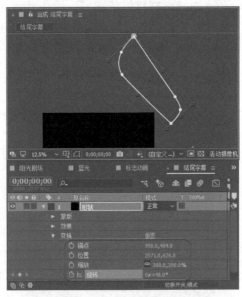

图12-125　设置变换参数

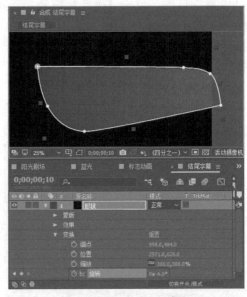

图12-126　设置旋转参数

（7）将当前时间设置为0:00:01:10，在时间轴中为【旋转】添加一个关键帧，如图12-127所示。

（8）将当前时间设置为0:00:01:20，在时间轴中将【变换】下的【旋转】设置为0x-68°，如图12-128所示。

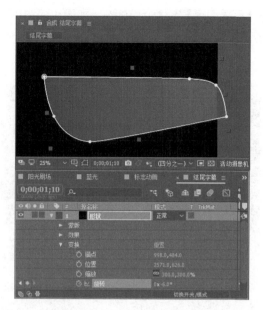

图 12-127　添加关键帧

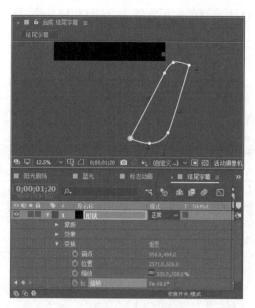

图 12-128　设置旋转参数

(9) 在工具栏中单击【横排文字工具】，在【合成】面板中单击鼠标，输入文字，选中输入的文字，在【字符】面板中将字体设置为【微软雅黑】，设置文字大小，将行距设置为 54 像素，将字符间距设置为 0，将【垂直缩放】设置为 94，将字体颜色设置为白色，在【段落】面板中单击【左对齐文本】按钮，在时间轴中将该图层的名称设置为 "结尾字幕"，如图 12-129 所示。

||||▶提　示

将数字的字号设置为 35，将文字的字号设置为 45。

(10) 将当前时间设置为 0:00:00:00，将【变换】下的【锚点】设置为 0、0，将【位置】设置为 633、448，将【缩放】设置为 120、120%，将【不透明度】设置为 0%，并单击其左侧的 🕑 按钮，如图 12-130 所示。

图 12-129　输入文字并进行设置

图 12-130　设置变换参数

(11) 将当前时间设置为 0:00:00:15，将【变换】下的【不透明度】设置为 100%，如图 12-131 所示。

(12) 将当前时间设置为 0:00:01:10，在时间轴中为【变换】下的【不透明度】添加一个关键帧，如图 12-132 所示。

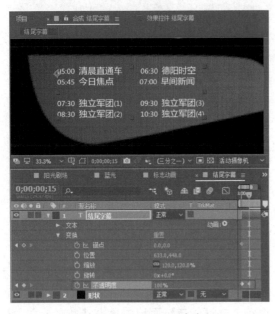

图 12-131　设置不透明度参数

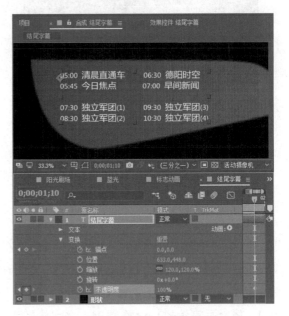

图 12-132　添加关键帧

(13) 将当前时间设置为 0:00:01:15，将【变换】下的【不透明度】设置为 0%，如图 12-133 所示。

(14) 使用同样的方法再创建另外两个结尾字幕，效果如图 12-134 所示。

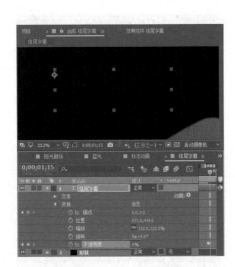

图 12-133　设置不透明度

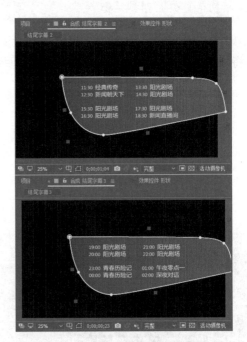

图 12-134　制作其他字幕后的效果

案例精讲 116 制作节目预告

下面介绍如何制作节目预告，该案例主要是将前面制作的合成进行嵌套，通过调整合成的开始时间来制作节目预告的先后效果。

案例文件：CDROM\ 场景 \Cha12\ 节目预告 .aep
视频文件：视频教学 \Cha12\ 制作节目预告 .mp4

(1) 继续上面的操作，按 **Ctrl+N** 组合键，在弹出的对话框中将【合成名称】设置为"节目预告"，将【持续时间】设置为 0:00:15:00，如图 12-135 所示。

(2) 设置完成后，单击【确定】按钮，在【项目】面板中选择【背景】合成文件，按住鼠标将其拖曳至时间轴中，在时间轴中将该图层的持续时间设置为 0:00:15:00，如图 12-136 所示。

图 12-135 设置合成参数

图 12-136 设置背景图层的持续时间

(3) 在【项目】面板中选择【标志动画】合成文件，按住鼠标将其拖曳至时间轴中，在时间轴中将该图层的开始时间设置为 0:00:01:00，如图 12-137 所示。

(4) 在【项目】面板中选择【结尾字幕】合成文件，按住鼠标将其拖曳至时间轴中，在时间轴中将该图层的开始时间设置为 0:00:08:19，如图 12-138 所示。

图 12-137 设置【标志动画】的开始时间

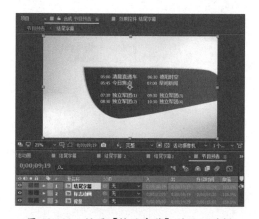

图 12-138 设置【结尾字幕】的开始时间

(5) 在【项目】面板中选择【结尾字幕 2】合成文件，按住鼠标将其拖曳至时间轴中，在时间轴中将该图层的开始时间设置为 0:00:10:00，如图 12-139 所示。

(6) 在【项目】面板中选择【结尾字幕 3】合成文件，按住鼠标将其拖曳至时间轴中，在时间轴中将该图层的开始时间设置为 0:00:11:11，如图 12-140 所示。

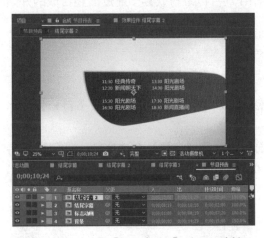

图 12-139 设置【结尾字幕 2】的开始时间

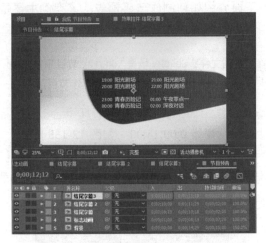

图 12-140 设置【结尾字幕 3】的开始时间

案例精讲 117　添加背景音乐

在制作完节目预告后，接下来就要为节目预告添加背景音乐，然后为添加的背景音乐添加淡入、淡出效果。

> 案例文件：CDROM\ 场景 \Cha12\ 节目预告 .aep
> 视频文件：视频教学 \Cha12\ 添加背景音乐 .mp4

(1) 按 Ctrl+I 组合键，在弹出的对话框中选择【背景音乐 .mp3】音频文件，如图 12-141 所示。

(2) 单击【导入】按钮，按住鼠标将其拖曳至时间轴中，将当前时间设置为 0:00:00:00，将【音频】下的【音频电平】设置为 -40，并单击其左侧的 按钮，如图 12-142 所示。

图 12-141 选择音频文件

图 12-142 设置音频电平

(3) 将当前时间设置为 0:00:01:00，将【音频】下的【音频电平】设置为 0，如图 12-143 所示。

(4) 使用同样的方法设置淡出效果，效果如图 12-144 所示。

图 12-143　将音频电平设置为 0

图 12-144　设置淡出效果

 案例精讲 118　输出影片

下面介绍如何对制作完的节目预告进行输出。

> **案例文件：** CDROM\ 场景 \Cha12\ 节目预告 .aep
>
> **视频文件：** 视频教学 \Cha12\ 输出影片 .mp4

(1) 继续上面的操作，按 **Ctrl+M** 组合键，将其添加到【渲染队列】中，并单击【输出到】右侧的文字，如图 12-145 所示。

(2) 在弹出的对话框中指定保存路径和名称，如图 12-146 所示，单击【保存】按钮，在【渲染队列】面板中单击【渲染】按钮即可。

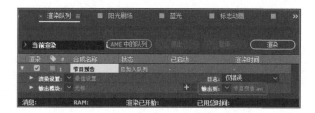

图 12-145　单击【节目预告 .mp4】

图 12-146　指定保存路径和名称

259

第 13 章

婚 礼 片 头

本章重点

- ⊘ 制作开场动画
- ⊘ 制作照片展示
- ⊘ 制作婚礼片头
- ⊘ 添加背景音乐

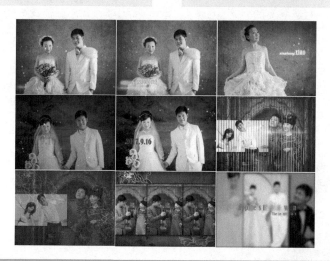

　　婚礼是一种法律公证仪式，其意义在于获取社会的承认和祝福。不同的民族都有其传统的婚礼仪式，这是其民俗文化的继承，也是本民族文化教育的仪式。婚礼是一个人一生中重要的里程碑，属于生命礼仪的一种。一般在举行婚礼之前，都会在大屏幕上播放婚礼庆典预告片，本章就来介绍一下婚礼片头的制作。

案例精讲 119　制作开场动画

本例介绍开场动画的制作，开场动画中包括新郎、新娘介绍，以及举行婚礼的日期，本例中三段动画的制作方法基本相同，都应用到了蒙版，然后添加 CC Particle World(粒子世界)、【发光】、【CC Light Rays(CC 突发光) 和 CC Light Sweep(CC 扫光) 等效果。

> 案例文件：CDROM\ 场景 \Cha13\ 婚礼片头 .aep
> 视频文件：视频教学 \Cha13\ 制作开场动画 .mp4

(1) 按 Ctrl+N 组合键，弹出【合成设置】对话框，在【合成名称】处输入"新郎"，将【预设】设置为【PAL D1/DV 方形像素】，将【持续时间】设置为 0:00:03:00，将【背景颜色】的 RGB 值设置为 0、0、0，单击【确定】按钮，如图 13-1 所示。

(2) 在【项目】面板的空白处双击，弹出【导入文件】对话框，在该对话框中选择随书附带光盘中的 CDROM\ 素材 \Cha13 文件夹，单击【导入文件夹】按钮，如图 13-2 所示。

知识链接

PAL制又称为帕尔制，是英文 Phase Alteration Line的缩写，意思是逐行倒相，也属于同时制。它对同时传送的两个色差信号中的一个色差信号采用逐行倒相，另一个色差信号进行正交调制方式。这样，如果在信号传输过程中发生相位失真，则会由于相邻两行信号的相位相反起到互相补尝作用，从而有效地克服了因相位失真而引起的色彩变化。

图 13-1　新建合成

图 13-2　导入文件夹

(3) 即可将选择的文件夹导入【项目】面板中，然后在该文件夹中将 006.jpg 素材图片拖曳至时间轴中，将当前时间设置为 0:00:00:00，将【位置】设置为 342、288，将【不透明度】设置为 0%，并单击【位置】和【不透明度】左侧的 按钮，将【缩放】设置为 139、139%，如图 13-3 所示。

(4) 将当前时间设置为 0:00:00:20，将【不透明度】设置为 100%，如图 13-4 所示。

(5) 将当前时间设置为 0:00:02:00，将【位置】设置为 426、288，如图 13-5 所示。

(6) 将当前时间设置为 0:00:00:00，确认 006.jpg 图层处于选择状态，在工具栏中选择【矩形工具】，在【合成】面板中绘制矩形蒙版，如图 13-6 所示。

图 13-3　设置参数

图 13-4　设置【不透明度】参数

图 13-5　设置【位置】参数

图 13-6　绘制矩形蒙版

（7）在时间轴中单击【蒙版路径】右侧的【形状】文字按钮，弹出【蒙版形状】对话框，将【左侧】设置为 29 像素，将【右侧】设置为 818 像素，将【顶部】设置为 -65.5 像素，将【底部】设置为 510.5 像素，单击【确定】按钮，如图 13-7 所示。

▐▐▶ 提 示

选择创建的蒙版后，在菜单栏中选择【图层】→【蒙版】→【蒙版形状】命令，也可以弹出【蒙版形状】对话框。

（8）然后单击【蒙版路径】左侧的 🕐 按钮，将【蒙版羽化】设置为 250 像素，如图 13-8 所示。

（9）将当前时间设置为 0:00:02:00，在时间轴中单击【蒙版路径】右侧的【形状】文字按钮，弹出【蒙版形状】对话框，将【左侧】设置为 -55 像素，将【右侧】设置为 730 像素，将【顶部】设置为 -65.5 像素，将【底部】设置为 510.5 像素，单击【确定】按钮，如图 13-9 所示。

（10）在时间轴的空白处单击鼠标右键，在弹出的快捷菜单中选择【新建】→【纯色】命令，弹出【纯色设置】对话框，在【名称】处输入"亮点"，单击【确定】按钮，如图 13-10 所示。

图 13-7 设置蒙版形状

图 13-8 设置蒙版羽化

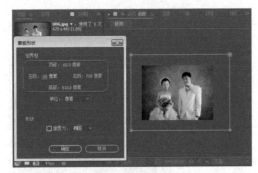

图 13-9 调整蒙版形状

图 13-10 【纯色设置】对话框

(11) 即可新建【亮点】图层,在菜单栏中选择【效果】→【模拟】→ CC Particle World(粒子世界)命令,即可为【亮点】图层添加该效果,在【效果控件】面板中将 Birth Rate(出生率)设置为1,在 Producer(发射控制)组中将 Position X(位置 X)设置为 -0.01,将 Position Y(位置 Y)设置为 0.19,将 Radius X(半径 X)设置为 0.65、将 Radius Y(半径 Y)设置为 0.6,将 Radius Z(半径 Z)设置为 0.8,在 Physics(物理)组中,将 Velocity(速度)设置为 0,将 Gravity(重力)设置为 0,如图 13-11 所示。

(12) 在 Particle(粒子)组中,将 Particle Type(粒子类型)设置为 Faded Sphere(透明球),将 Birth Size(出生大小)和 Death Size(死亡大小)设置为 0.1,将 Birth Color(出生颜色)的 RGB 值设置为 255、255、255,将 Death Color(死亡颜色)的 RGB 值设置为 253、196、127,如图 13-12 所示。

图 13-11 添加效果并设置参数

图 13-12 设置粒子参数

(13) 在菜单栏中选择【效果】→【风格化】→【发光】命令，即可为【亮点】图层添加【发光】效果，在【效果控件】面板中使用默认参数即可，如图 13-13 所示。

(14) 在工具栏中选择【横排文字工具】**T**，在【合成】面板中输入文字，选择输入的文字，在【字符】面板中将字体设置为 Bauhaus 93，将字体大小设置为 30 像素，将填充颜色的 RGB 值设置为 194、136、9，如图 13-14 所示。

图 13-13　添加【发光】效果

图 13-14　输入并设置文字

(15) 然后使用【横排文字工具】**T**，选择输入的文字 guolong，在【字符】面板中将字体设置为 Bernard MT Condensed，将字体大小设置为 50 像素，如图 13-15 所示。

(16) 在菜单栏中选择【图层】→【图层样式】→【外发光】命令，即可为文字图层添加【外发光】图层样式，在时间轴中将【不透明度】设置为 100%，将【颜色】的 RGB 值设置为 219、175、78，将【扩展】设置为 5%，将【大小】设置为 25，将【范围】设置为 45%，如图 13-16 所示。

图 13-15　更改字体和大小

图 13-16　设置图层样式

(17) 然后将文字图层的【位置】设置为 34.5、490.7，并单击【动画】右侧的 ▶ 按钮，在弹出的下拉菜单中选择【不透明度】命令，如图 13-17 所示。

(18) 将当前时间设置为 0:00:01:00，在时间轴中将【范围选择器 1】组中的【起始】设置为 0%，并单击左侧的 ◎ 按钮，将【不透明度】设置为 0%，如图 13-18 所示。

图 13-17　选择【不透明度】命令　　　　　　　　　图 13-18　设置参数

(19) 将当前时间设置为 0:00:02:00，将【起始】设置为 100%，如图 13-19 所示。

(20) 在时间轴的空白处单击鼠标右键，在弹出的快捷菜单中选择【新建】→【纯色】命令，弹出【纯色设置】对话框，在【名称】处输入"光线"，单击【确定】按钮，即可新建【光线】图层，在时间轴中将【光线】图层的【模式】设置为【屏幕】，如图 13-20 所示。

图 13-19　设置关键帧参数　　　　　　　　　　　图 13-20　设置图层模式

(21) 在菜单栏中选择【效果】→【生成】→ CC Light Rays(CC 突发光) 命令，即可为【光线】图层添加该效果，将当前时间设置为 0:00:00:15，在【效果控件】面板中将 Intensity(强度) 设置为 18，将 Center(中心) 设置为 -65、520.6，并单击左侧的 ⏱ 按钮，将 Radius(半径) 设置为 218，将 Warp Softness(弯曲柔化) 设置为 30，将 Shape(形状) 设置为 Square(方形)，取消勾选 Color from Source(颜色来源于源对象) 复选框，将 Transfer Mode(传输模式) 设置为 Screen(屏幕)，如图 13-21 所示。

(22) 将当前时间设置为 0:00:01:24，将 Center(中心) 设置为 340、520.6，如图 13-22 所示。

CC Light Rays(CC突发光)：是一个高质量的特效，它可以根据图像的明暗自动调节光线的强弱和长度，可以产生非常真实的光线投射效果。

Intensity(强度)：设置光线的强度。

Center(中心)：设置光线发射点的位置。

Radius(半径)：设置发光点的半径大小。

Warp Softness(弯曲柔化)：该特效是将图像强行向外扩张，才产生光线，其原理还是对图像的扭曲，而这项数值控制着这种扭曲柔和程度。

Shape(形状)：设置光线的形状，包括圆形(Round)和正方形(Square)。

Direction(方向)：当光线形状为正方形(Square)时该项才可用，它可以调节光线的角度。

Color from source(颜色来源于源对象)：勾选这项之后光线的颜色将由原图像所决定，不勾选的时候光线颜色将由下面的Color(颜色)所决定。

Allow brightening：勾选该项之后将允许光线出现高亮的光点。

Color(颜色)：定义光的颜色。

Transfer mode(传输模式)：光线跟原图像的叠加模式。

图 13-21 添加效果并设置参数

图 13-22 设置【Center】参数

(23) 在菜单栏中选择【效果】→【生成】→ CC Light Sweep(CC扫光)命令，即可为【光线】图层添加该效果，在【效果控件】面板中，将Center(中心)设置为322、521，将Direction(方向)设置为90°，将Width(宽)设置为20，将Sweep Intensity(扫光强度)设置为35，将Edeg Thickness(边缘厚度)设置为0，如图13-23所示。

(24) 在菜单栏中选择【效果】→【颜色校正】→【三色调】命令，即可为【光线】图层添加【三色调】效果，将【中间调】的RGB值设置为219、175、78，如图13-24所示。

图 13-23 添加效果并设置参数

图 13-24 设置【中间调】颜色

(25) 单击时间轴底部的 ▦ 按钮，在展开的面板中单击并向上拖动【光线】图层的入点，将入点调整为 0:00:00:15，效果如图 13-25 所示。

图 13-25　调整入点

(26) 确认【光线】图层处于选择状态，在工具栏中选择【矩形工具】 ▣，在【合成】面板中绘制矩形蒙版，然后将当前时间设置为 0:00:00:15，在时间轴中单击【蒙版路径】右侧的【形状】文字按钮，弹出【蒙版形状】对话框，将【左侧】设置为 16.3 像素，将【右侧】设置为 16.5 像素，将【顶部】设置为 52 像素，将【底部】设置为 576 像素，单击【确定】按钮，如图 13-26 所示。

(27) 然后单击【蒙版路径】左侧的 ⏱ 按钮，将【蒙版羽化】设置为 60 像素，如图 13-27 所示。

图 13-26　设置蒙版形状

图 13-27　设置蒙版羽化

(28) 将当前时间设置为 0:00:02:00，在时间轴中单击【蒙版路径】右侧的【形状】文字按钮，弹出【蒙版形状】对话框，将【左侧】设置为 16.3 像素，将【右侧】设置为 330 像素，将【顶部】设置为 52 像素，将【底部】设置为 576 像素，单击【确定】按钮，如图 13-28 所示。

(29) 结合前面介绍的方法，制作【新娘】合成和【日期】合成，效果如图 13-29 所示。

> |||▶ 提示
>
> 【新娘】合成的持续时间是 0:00:03:00，【日期】合成的持续时间是 0:00:04:00，【新娘】和【日期】合成中图片、文字的出现方式不同于【新郎】合成，具体参数设置和动画效果可以查看随书附带光盘中的【婚礼片头 .aep】场景文件。

图 13-28　设置蒙版形状

图 13-29　制作其他合成

案例精讲 120　制作照片展示

　　本例介绍照片展示动画的制作，该例中主要分为三段小动画，然后将三段小动画合成一个动画，每个小动画的制作都比较简单，主要是设置照片的【位置】动画或【不透明度】动画，在该例中运用最多的是为照片调色。

> 📖 案例文件：CDROM\ 场景 \Cha13\ 婚礼片头 .aep
>
> 　　视频文件：视频教学 \Cha13\ 制作照片展示 .mp4

　　(1) 按 Ctrl+N 组合键，弹出【合成设置】对话框中，在【合成名称】处输入"照片展示1"，将【持续时间】设置为 0:00:03:00，单击【确定】按钮，如图 13-30 所示。

　　(2) 在【项目】面板中将 044.jpg 素材图片拖曳至时间轴中【照片展示 1】合成中，将当前时间设置为 0:00:00:00，将 044.jpg 图层的【缩放】设置为 136、136%，将【位置】设置为 332、297，并单击左侧的 按钮，如图 13-31 所示。

图 13-30　新建合成

图 13-31　设置【位置】参数

（3）将当前时间设置为 0:00:02:00，将【位置】设置为 440、274，如图 13-32 所示。

（4）在菜单栏中选择【效果】→【生成】→【四色渐变】命令，即可为【044.jpg】图层添加该效果，在【效果控件】面板中将【点 1】设置为 192、108，将【颜色 1】的 RGB 值设置为 161、139、176，将【点 2】设置为 1728、108，将【颜色 2】的 RGB 值设置为 166、188、140，将【点 3】设置为 192、972，将【颜色 3】的 RGB 值设置为 161、139、176，将【点 4】设置为 1728、972，将【颜色 4】的 RGB 值设置为 166、188、140，将【混合模式】设置为【叠加】，如图 13-33 所示。

图 13-32 设置关键帧参数

图 13-33 添加效果并设置参数

（5）在【项目】面板中选择 004.jpg 素材文件，按住鼠标将其拖曳至时间轴面板中，如图 13-34 所示。

（6）将当前时间设置为 0:00:00:00，将 004.jpg 图层的【位置】设置为 70、312，并单击左侧的 按钮，如图 13-35 所示。

图 13-34 添加素材文件

图 13-35 设置关键帧参数

（7）将当前时间设置为 0:00:02:00，将【004.jpg】图层的【位置】设置为 124、312，如图 13-36 所示。

（8）在菜单栏中选择【图层】→【图层样式】→【投影】命令，即可为 004.jpg 图层添加【投影】图层样式，将【不透明度】设置为 65%，将【距离】设置为 11，将【扩展】设置为 1%，将【大小】设置为 14，如图 13-37 所示。

图 13-36 设置关键帧参数

图 13-37 设置投影参数

(9) 在时间轴的空白处单击鼠标右键，在弹出的快捷菜单中选择【新建】→【形状图层】命令，如图 13-38 所示。

(10) 即可新建一个形状图层，在工具栏中选择【矩形工具】 ，在【合成】面板中绘制矩形，如图 13-39 所示。

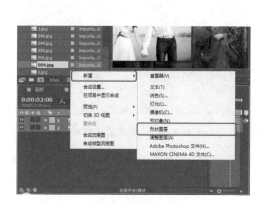

图 13-38 选择【形状图层】命令

图 13-39 绘制矩形

||||▶提 示

在未选中任何图层的情况下，使用形状工具或者钢笔工具在【合成】面板中绘制图形后，会自动新建形状图层。

(11) 在时间轴中将 004.jpg 图层的 TrkMat 设置为【Alpha 遮罩 "形状图层 1"】，如图 13-40 所示。

(12) 在【项目】面板中双击打开【新郎】合成，在【新郎】合成中选择【光线】图层，按 Ctrl+C 组合键复制该图层，如图 13-41 所示。

(13) 返回到【照片展示 1】合成中，按 Ctrl+V 组合键粘贴图层，然后单击图层中【蒙版路径】左侧的 按钮，关闭动画关键帧记录模式，如图 13-42 所示。

(14) 然后单击【蒙版路径】右侧的【形状】文字按钮，弹出【蒙版形状】对话框，将【左侧】设置为 116 像素，将【右侧】设置为 690 像素，将【顶部】设置为 210.7 像素，将【底部】设置为 566.7 像素，单击【确定】按钮，效果如图 13-43 所示。

图 13-40　设置轨道遮罩

图 13-41　复制图层

图 13-42　粘贴图层并调整蒙版

图 13-43　调整蒙版形状

(15) 在【效果控件】面板中选择效果 CC Light Rays(CC 突发光)，将 Intensity(强度) 设置为 25，单击 Center(中心) 左侧的◎按钮，关闭动画关键帧记录模式，并将其设置为 390、520.6，如图 13-44 所示。

(16) 在【效果控件】面板中选择效果 CC Light Sweep(CC 扫光)，将 Center(中心) 设置为 352.3、521，将 Sweep Intensity(扫光强度) 设置为 50，如图 13-45 所示。

图 13-44　调整 CC Light Rays 效果参数

图 13-45　调整 CC Light Sweep 效果参数

知识链接

CC Light Sweep(CC扫光)：该特效可以创建光线，光线以某个点为中心，向一边以擦除的方式运动，产生扫光的效果，这个特效在 After Effects里的使用频率相当高，很多影响片头定板的文字，都可以看到有一束光划过的效果，那么这个特效可以方便地完成高质量的过光效果。

Center(中心)：设置光束的中心点位置。

Direction(方向)：设置光束的旋转角度。

Shape(形状)：设置光束的形状，包括【Linear】(线性方式)、【Smooth】(光滑方式,选择这项之后光束较柔和)以及【Sharp】(锐化方式)。

Width(宽)：设置光束的宽度。

Sweep Intensity(扫光强度)：设置光束的亮度。

Edge Intensity(边缘亮度)：设置光线与图像边缘相接触时的明暗程度。

Edeg Thickness(边缘厚度)：设置光线与图像边缘相接触时的光线厚度。

Light Color(光束颜色)：设置产生的光线的颜色。

Light Reception(光线接收)：设置光线与原图像的叠加方式。

(17) 在【效果控件】面板中选择效果【三色调】，将【中间调】颜色的 RGB 值设置为 246、63、149，如图 13-46 所示。

(18) 将当前时间设置为 0:00:00:00，将【光线】图层的入点设置为 0:00:00:00，将【位置】设置为 412、-79.3，并单击左侧的按钮，打开动画关键帧记录模式，如图 13-47 所示。

图 13-46　设置中间调颜色

图 13-47　设置【位置】参数

(19) 将当前时间设置为 0:00:02:00，将【位置】设置为 412、189.7，如图 13-48 所示。

(20) 将当前时间设置为 0:00:00:00，将【光线】图层的【不透明度】设置为 0%，并单击左侧的按钮，将当前时间设置为 0:00:00:05，将【不透明度】设置为 100%，如图 13-49 所示。

图 13-48　设置关键帧参数

图 13-49　设置【不透明度】参数

(21) 将当前时间设置为 0:00:01:19，单击【不透明度】左侧的 ◇ 按钮，添加关键帧，将当前时间设置为 0:00:02:00，将【不透明度】设置为 0%，如图 13-50 所示。

(22) 按 Ctrl+N 组合键，弹出【合成设置】对话框，在【合成名称】处输入"照片展示 2"，将【持续时间】设置为 0:00:03:00，单击【确定】按钮，如图 13-51 所示。

图 13-50 设置关键帧参数

图 13-51 新建合成

(23) 在【项目】面板中将【红色牡丹 .jpg】素材图片拖曳至时间轴的【照片展示 2】合成中，将【位置】设置为 394、552，将【缩放】设置为 88%，如图 13-52 所示。

(24) 确认【红色牡丹 .jpg】图层处于选择状态，在工具栏中选择【矩形工具】，在【合成】面板中绘制矩形蒙版，在时间轴中将【蒙版羽化】设置为 70 像素，如图 13-53 所示。

⊪提示

选择创建的蒙版后，在菜单栏中选择【图层】→【蒙版】→【蒙版羽化】命令，弹出【蒙版羽化】对话框，在该对话框中可以对蒙版的【水平】和【垂直】羽化进行设置。

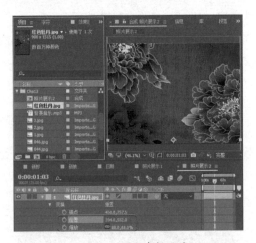

图 13-52 调整素材图片

图 13-53 绘制蒙版并设置羽化

(25) 在【项目】面板中将 0.jpg 素材图片拖曳至时间轴中，将【位置】设置为 400、316，将【缩放】设置为 47%，如图 13-54 所示。

(26) 确认该图层处于选择状态，在工具栏中选择【矩形工具】 ⬜，在【合成】面板中绘制矩形蒙版，如图 13-55 所示。

图 13-54　调整素材图片

图 13-55　绘制矩形蒙版

(27) 在菜单栏中选择【图层】→【图层样式】→【内阴影】命令，即可为该图层添加【内阴影】图层样式，使用默认内阴影参数设置即可，效果如图 13-56 所示。

(28) 在菜单栏中选择【图层】→【图层样式】→【投影】命令，为该图层添加【投影】图层样式，将【不透明度】设置为 100%，将【距离】设置为 8，将【扩展】设置为 1%，将【大小】设置为 19，如图 13-57 所示。

图 13-56　添加【内阴影】图层样式

图 13-57　设置【投影】参数

(29) 将当前时间设置为 0:00:01:00，将 0.jpg 图层的【不透明度】设置为 0%，并单击左侧的 ⊙ 按钮，如图 13-58 所示。

▮▮▮▶ 提 示

　　选择一个或多个图层后，按下 T 键，可以在选择的图层下只显示【不透明度】选项。

(30) 将当前时间设置为 0:00:02:00，将【不透明度】设置为 100%，如图 13-59 所示。

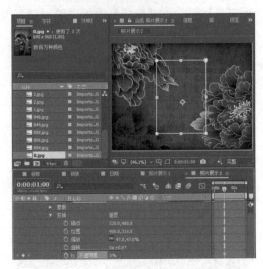

图 13-58　设置【不透明度】参数

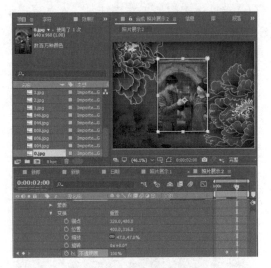

图 13-59　设置关键帧参数

(31) 确认【0.jpg】图层处于选择状态，按两次Ctrl+D组合键复制图层，并将复制后的图层重命名为"0-黄.jpg"和"0-白.jpg"，然后在时间轴中调整图层的排列顺序，如图13-60所示。

(32) 在时间轴中将【0-白.jpg】图层的【位置】设置为124、316，将【0-黄.jpg】图层的【位置】设置为662、316，如图13-61所示。

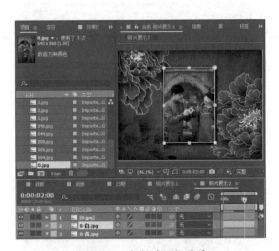

图 13-60　复制并调整图层

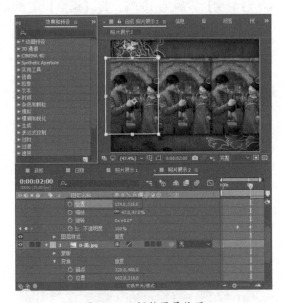

图 13-61　调整图层位置

(33) 选择【0-白.jpg】图层，在菜单栏中选择【效果】→【颜色校正】→【色相/饱和度】命令，即可为【0-白.jpg】图层添加该效果，在【效果控件】面板中将【主饱和度】设置为-100，如图13-62所示。

(34) 选择【0-黄.jpg】图层，在菜单栏中选择【效果】→【颜色校正】→CC Toner(调色)命令，即可为【0-黄.jpg】图层添加该效果，在【效果控件】面板中使用默认参数设置即可，如图13-63所示。

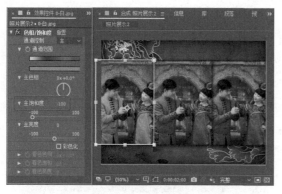
图 13-62　添加效果并设置参数

图 13-63　添加效果

(35) 按 Ctrl+N 组合键，打开【合成设置】对话框，在【合成名称】处输入"照片展示 3"，将【持续时间】设置为 0:00:08:10，单击【确定】按钮，如图 13-64 所示。

(36) 在【项目】面板中将【1.jpg】素材图片拖曳至时间轴的【照片展示 3】合成中，将当前时间设置为 0:00:00:00，将【位置】设置为 629、272，并单击左侧的 按钮，将【缩放】设置为 89%，将【不透明度】设置为 70%，如图 13-65 所示。

图 13-64　新建合成

图 13-65　设置参数

(37) 将当前时间设置为 0:00:02:00，在时间轴中将【位置】设置为 694、272，如图 13-66 所示。

|||>提示

选择一个或多个图层后，按下 P 键，可以在选择的图层下只显示【位置】选项。

(38) 在时间轴的空白处单击鼠标右键，在弹出的快捷菜单中选择【新建】→【形状图层】命令，即可新建形状图层，然后在工具栏中选择【矩形工具】 ，在【合成】面板中绘制矩形，如图 13-67 所示。

(39) 在时间轴中将 1.jpg 图层的 TrkMat 设置为【Alpha 遮罩"形状图层 1"】，如图 13-68 所示。

(40) 选择 1.jpg 图层，在菜单栏中选择【效果】→【颜色校正】→ CC Toner(调色) 命令，即可为该图层添加效果，在【效果控件】面板中使用默认参数设置即可，如图 13-69 所示。

图 13-66　设置【位置】参数

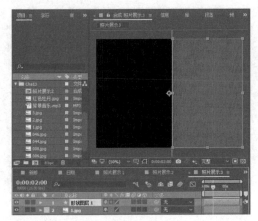

图 13-67　绘制矩形

图 13-68　设置轨道遮罩

图 13-69　添加效果

(41) 在【项目】面板中将【2.jpg】素材图片拖曳至时间轴中，将当前时间设置为 0:00:00:00，将【位置】设置为 144、275.6，并单击左侧的 按钮，将【缩放】设置为 83，将【不透明度】设置为 70%，如图 13-70 所示。

(42) 将当前时间设置为 0:00:02:00，将【位置】设置为 144、352.6，如图 13-71 所示。

图 13-70　设置素材图片

图 13-71　设置【位置】参数

(43) 在菜单栏中选择【效果】→【颜色校正】→【色相/饱和度】命令，即可为 2.jpg 图层添加该效果，在【效果控件】面板中将【主饱和度】设置为 -100，如图 13-72 所示。

(44) 在【项目】面板中将 3.jpg 素材图片拖曳至时间轴中，将当前时间设置为 0:00:00:00，将【位置】设置为 394、270，将【缩放】设置为 27%，并单击左侧的○按钮，如图 13-73 所示。

图 13-72　添加效果并设置参数

图 13-73　调整素材图片

(45) 将当前时间设置为 0:00:02:00，将【缩放】设置为 74%，如图 13-74 所示。

||||▶提 示

选择一个或多个图层后，按下 S 键，可以在选择的图层下只显示【缩放】选项。

(46) 确认 3.jpg 图层处于选择状态，在工具栏中选择【矩形工具】■，在【合成】面板中绘制矩形蒙版，将【蒙版羽化】设置为 30，如图 13-75 所示。

图 13-74　设置【缩放】参数

图 13-75　绘制矩形蒙版

(47) 在菜单栏中选择【图层】→【图层样式】→【内阴影】命令，即可为 3.jpg 图层添加【内阴影】图层样式，使用默认参数设置即可，如图 13-76 所示。

(48) 在菜单栏中选择【图层】→【图层样式】→【投影】命令，为 3.jpg 图层添加【投影】图层样式，将【不透明度】设置为100%，将【距离】设置为15，将【扩展】设置为1%，将【大小】设置为19，如图13-77所示。

图13-76　添加【内阴影】图层样式

图13-77　添加【投影】图层样式

(49) 按Ctrl+N组合键，弹出【合成设置】对话框，在【合成名称】处输入"照片展示OK"，将【持续时间】设置为0:00:13:13，单击【确定】按钮，如图13-78所示。

(50) 在【项目】面板中将【照片展示1】合成拖曳至时间轴的【照片展示OK】合成中，将当前时间设置为0:00:02:15，单击【不透明度】左侧的 ⏱ 按钮，打开动画关键帧记录模式，如图13-79所示。

图13-78　新建合成

图13-79　添加内容

(51) 将当前时间设置为0:00:03:00，将【不透明度】设置为0%，如图13-80所示。

(52) 在【项目】面板中将【照片展示2】合成拖曳至时间轴的【照片展示OK】合成中，将其入点设置为0:00:02:15，如图13-81所示。

(53) 将当前时间设置为0:00:02:15，将【照片展示2】图层的【不透明度】设置为0%，并单击左侧的 ⏱ 按钮，将当前时间设置为0:00:03:00，将【不透明度】设置为100%，如图13-82所示。

(54) 将当前时间设置为0:00:05:04，单击【不透明度】左侧的 ◆ 按钮，添加关键帧，将当前时间设置为0:00:05:15，将【不透明度】设置为0%，如图13-83所示。

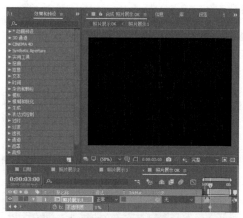

图 13-80　设置不透明度

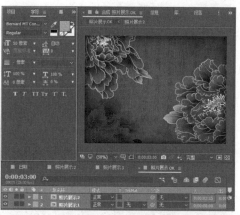

图 13-81　设置图层入点

图 13-82　设置【不透明度】参数

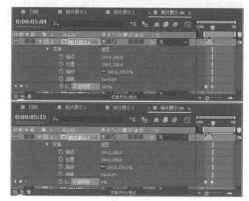

图 13-83　设置关键帧参数

(55) 在【项目】面板中将【照片展示 3】合成拖曳至时间轴的【照片展示 OK】合成中，将其入点设置为 0:00:05:15，如图 13-84 所示。

(56) 将当前时间设置为 0:00:05:04，将【不透明度】设置为 0%，并单击左侧的 按钮，将当前时间设置为 0:00:05:15，将【不透明度】设置为 100%，如图 13-85 所示。

图 13-84　设置图层入点

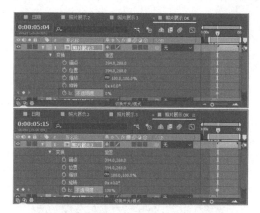

图 13-85　设置不透明度

(57) 在菜单栏中选择【效果】→【模糊和锐化】→【高斯模糊】命令，即可为【照片展示 3】图层添加该效果，将当前时间设置为 0:00:08:00，在【效果控件】面板中单击【模糊度】左侧的 按钮，打开动画关键帧记录模式，如图 13-86 所示。

知识链接

高斯模糊效果可使图像变模糊，柔化图像并消除杂色。图层的品质设置不会影响高斯模糊效果。

(58) 将当前时间设置为 0:00:09:00，在【效果控件】面板中将【模糊度】设置为 20，如图 13-87 所示。

图 13-86　添加效果并打开动画关键帧

图 13-87　设置模糊度

案例精讲 121　制作婚礼片头

本例介绍婚礼片头的制作，该例的制作比较简单，主要是将前面制作的小动画组合起来，然后通过添加【Evaporate】效果来制作文字动画。

> 案例文件：CDROM\ 场景 \Cha13\ 婚礼片头 .aep
>
> 视频文件：视频教学 \Cha13\ 制作婚礼片头 .mp4

(1) 按 Ctrl+N 组合键，弹出【合成设置】对话框，在【合成名称】处输入"婚礼片头"，将【持续时间】设置为 0:00:22:12，单击【确定】按钮，如图 13-88 所示。

(2) 在【项目】面板中将【新郎】和【新娘】合成拖曳至时间轴的【婚礼片头】合成中，并将【新娘】图层的入点设置为 0:00:03:00，如图 13-89 所示。

 提示

> 一个合成包含在另一个合成中被称为嵌套合成，嵌套合成在包含它的合成中以图层的形式显示。

图 13-88　新建合成

图 13-89　添加内容并设置入点

(3) 使用同样的方法, 在【项目】面板中将【日期】和【照片展示 OK】合成拖曳至时间轴的【婚礼片头】合成中, 将【日期】图层的入点设置为 0:00:06:00, 将【照片展示 OK】图层的入点设置为 0:00:09:00, 如图 13-90 所示。

(4) 选择【照片展示 OK】图层, 在菜单栏中选择【效果】→【过渡】→【百叶窗】命令, 即可为选择的图层添加该效果, 将当前时间设置为 0:00:09:00, 在【效果控件】面板中将【过渡完成】设置为 100%, 并单击左侧的 ⏱ 按钮, 如图 13-91 所示。

图 13-90　设置图层入点

图 13-91　添加效果并设置参数

(5) 将当前时间设置为 0:00:10:00, 在【效果控件】面板中将【过渡完成】设置为 0%, 如图 13-92 所示。

(6) 在工具栏中选择【横排文字工具】 **T**, 在【合成】面板中输入文字, 选择输入的文字, 在【字符】面板中将字体设置为 Bernard MT Condensed, 将字体大小设置为 55 像素, 将填充颜色的 RGB 值设置为 255、76、0, 并调整其位置, 如图 13-93 所示。

图 13-92　设置【过渡完成】参数

图 13-93　输入并设置文字

(7) 在时间轴中将文字图层的入点设置为 0:00:17:21, 如图 13-94 所示。

(8) 在【效果和预设】面板中选择【动画预设】→ Text → Blurs →【蒸发】效果, 如图 13-95 所示。

图 13-94 设置图层入点

图 13-95 选择 Evaporate 效果

(9) 将当前时间设置为 0:00:17:21，将【蒸发】效果拖曳至文字图层上，即可为文字图层添加该效果，然后在【高级】组中将【形状】设置为【上斜坡】，如图 13-96 所示。

▶提 示

选择图层后，双击【效果和预设】面板中的效果或动画预设，也可以为选择的图层应用效果或动画预设。

(10) 按 Ctrl+D 组合键复制文字图层，更改复制后的文字图层上的文字，并在【字符】面板中将字体大小设置为 28 像素，然后在【合成】面板中调整其位置，如图 13-97 所示。

图 13-96 设置效果

图 13-97 更改文字内容

案例精讲 122　添加背景音乐

婚礼片头动画制作完成后，还需要为其添加背景音乐，音乐在一段动画中是必不可少的，在本例中还为音乐添加了淡出效果。

案例文件：CDROM\ 场景 \Cha13\ 婚礼片头 .aep

视频文件：视频教学 \Cha13\ 添加背景音乐 .mp4

(1) 在【项目】面板中将【背景音乐 .mp3】拖曳至时间轴的【婚礼片头】合成中，并将其移至图层的最底层，如图 13-98 所示。

(2) 将当前时间设置为 0:00:21:00，在【背景音乐 .mp3】图层中，单击【音频电平】左侧的 按钮，添加关键帧，如图 13-99 所示。

图 13-98　添加背景音乐

图 13-99　添加关键帧

(3) 将当前时间设置为 0:00:22:11，将【音频电平】设置为 -30dB，如图 13-100 所示。

||||▶提 示

将【音频电平】值设置为 -48 dB 时为静音。

(4) 至此，婚礼片头就制作完成了，在【合成】面板中查看效果，如图 13-101 所示，然后将场景文件保存即可。

图 13-100　设置【音频电平】参数

图 13-101　查看效果

第 14 章

制作产品广告

本章重点

- ✓ 制作背景图像
- ✓ 制作彩色光线
- ✓ 制作图像分散

- ✓ 制作产品图像
- ✓ 制作字幕
- ✓ 制作最终合成

产品广告是向消费者介绍产品的特征，直接推销产品，目的是打开销路、提高市场占有率。本章将详细介绍产品广告的制作过程，以便熟悉 After Effects 的操作方法与技巧，完成后的效果如下图所示。

产品广告效果

案例精讲 123　制作背景图像

本案例介绍如何制作背景图像。首先添加素材图片，然后创建【背景图像】合成，添加素材图层并设置【位置】关键帧，完成合成的设置。

📖 案例文件：CDROM\ 场景 \Cha14\ 背景图像 .aep

视频文件：视频教学 \Cha14\ 制作背景图像 .mp4

(1) 在【项目】面板中双击，在弹出的【导入文件】对话框中，选择随书附带光盘中的 CDROM\ 素材 \Cha14\01.mp3、02.mp3、01.png 和背景 .jpg 素材图片，然后单击【导入】按钮，如图 14-1 所示。

(2) 在【项目】面板中，单击鼠标右键，在弹出的快捷菜单中选择【新建合成】命令，如图 14-2 所示。

图 14-1　【导入文件】对话框

图 14-2　选择【新建合成】命令

(3) 在弹出的对话框中，在【合成名称】处输入"背景图像"，【宽度】和【高度】分别设置为 720px、500px，【像素长宽比】设置为 D1/DV PAL(1.09)，【帧速率】设置为 25 帧 / 秒，【分辨率】设置为【完整】，【持续时间】设置为 0:00:18:00，【背景颜色】设置为白色，然后单击【确定】按钮，如图 14-3 所示。

(4) 将【项目】面板中的【背景 .jpg】素材图片添加到时间轴中，并将【背景 .jpg】图层的【缩放】设置为 130.0%，如图 14-4 所示。

图 14-3　【合成设置】对话框

图 14-4　添加素材图层

(5) 将当前时间设置为 0:00:00:07，将【背景】图层的【位置】设置为 1090.0、250.0，然后单击其左侧的 按钮，添加关键帧，如图 14-5 所示。

(6) 将当前时间设置为 0:00:17:24，将【背景】图层的【位置】设置为 -360.0、250.0，如图 14-6 所示。

图 14-5　设置【位置】关键帧

图 14-6　设置【位置】

案例精讲 124　制作彩色光线

本案例介绍如何制作彩色光线。本例创建【渐变】合成，然后创建【彩色光线】合成、纯色图层，添加【分形杂色】效果，然后添加【渐变】合成，更改图层的【轨道遮罩】，再新建纯色图层，并添加【梯度渐变】和【色光】效果，在图层上绘制矩形蒙版后，设置图层的【轨道遮罩】。

> 案例文件：CDROM\ 场景 \Cha14\ 背景图像 .aep
> 视频文件：视频教学 \Cha14\ 制作彩色光线 .mp4

(1) 在【项目】面板中，单击鼠标右键，在弹出的快捷菜单中选择【新建合成】命令，弹出【合成设置】对话框，在【合成名称】处输入"渐变"，将【预设】设置为 PAL D1/DV，【持续时间】设置为 0:00:10:00，然后单击【确定】按钮，如图 14-7 所示。

(2) 在时间轴中的【渐变】合成中，单击鼠标右键，在弹出的快捷菜单中选择【新建】→【纯色】命令，如图 14-8 所示。

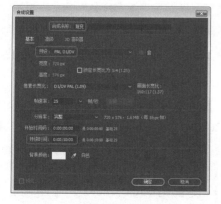

图 14-7　新建【渐变】合成

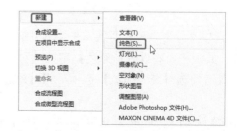

图 14-8　选择【纯色】命令

(3) 在弹出的【纯色设置】对话框中，在【名称】处输入"渐变"，单击【制作合成大小】按钮，然后单击【确定】按钮，如图 14-9 所示。

(4) 选中【渐变】图层，在菜单栏中选择【效果】→【生成】→【梯度渐变】命令。在【效果控件】面板中，将【梯度渐变】的【渐变起点】设置为 720.0、288.0，【渐变终点】设置为 0.0、288.0，如图 14-10 所示。

图 14-9　【纯色设置】对话框

图 14-10　设置【梯度渐变】效果

(5) 按 Ctrl+N 组合键，在弹出的【合成设置】对话框中，在【合成名称】处输入"彩色光线"，将【预设】设置为【PAL D1/DV】，【持续时间】设置为 0:00:10:00，然后单击【确定】按钮，如图 14-11 所示。

(6) 在新建的【彩色光线】合成中，新建一个纯色图层，将其命名为【分形杂色】，如图 14-12 所示。

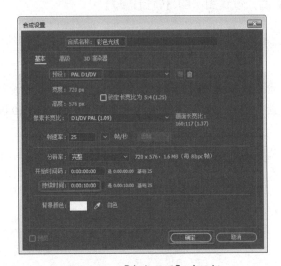

图 14-11　【合成设置】对话框

图 14-12　新建纯色图层

(7) 选中【分形杂色】图层，在菜单栏中选择【效果】→【杂色和颗粒】→【分形杂色】命令。在【效果控件】面板中，将【分形杂色】中的【对比度】设置为 120.0，【溢出】设置为【剪切】，在【变换】组中，取消勾选【统一缩放】选项，将【缩放宽度】设置为 5500.0，【复杂度】设置为 5.0，如图 14-13 所示。

(8) 确认当前时间为 0:00:00:00，将【偏移（湍流）】设置为 310.0、288.0，【演化】设置为 0x+0.0°，然后将【偏移（湍流）】和【演化】左侧的 按钮打开，添加关键帧，如图 14-14 所示。

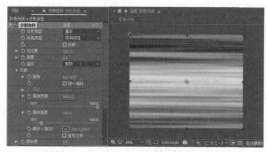

图 14-13　设置【分形杂色】效果

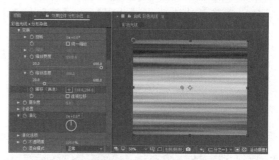

图 14-14　设置关键帧

(9) 将当前时间设置为 0:00:09:24，将【偏移 (湍流)】设置为 -30000.0、288.0，【演化】设置为 2x+0.0°，如图 14-15 所示。

(10) 将【项目】面板中的【渐变】合成添加到时间轴的顶层，然后将【分形杂色】图层的【轨道遮罩】设置为【亮度遮罩 "渐变"】，如图 14-16 所示。

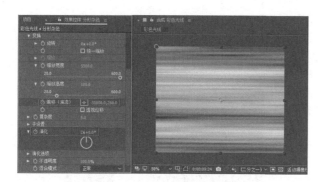

图 14-15　设置关键帧参数

图 14-16　设置图层的轨道遮罩

||||▶提　示

通过单击时间轴左下角的 按钮，将【轨道遮罩】显示。

(11) 新建纯色图层，将其命名为 "彩色光线"，如图 14-17 所示。

(12) 选中【彩色光线】图层，在菜单栏中选择【效果】→【生成】→【梯度渐变】命令，使用其默认参数，如图 14-18 所示。

图 14-17　新建纯色图层

图 14-18　添加【梯度渐变】效果

(13) 在菜单栏中选择【效果】→【颜色校正】→【色光】命令，使用其默认参数，如图 14-19 所示。

(14) 新建纯色图层，将其命名为"遮罩"。然后选中【遮罩】图层，在工具栏中使用【矩形工具】
，绘制一个矩形蒙版，如图 14-20 所示。

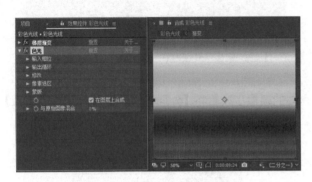

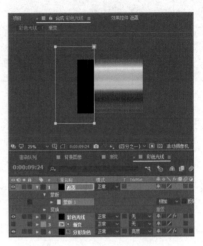

图 14-19　添加【色光】效果　　　　　　　　　　　图 14-20　绘制矩形蒙版

(15) 在【遮罩】图层中，将【蒙版羽化】的【约束比例】按钮关闭，将其值设置为 240.0、0.0，如图 14-21 所示。

(16) 将【彩色光线】图层的【轨道遮罩】设置为【Alpha 遮罩"遮罩"】，如图 14-22 所示。

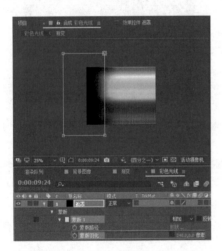

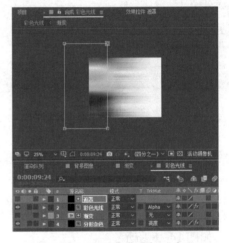

图 14-21　设置【蒙版羽化】　　　　　　　　　　　图 14-22　设置图层的轨道遮罩

案例精讲 125　制作图像分散

本案例介绍如何制作图像分散。主要为图层设置【碎片】效果，然后创建并设置摄影机关键帧动画，用于动态显示图像。

案例文件：CDROM\ 场景 \Cha14\ 背景图像 .aep

视频文件：视频教学 \Cha14\ 制作图像分散 .mp4

(1) 按 Ctrl+N 组合键，在弹出的【合成设置】对话框中，将【合成名称】设置为"图像分散"，【预设】设置为 PAL D1/DV，【持续时间】设置为 0:00:10:00，然后单击【确定】按钮，如图 14-23 所示。

(2) 将【项目】面板中的【渐变】合成添加到时间轴中【图像分散】的顶层，将其左侧的 按钮关闭，取消显示。然后将【项目】面板中的 01.png 素材图片添加到时间轴的顶层，如图 14-24 所示。

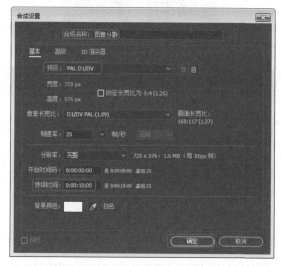

图 14-23　【合成设置】对话框

图 14-24　添加素材图层

(3) 选中【01.png】图层，在菜单栏中选择【效果】→【模拟】→【碎片】命令。在【效果控件】面板中，将【碎片】组中的【视图】设置为【已渲染】。【形状】组中的【图案】设置为【正方形】，【重复】设置为 40.0，【凸出深度】设置为 0.5，如图 14-25 所示。

(4) 在【作用力 1】组中，将【位置】设置为 394.0、288.0，【深度】设置为 0.20，【半径】设置为 2.00，【强度】设置为 6.00。在【作用力 2】组中，将所有参数都设置为 0，如图 14-26 所示。

图 14-25　设置【碎片】参数

图 14-26　设置【作用力 1】和【作用力 2】

(5) 在【渐变】组中，将【渐变图层】设置为【2. 渐变】，然后勾选【反转渐变】复选框。在【物理学】组中，将【倾覆轴】设置为【自由】，【随机性】设置为 1.00，【粘度】设置为 0.00，【大规模方差】设置为 20%，【重力】设置为 6.00，【重力方向】设置为 0x+90.0°，【重力倾向】设置为 80.00。在【纹理】组中，将【摄像机系统】设置为【合成摄像机】，如图 14-27 所示。

(6) 在时间轴中单击鼠标右键，在弹出的快捷菜单中选择【新建】→【摄像机】命令。在弹出的【摄像机设置】对话框中，将【预设】设置为【24 毫米】，取消勾选【启用景深】复选框，然后单击【确定】按钮，如图 14-28 所示。

图 14-27　设置【碎片】参数

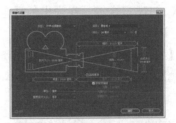

图 14-28　【摄像机设置】对话框

提　示

> 在弹出的警告对话框中，单击【确定】按钮即可。

(7) 在【摄像机 1】图层中，将【变换】组展开，将【目标点】设置为 320.0、288.0、-50.0，【位置】设置为 320.0、240.0、-800.0，如图 14-29 所示。

(8) 将当前时间设置为 0:00:01:12，选中【01.png】层，在【效果控件】面板中，单击【渐变】组中的【碎片阈值】左侧的 ⓞ 按钮，如图 14-30 所示。

图 14-29　设置【摄像机 1】

图 14-30　设置【碎片阈值】

(9) 将当前时间设置为 0:00:03:12，将【碎片阈值】设置为 100%，如图 14-31 所示。

(10) 在【项目】面板中，将【彩色光线】合成添加到时间轴中，将其放置在【摄像机 1】图层的下面，将其转换为 3D 图层，如图 14-32 所示。

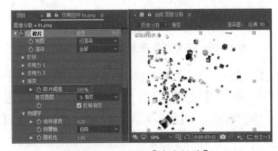

图 14-31　设置【碎片阈值】

图 14-32　添加图层

(11) 将当前时间设置为 0:00:01:12，将【彩色光线】图层中的【变换】组展开，将【锚点】设置为 0.0、288.0、0.0，【位置】设置为 680.0、288.0、0.0，单击【位置】左侧的 ⓞ 按钮，添加关键帧，将【方向】

设置为 0.0°、90.0°、0.0°, 如图 14-33 所示。

(12) 将当前时间设置为 0:00:03:12, 将【位置】设置为 0.0、288.0、0.0, 将【模式】设置为【相加】, 如图 14-34 所示。

图 14-33 设置【变换】参数　　　　　　图 14-34 设置【位置】参数

(13) 将当前时间设置为 0:00:01:08, 将【彩色光线】图层的【不透明度】设置为 0%, 然后单击其左侧的【】按钮, 添加关键帧, 如图 14-35 所示。

(14) 将当前时间设置为 0:00:01:18, 将【不透明度】设置为 100%, 如图 14-36 所示。

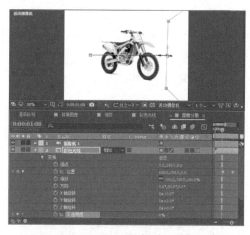
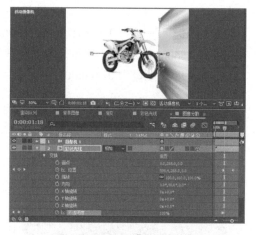

图 14-35 设置【不透明度】关键帧　　　　图 14-36 设置【不透明度】

(15) 将当前时间设置为 0:00:03:12, 单击【不透明度】左侧的【】按钮, 添加关键帧。然后将当前时间设置为 0:00:03:16, 将【不透明度】设置为 0%, 如图 14-37 所示。

(16) 在时间轴的顶层新建纯色图层, 将其命名为"摄像机", 单击其左侧的【】按钮, 将其隐藏。将【摄像机 1】的【父级】设置为【1. 摄像机】, 如图 14-38 所示。

图 14-37 设置【不透明度】

(17) 将【摄像机】图层转换为 3D 图层, 将当前时间设置为 0:00:01:10。然后将【摄像机】图层的【方向】设置为 90.0°、0.0°、0.0°, 单击【Y 轴旋转】左侧的【】按钮, 设置关键帧, 如图 14-39 所示。

图 14-38　新建图层　　　　　　　　　图 14-39　设置【方向】和【Y 轴旋转】

（18）将当前时间设置为 0:00:05:01，将【Y 轴旋转】设置为 0x+120.0°。然后选中创建的两个关键帧，按 F9 键将其转换为缓动关键帧，如图 14-40 所示。

图 14-40　设置并转换关键帧

（19）将当前时间设置为 0:00:01:20，将【摄像机 1】的【目标点】设置为 320.0、288.0、0.0。将【位置】设置为 320.0、-560.0、-250.0，并单击其左侧的按钮，设置关键帧，如图 14-41 所示。

（20）将当前时间设置为 0:00:05:01，将【位置】设置为 320.0、-560.0、-800.0，如图 14-42 所示。

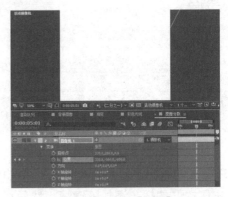

图 14-41　设置关键帧　　　　　　　　　图 14-42　设置【位置】

（21）选中【位置】中的两个关键帧，按 F9 键将其转换为缓动关键帧。拖动时间线预览【图像分散】合成的效果，如图 14-43 所示。

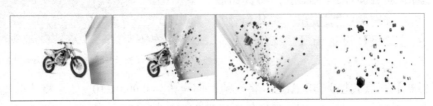

图 14-43　【图像分散】合成的效果

案例精讲 126 制作产品图像

本案例介绍如何制作图像打印。使用【时间重映射】命令，将【图像分散】合成图层倒放，然后设置 Starglow(星光) 效果。通过创建形状图层，绘制矩形、线段路径，并输入文字，为产品图像标注说明。

案例文件：CDROM\ 场景 \Cha14\ 背景图像 .aep
视频文件：视频教学 \Cha14\ 制作产品图像 .mp4

(1) 按 Ctrl+N 组合键，弹出【合成设置】对话框，在【合成名称】处输入"产品图像"，将【预设】设置为 PAL D1/DV，【持续时间】设置为 0:00:10:00，然后单击【确定】按钮，如图 14-44 所示。

(2) 将【项目】面板中的【图像分散】合成添加到新建的合成中。在【图像分散】图层上单击鼠标右键，在弹出的快捷菜单中选择【时间】→【启用时间重映射】命令，如图 14-45 所示。

图 14-44 【合成设置】对话框

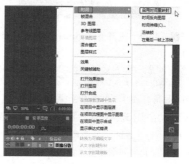

图 14-45 选择【启用时间重映射】命令

(3) 确认当前时间为 0:00:00:00，将【时间重映射】设置为 0:00:05:00，如图 14-46 所示。

(4) 将当前时间设置为 0:00:05:00，将【时间重映射】设置为 0:00:00:00，如图 14-47 所示。

图 14-46 设置【时间重映射】

图 14-47 设置【时间重映射】

(5) 将【时间重映射】中的其他多余关键帧删除，如图 14-48 所示。

(6) 将当前时间设置为 0:00:00:00，选中【图像分散】图层，在【效果和预设】面板中搜索 Starglow 命令。在【效果控件】面板中，将 Preset(预设) 设置为 White Star2，在 Pre-Process 组 中，单击 Threshold(阈 值) 左侧的 按钮，设置关键帧，将

图 14-48 删除多余关键帧

Threshold Soft(软阈值) 设置为 20.0，Streak length(条纹长度) 设置为 30.0，Transfer Mode(变换方式) 设置为 Add(相加)，如图 14-49 所示。

(7) 将当前时间设置为 0:00:05:00，将 Threshold(阈值) 设置为 500.0，如图 14-50 所示。

图 14-49　设置 Starglow(星光) 参数

图 14-50　设置 Threshold(阈值)

知识链接

Starglow(星光)：用于制作光效果的一种插件，它可以根据图像中的高光部分创建星光闪耀的效果。

Preset(预设)：用于选择预置的星光效果。其中提供了【Red】(红色)、【Green】(绿色)、【Blue】(蓝色)等30种预设效果。

Input Channel(输入通道)：用于选择特效基于的通道。其中提供了【Lightness】(明亮)、【Alpha】、【Red】等6种。

Threshold(阈值)：用于调整星光效果最小亮度值。值越大，星光效果区域的亮度要求就越高，效果就越少。

Threshold Soft(阈值羽化)：用于调整高亮和低亮区域之间的柔和度。

Use Mask(使用蒙版)：勾选该复选框，可以使用内置的圆形遮罩。

Mask(蒙版半径)：用于设置遮罩的半径。

Mask Feather(蒙版羽化)：用于设置遮罩的边缘羽化程度。

Mask Position(蒙版位置)：用于设置遮罩的位置。

Streak Length(光线长度)：用于调整光线散射的长度。

Boost Light(提升亮度)：用于调整星光的亮度。

Individual Lengths(各个方向光线长度)：通过调整该选项下的参数可以对各个方向上的光线长度进行调整。

Individual Colors(各个方向颜色)：通过该选项下的参数可以选择各个方向上光线的颜色贴图。其中提供了 Colormap A(颜色贴图A)、Colormap B(颜色贴图B)、Colormap C(颜色贴图C)3种。Colormap A、Colormap B、Colormap C分别用于调整颜色贴图A、B、C中的颜色。

Amount(数量)：用于调整微光的数量。

Detail(细节)：用于调整微光的细节。

Phase(阶段)：用于调整当前微光的相位，通过添加关键帧可以得到微光动画。

Use Loop(循环)：勾选该复选框，可使微光产生循环效果。其下方的【循环旋转】用于调整循环情况下相位旋转的数目。

Source Opacity(来源不透明度)：用于调整原素材的透明度。

Starglow Opacity(星光不透明度)：用于调整星光效果的透明度。

Transfer Mode(应用模式)：用于选择星光效果与原素材的混合模式。其中提供了【Normal】(正常)、【Add】(叠加)、【Hard Light】(强光)等18种模式。从左向右依次为 Difference(差值)和 Color Burn(颜色燃烧)效果。

(8) 将当前时间设置为 0:00:03:23，在时间轴中，将【图像分散】图层的【变换】组展开，将位置设置为 334.0、270.0，【缩放】设置为 130.0%，然后单击其左侧的 ⏱ 按钮，设置关键帧，如图 14-51 所示。

(9) 将当前时间设置为 0:00:05:00，将【缩放】设置为 135.0%，如图 14-52 所示。

图 14-51　设置【位置】和【缩放】

图 14-52　设置【缩放】

(10) 新建【形状图层 1】图层,使用工具栏中的【矩形工具】，在【合成】面板中绘制一个矩形。将【形状图层 1】中的【内容】→【矩形 1】展开,将【矩形路径 1】中的【大小】设置为 174.0、54.0,【描边 1】中的【描边宽度】设置为 0.0,【填充 1】中的【颜色】RGB 值设置为 0、48、253,【不透明度】设置为 40%,如图 14-53 所示。

(11) 适当调整矩形的位置,然后使用【钢笔工具】，在【形状图层 1】中绘制线段路径,在【形状 1】中,将【描边 1】的【颜色】RGB 值设置为 0、48、253,【不透明度】设置为 40%,【描边宽度】设置为 3.0,将【填充 1】的【不透明度】设置为 0%,如图 14-54 所示。

图 14-53　绘制矩形

图 14-54　绘制线段路径

|||▶提 示

　　设置【矩形路径 1】中的【大小】时,将 图标关闭。

(12) 使用【横排文字工具】，在合成中输入文字【车把杆】,将字体设置为【微软雅黑】,字体颜色设置为白色,字体大小设置为 30 像素,描边宽度设置为 0 像素,如图 14-55 所示。

(13) 将当前时间设置为 0:00:05:06,将文字图层和形状图层的【不透明度】都设置为 0%,然后单击其左侧的 按钮,设置关键帧,如图 14-56 所示。

|||▶提 示

　　选中文字图层和形状图层后,按 T 键,将显示图层的【不透明度】属性。

图 14-55　输入文字

图 14-56　设置【不透明度】

(14) 将当前时间设置为 0:00:06:12，将文字图层和形状图层的【不透明度】都设置为 100%，如图 14-57 所示。

(15) 使用相同的方法，创建其他的文字和形状图层，如图 14-58 所示。

图 14-57　设置【不透明度】

图 14-58　创建其他的文字和形状图层

案例精讲 127　制作字幕

本案例介绍如何制作字幕。分别创建两个文字图层，并添加【百叶窗】和 CC Line Sweep 效果，然后创建调整图层，设置【投影】效果。

> 案例文件：CDROM\ 场景 \Cha14\ 背景图像 .aep
>
> 视频文件：视频教学 \Cha14\ 背景图像 .mp4

(1) 按 Ctrl+N 组合键，弹出【合成设置】对话框，在【合成名称】处输入"字幕"，将【预设】设置为 PAL D1/DV，【持续时间】设置为 0:00:05:00，然后单击【确定】按钮，如图 14-59 所示。

(2) 使用【横排文字工具】 T，在合成中输入文字"速度之王"，将字体设置为【楷体】，字体颜色的 RGB 值设置为 56、56、56，字体大小设置为 100 像素，字符间距设置为 80，描边宽度设置为 0 像素，然后单击【仿粗体】按钮 T，将文字的【位置】设置为 168.0、274.0，如图 14-60 所示。

图 14-59　【合成设置】对话框

图 14-60　输入文字

(3) 选中文字图层，在菜单中选择【效果】→【过渡】→【百叶窗】命令。将当前时间设置为 0:00:00:00，在【效果控件】面板中，将【过渡完成】设置为 100%，并单击其左侧的 ⏱，设置关键帧，如图 14-61 所示。

(4) 将当前时间设置为 0:00:01:08，在【效果控件】面板中，将【过渡完成】设置为 0%，如图 14-62 所示。

图 14-61　设置【百叶窗】效果　　　　　　　　图 14-62　设置【过渡完成】

(5) 使用【横排文字工具】T，在合成中输入英文"It was an exciting experience"，将字体设置为 CentSchbkCyrill BT，字体颜色的 RGB 值设置为 50、50、50，字体大小设置为 30 像素，字符间距设置为 70，描边宽度设置为 0 像素，然后单击【仿粗体】按钮 T 和【仿斜体】按钮 T，将文字的【位置】设置为 145.0、320.0，如图 14-63 所示。

(6) 选中文字图层，在菜单中选择【效果】→【过渡】→ CC Line Sweep 命令。将当前时间设置为 0:00:02:06，在【效果控件】面板中，将 Completion(完成) 设置为 100%，并单击其左侧的 ⏱ 按钮，设置关键帧，勾选 Flip Direction(翻转方向) 复选框，如图 14-64 所示。

图 14-63　输入文字

图 14-64　设置 CC Line Sweep 效果

(7) 将当前时间设置为 0:00:03:06，将 Completion(完成) 设置为 0%，如图 14-65 所示。

(8) 新建调整图层，在菜单栏中选择【效果】→【透视】→【投影】命令。在【效果控件】面板中，将【阴影颜色】的 RGB 值设置为 144、144、144，然后将【距离】设置为 3.0，如图 14-66 所示。

图 14-65　设置 Completion(完成)

图 14-66　设置【投影效果】

案例精讲 128　制作最终合成

本案例介绍如何制作最终合成。将前面制作的合成添加到一起，并设置【摄像机镜头模糊】和【网格】效果，然后添加音乐素材，最后将合成渲染输出。

> 案例文件：CDROM\ 场景 \Cha14\ 制作最终合成 .aep
>
> 视频文件：视频教学 \Cha14\ 制作最终合成 .mp4

(1) 按 Ctrl+N 组合键，弹出【合成设置】对话框，在【合成名称】处输入 "产品广告"，将【预设】设置为 PAL D1/DV，【持续时间】设置为 0:00:18:00，然后单击【确定】按钮，如图 14-67 所示。

(2) 将【项目】面板中的【背景图像】合成添加到新建的合成中，如图 14-68 所示。

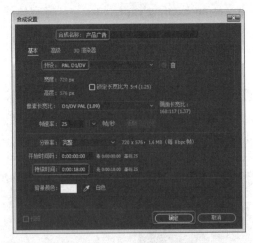

图 14-67　【合成设置】对话框

图 14-68　添加合成图层

(3) 新建【调整图层 2】，单击█按钮，将当前时间设置为 0:00:01:23，选中新建的调整图层，在菜单栏中选择【效果】→【模糊和锐化】→【摄像机镜头模糊】命令。在【效果控件】面板中，将【模糊半径】设置为 0.0，并单击其左侧的█按钮，设置关键帧，如图 14-69 所示。

(4) 将当前时间设置为 0:00:03:03，将【模糊半径】设置为 10.0，如图 14-70 所示。

图 14-69　设置【摄像机镜头模糊】效果

图 14-70　设置【模糊半径】

(5) 将当前时间设置为 0:00:00:00，在菜单栏中选择【效果】→【生成】→【网格】命令。在【效果控件】面板中，将【网格】组中的【大小依据】设置为【宽度滑块】，【宽度】设置为 82.0，【边界】设置为 0.0，并单击其左侧的 按钮，设置关键帧，【混合模式】设置为【相加】，如图 14-71 所示。

(6) 将当前时间设置为 0:00:01:24，将【边界】设置为 3.0，如图 14-72 所示。

图 14-71　设置【网格】效果

图 14-72　设置【边界】

知识链接

【网格】：网格效果可创建可自定义的网格。用户可用纯色渲染此网格，也可将其用作源图层 Alpha 通道的蒙版。此效果适合生成设计元素和遮罩，可在这些设计元素和遮罩中应用其他效果。

【锚点】：网格图案的源点。移动此点会使图案移动。

【大小依据】：确定矩形尺寸的方式。

【边角点】：每个矩形的尺寸即对角由"锚点"和"边角点"定义矩形的尺寸。

【宽度滑块】：矩形的高度和宽度都等于"宽度"值，这表示这些矩形是正方形。

【宽度和高度滑块】：矩形的高度等于"高度"值。矩形的宽度等于"宽度"值。

【边界】：网格线的粗细。值为 0 可使网格消失。网格边界的抗锯齿效果可能导致看到的厚度发生变化。

【羽化】：网格的柔和度。

【反转网格】：反转网格的透明和不透明区域。

【颜色】：网格的颜色。

【不透明度】：网格的不透明度。

【混合模式】：用于在原始图层上面合成网格的混合模式。这些混合模式与【时间轴】面板中的混合模式一样，但默认模式【无】除外，此设置仅渲染网格。

(7) 将当前时间设置为 0:00:04:13，将【边界】设置为 0.0，如图 14-73 所示。

(8) 新建形状图层，在【合成】面板中绘制一个任意矩形，在【矩形 1】→【填充 1】中，将【颜色】设置为白色，【不透明度】设置为 65%，将【变换：矩形 1】中的【位置】设置为 0.0、0.0，如图 14-74 所示。

图 14-73　设置【边界】

图 14-74　绘制矩形

(9) 将当前时间设置为 0:00:03:02，在【矩形 1】→【矩形路径 1】组中，将【大小】设置为 790.0、2.0，【位置】设置为 0.0、0.0，然后单击【大小】和【位置】左侧的 按钮，设置关键帧，如图 14-75 所示。

(10) 将当前时间设置为 0:00:02:00，将【位置】设置为 -790.0、0.0，如图 14-76 所示。

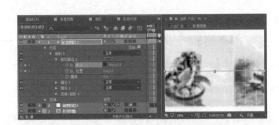

图 14-75　设置【大小】和【位置】

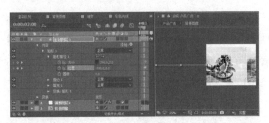

图 14-76　设置【位置】

(11) 将当前时间设置为 0:00:03:12，将【大小】设置为 790.0、83.0，如图 14-77 所示。

(12) 将当前时间设置为 0:00:03:24，单击【大小】左侧的 按钮，添加关键帧，然后将当前时间设置为 0:00:04:13，将【大小】设置为 790.0、593.0，如图 14-78 所示。

图 14-77　设置【大小】

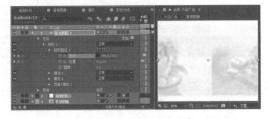

图 14-78　设置【大小】

(13) 将当前时间设置为 0:00:05:14，将【项目】面板中的【产品图像】合成添加到时间轴的顶层，与时间线对齐，如图 14-79 所示。

图 14-79　添加【产品图像】合成

(14) 将当前时间设置为 0:00:10:15，将【产品图像】图层转换为 3D 图层，在【变换】组中，单击【位置】和【Y 轴旋转】左侧的 按钮，设置关键帧，如图 14-80 所示。

(15) 将当前时间设置为 0:00:12:15，将【位置】设置为 388.0、288.0、0.0，【Y 轴旋转】设置为 0x-15.0°，如图 14-81 所示。

图 14-80　设置关键帧

图 14-81　设置【位置】和【Y 轴旋转】

(16) 将当前时间设置为 0:00:13:02，将【项目】面板中的【字幕】合成添加到时间轴的顶层，与时间线对齐，如图 14-82 所示。

(17) 确认当前时间为 0:00:13:02，将【字幕】图层的【不透明度】设置为 0%，【产品图像】图层的【不透明度】设置为 100%，然后单击两个图层【不透明度】左侧的 按钮，设置关键帧，如图 14-83 所示。

图 14-82　添加【字幕】合成

图 14-83　设置【不透明度】

(18) 将当前时间设置为 0:00:14:00，将【字幕】图层的【不透明度】设置为 100%，【产品图像】图层的【不透明度】设置为 0%，如图 14-84 所示。

图 14-84　设置【不透明度】

(19) 将当前时间设置为 0:00:13:15，将【形状图层 1】图层的【矩形路径 1】展开，单击【大小】左侧的 按钮，添加关键帧，如图 14-85 所示。

(20) 将当前时间设置为 0:00:17:03，将【大小】设置为 790.0、210.0，如图 14-86 所示。

图 14-85　添加关键帧

图 14-86　设置关键帧

(21) 将【字幕】图层的【变换】组展开，将【位置】设置为 360.0、315.0，如图 14-87 所示。

(22) 将【项目】面板中的 01.mp3 音乐素材添加到时间轴的底层，如图 14-88 所示。

图 14-87　设置【位置】

图 14-88　添加音乐素材

(23) 在 01.mp3 图层上单击鼠标右键，在弹出的快捷菜单中选择【时间】→【时间伸缩】命令，如图 14-89 所示。

(24) 在弹出的【时间伸缩】对话框中，将【新持续时间】设置为 0:00:12:00，单击【确定】按钮，如图 14-90 所示。

图 14-89　选择【时间伸缩】命令

图 14-90　【时间伸缩】对话框

(25) 将当前时间设置为 0:00:13:02，将【项目】面板中的 02.mp3 音乐素材添加到时间轴的底层，与时间线对齐，如图 14-91 所示。

(26) 按 Ctrl+M 组合键，在【渲染队列】面板中，单击【输出到】右侧的文字，设置文件输出位置和名称，然后单击【渲染】按钮，将合成渲染输出，如图 14-92 所示。最后将场景文件进行保存。

图 14-91　添加音乐素材

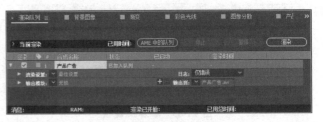

图 14-92　将合成渲染输出

第 15 章

电影片头的制作

本章重点

- ⊘ 电影 LOGO 动画
- ⊘ 输出 LOGO 动画

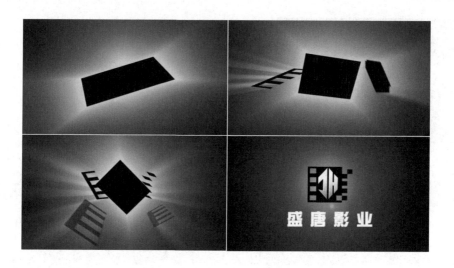

　　电影片头在日常生活中随处可见，但你知道它们是怎么制作的吗？本节将重点讲解电影片头的制作，其中主要通过电影 LOGO 动画和电影标题动画的制作来讲解。

案例精讲 129　电影 LOGO 动画

本例介绍如何制作 LOGO 动画，首先绘制出 LOGO 的各个部分，然后将其组合成动画，最后对动画进行特效处理，具体操作方法如下，完成后的效果如图 15-1 所示。

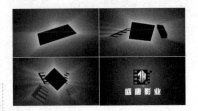

图 15-1　电影 LOGO 动画

案例文件：CDROM\ 场景 \Cha15\ 电影片头动画 .aep
视频教学：视频教学 \Cha15\ 电影 LOGO 动画 .mp4

(1) 启动软件后，在【项目】面板底部单击【新建文件夹】按钮，并将其名称设为"LOGO 动画"，如图 15-2 所示。

(2) 在【项目】面板中双击，打开【导入文件】对话框，选择随书附带光盘中的 CDROM\ 素材 \Cha15\ 标志 .jpg 和 logo 配乐 .wav 文件，单击【导入】按钮，如图 15-3 所示。

图 15-2　新建文件夹

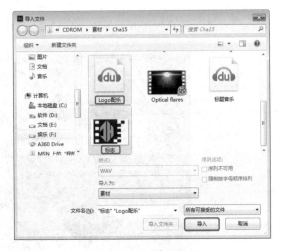

图 15-3　导入素材文件

知识链接

　　【LOGO】：LOGO 是徽标或者商标的英文缩写，即 LOGO type 的缩写，起到对徽标拥有公司的识别和推广的作用，通过形象的徽标可以让消费者记住公司主体和品牌文化。网络中的徽标主要是各个网站用来与其他网站链接的图形标志，代表一个网站或网站的一个板块。另外，LOGO 还是一种早期的计算机编程语言，也是一种与自然语言非常接近的编程语言，它通过【绘图】的方式来编程。

(3) 在【项目】面板中选择添加的两个素材，将其添加到【LOGO 动画】文件夹中，如图 15-4 所示。

(4) 在【项目】面板中，查看导入的素材文件，按 Ctrl+N 组合键，弹出【合成设置】对话框，将【合成名称】设为"绘制 LOGO"，将【预设】设为【PAL D1/DV 宽银幕方形像素】，【帧速率】设为 25 帧 / 秒，将【持续时间】设为 0:00:16:00，【背景颜色】设为黑色，如图 15-5 所示。

▶▶▶提示

　　导入素材文件后有时会发现没有在相应的文件夹内，可以选择相应的素材文件按着鼠标左键将其拖至到素材文件中。

图 15-4　调整文件位置

图 15-5　新建合成

(5) 在【项目】面板中选择【标志 .jpg】素材文件，将其添加到时间轴上，然后按 Ctrl+Y 组合键，弹出【纯色设置】对话框，将【名称】设为"LOGO1"，【颜色】设为白色，单击【确定】按钮，如图 15-6 所示。

(6) 在时间轴上，选择【标志 .jpg】图层，将其【缩放】设为 19.5%，放置到图层的最上侧，然后选择【LOGO1】图层，在工具选项栏中选择【矩形工具】，根据素材图片绘制遮罩，绘制标志的左侧部分，如图 15-7 所示。

图 15-6　新建纯色图层

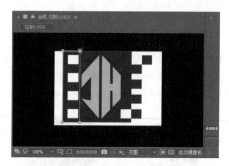

图 15-7　绘制矩形遮罩

(7) 继续使用【矩形工具】绘制遮罩，展开图层的【蒙版】选项组，将其【模式】设为【相减】，如图 15-8 所示。

(8) 使用同样的方法绘制 LOGO1 的其他部分，并将其模式设为【相减】，如图 15-9 所示。

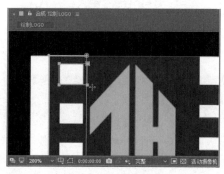

图 15-8　绘制蒙版

图 15-9　绘制蒙版

(9) 再次按 Ctrl+Y 组合键，新建一个名称为"LOGO2"，【颜色】为白色的纯色图层，利用【矩形工具】结合素材文件，绘制 LOGO2 的形状，绘制出标志的中间部分，如图 15-10 所示。

(10) 再次按 Ctrl+Y 组合键，新建一个名称为"LOGO3"，【颜色】为白色的纯色图层，利用【钢笔工具】结合素材文件，绘制标志的中间变形字母部分，如图 15-11 所示。

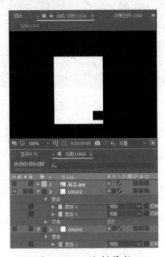

图 15-10　绘制蒙版

图 15-11　绘制蒙版

(11) 再次按 Ctrl+Y 组合键，新建一个名称为"LOGO4"，【颜色】为白色的纯色图层，利用【矩形工具】结合素材文件，绘制 LOGO4 的形状，绘制出标志的右侧的小方块，如图 15-12 所示。

(12) 再次按 Ctrl+Y 组合键，新建一个名称为"LOGO5"，【颜色】为白色的纯色图层，利用【矩形工具】结合素材文件，绘制 LOGO5 的形状，绘制出标志的中间部分，如图 15-13 所示。

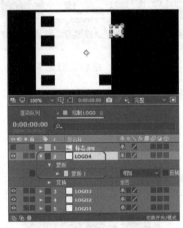

图 15-12　绘制小方块

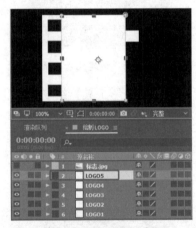

图 15-13　绘制矩形蒙版

|||▶提 示

　　上一步绘制的矩形，是为了使制作出的动画有很好的效果，细心的读者会发现素材 LOGO 中没有独立的矩形。

(13) 下面对各个单独的 LOGO 建立合成，在【项目】面板中，按 Ctrl+N 组合键，弹出【合成设置】对话框，将【合成名称】设为"LOGO1"，将【预设】设为【PAL D1/DV 宽银幕方形像素】，【帧速率】设为 25 帧 / 秒，【持续时间】设为 0:00:16:00，【背景颜色】设为黑色，如图 15-14 所示。

(14) 在【绘制LOGO】合成中选择LOGO1图层，将其复制到LOGO1合成中，在【合成】面板中单击【选择网格和参考线选项】按钮，在弹出的下拉菜单中选择【对称网格】命令，如图 15-15 所示。

图 15-14　新建合成

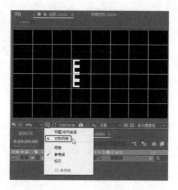

图 15-15　开启对称网格

(15) 在工具选项栏中选择【选取工具】，将图形移动到中心位置，然后再选择【向后平移(锚点)工具】，将图形的锚点放置在图形的中心位置，如图 15-16 所示。

(16) 使用同样的方法制作其他 LOGO 的合成，如图 15-17 所示。

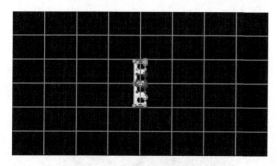

图 15-16　调整位置和锚点

图 15-17　新建合成

(17) 在【项目】面板中，按 Ctrl+N 组合键，弹出【合成设置】对话框，在【合成名称】处输入"LOGO动画"，将【预设】设为【PAL D1/DV 宽银幕方形像素】，【帧速率】设为 25 帧 / 秒，【持续时间】设为 0:00:16:00，【背景颜色】设为黑色，如图 15-18 所示。

(18) 在【项目】面板中选择 LOGO2 合成，将其添加到时间轴上，开启【3D 图层】，展开【变换】选项组，将【位置】设为 525，242，0，如图 15-19 所示。

图 15-18　新建合成

图 15-19　设置位置

(19) 将当前时间设为 0:00:10:00，选择 LOGO2 图层，按 Alt+[键将时间线前面的部分删除，如图 15-20 所示。

图 15-20　删除多余的部分

▓▶技巧

在制作动画的过程中，有时有的部分不需要显示，我们可以将该位置前或后的修剪掉，修剪的部分在预览的过程中不会显示，快捷键为 Alt+[和 Alt+]，当需要当前时间前的部分时，可以按 Alt+[，反之则按 Alt+]。

(20) 在【项目】面板中选择 LOGO5 合成，将其添加到时间轴的最上端，并开启【3D 图层】，将当前时间设为 0:00:00:00，单击【位置】和【Z 轴旋转】前面的添加关键帧按钮 ，添加关键帧，并将【位置】设为 525，288，-1320，将【Z 轴旋转】设为 0x-68°，如图 15-21 所示。

(21) 将当期时间设为 0:00:05:00，将【位置】设为 525，288，-600，将【Z 轴旋转】设为 0x-82°，如图 15-22 所示。

图 15-21　添加关键帧

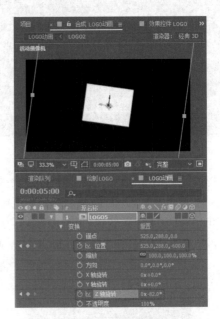

图 15-22　添加关键帧

(22) 将当前时间设为 0:00:10:00，将【位置】设为 525，242，0，将【Z 轴旋转】设为 0x0°，如图 15-23 所示。

(23) 将当前时间设为 0:00:02:00，分别单击【X 轴旋转】和【Y 轴旋转】前面的添加关键帧按钮 ，并将其【X 轴旋转】设为 0x+176°，【Y 轴旋转】设为 0x-15°，如图 15-24 所示。

(24) 将当前时间设为 0:00:05:00，将【X 轴旋转】设为 0x+30°，如图 15-25 所示。

(25) 将当前时间设为 0:00:10:00，将【X 轴旋转】和【Y 轴旋转】设为 0x+0°，如图 15-26 所示。

图 15-23 添加关键帧

图 15-24 设置关键帧

图 15-25 添加关键帧

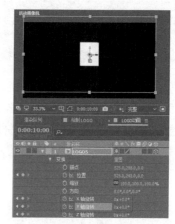

图 15-26 添加关键帧

(26) 将当前时间设为 0:00:09:20，单击【不透明度】前面的添加关键帧按钮，添加关键帧，在 0:00:10:10 位置，将【不透明度】设为 0%，如图 15-27 所示。

(27) 将当前时间设为 0:00:10:10，然后按 Alt+] 组合键将后面的部分删除，如图 15-28 所示。

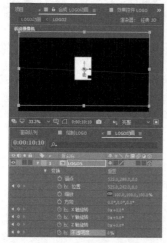

图 15-27 添加关键帧

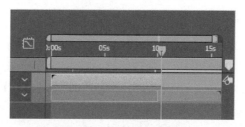

图 15-28 删除多余的部分

(28) 在【项目】面板中选择 LOGO1 合成，添加到时间轴的最上端，开启【3D 图层】，将当前时间设为 0:00:04:00，将其开始与时间线对齐，如图 15-29 所示。

(29) 将当期时间设为 0:00:04:00，单击【位置】和【X 轴旋转】前面添加关键帧按钮🕐，添加关键帧，将【位置】设为 423，288，-1245，将【X 轴旋转】设为 0x+135°，如图 15-30 所示。

图 15-29　添加合成到时间轴　　　　　　　　　　图 15-30　添加关键帧

(30) 将当前时间设为 0:00:05:00，将【位置】设为 423，288，-880，将【X 轴旋转】设为 0x+110°，单击【Z 轴旋转】前面的添加关键帧按钮🕐，并将其设为 0x-22°，如图 15-31 所示。

(31) 将当前时间设为 0:00:10:00，将【位置】设为 438，242，0，将【X 轴旋转】和【Z 轴旋转】都设为 0x+0°，如图 15-32 所示。

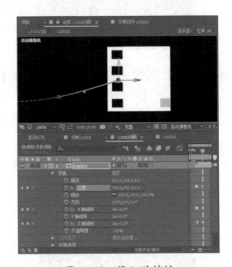

图 15-31　添加关键帧　　　　　　　　　　图 15-32　添加关键帧

(32) 在【项目】面板中选择 LOGO4 合成，添加到时间线的最上侧，开启【3D 图层】，将当前时间设为 0:00:03:00，选择该图层，按 Alt+[组合键，将前面的部分删除，如图 15-33 所示。

(33) 将当前时间设为 0:00:03:00，将【位置】设为 542，288，-1517，将【X 轴旋转】设为 0x+110°，将【Y 轴旋转】设为 0x+25°，将【Z 轴旋转】设为 0x+200°，并单击前面的添加关键帧按钮🕐，如图 15-34 所示。

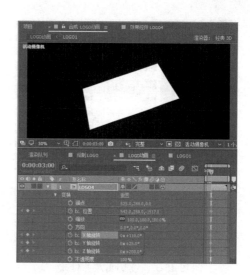

图 15-33 修剪图层

图 15-34 设置关键帧

(34) 将当前时间设为 0:00:05:00，将【位置】设为 569，288，-1246，将【X 轴旋转】设为 0x+149°，将【Y 轴旋转】设为 0x+41°，将【Z 轴旋转】设为 0x+121°，如图 15-35 所示。

(35) 将当前时间设为 0:00:10:00，将【位置】设为 607，309，0，将【X 轴旋转】【Y 轴旋转】【Z 轴旋转】设为 0x+0°，如图 15-36 所示。

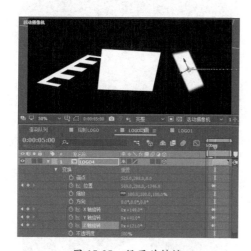

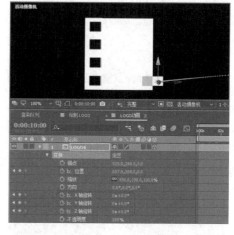

图 15-35 设置关键帧

图 15-36 添加关键帧

(36) 将 LOGO4 图层复制出 4 个，并在 0:00:10:00 处对关键帧的位置进行设置，组合标志，如图 15-37 所示。

(37) 在【项目】面板中选择 LOGO1 合成，将其添加到时间轴的最上端，开启【3D 图层】，将当前时间设为 0:00:05:00，按 Alt+[组合键将其前面的内容删除，然后将当前时间设为 0:00:08:06，按 Alt+] 组合键将后面的内容删除，如图 15-38 所示。

(38) 将当前时间设为 0:00:05:00，将【位置】设为 684，368，-1457，将【缩放】设为 300%，并单击前面的添加关键帧按钮 ，如图 15-39 所示。

(39) 将当前时间设为 0:00:08:06，将【位置】设为 638，362，0，将【缩放】设为 100%，如图 15-40 所示。

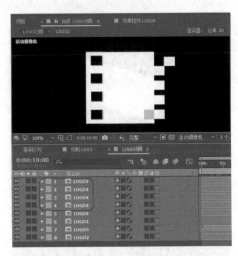

图 15-37　复制图层并修改

图 15-38　对图层进行修改

图 15-39　设置关键帧

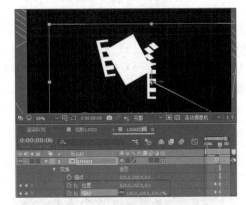

图 15-40　添加关键帧

(40) 将当前时间设为 0:00:06:17，单击【不透明度】前面的添加关键帧按钮，然后将当前时间设为 0:00:07:18，将【不透明度】设为 0%，如图 15-41 所示。

(41) 将【X 轴旋转】设为 0x+95°，【Y 轴旋转】设为 0x-29°，如图 15-42 所示。

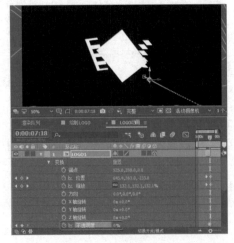

图 15-41　设置关键帧

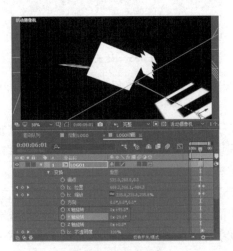

图 15-42　设为旋转

(42) 在【项目】面板中选择 LOGO1 合成，添加到时间轴中，将当前时间设为 0:00:05:13，按 Alt+[组合键将其前面的内容删除，将当前时间设为 0:00:08:19，按 Alt+] 组合键将后面的内容删除，开启【3D 图层】，如图 15-43 所示。

(43) 将当前时间设为 0:00:05:13，将【位置】设为 422，368，-1457，将【缩放】设为 300%，并单击前面的添加关键帧按钮，如图 15-44 所示。

图 15-43　修剪图层

图 15-44　设置关键帧

(44) 将当前时间设为 0:00:08:19，将【位置】设为 440，347，0，将【缩放】设为 100%，如图 15-45 所示。

(45) 将当前时间 0:00:06:23，单击【不透明度】前面的添加关键帧按钮，然后将当前时间设为 0:00:07:18，将【不透明度】设为 0%，如图 15-46 所示。

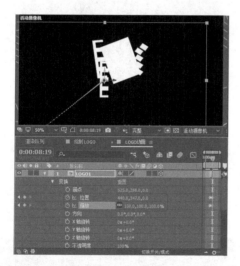

图 15-45　设置关键帧

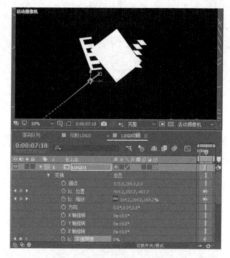

图 15-46　添加关键帧

(46) 继续进行设置，将【X 轴旋转】设为 0x+98°，【Y 轴旋转】设为 0x+34°，如图 15-47 所示。

(47) 在【项目】面板中，按 Ctrl+N 组合键，弹出【合成设置】对话框，将【合成名称】设为"盛唐影业"，将【预设】设为【PAL D1/DV 宽银幕方形像素】，【帧速率】设为 25 帧 / 秒，【持续时间】设为 0:00:16:00，【背景颜色】设为黑色，如图 15-48 所示。

图 15-47　设置旋转　　　　　　　　　图 15-48　新建合成

(48) 在工具选项栏中选择【横排文字】工具，输入"盛唐影业"，在【字符】面板中将【字体】设为【长城新艺体】，将【字体大小】设为 70 像素，将【填充颜色】设为白色，将【字符间距】设为 500，如图 15-49 所示。

(49) 在时间轴中开启【3D 图层】，展开【变换】选项组，将【位置】设为 530，398，0，如图 15-50 所示。

图 15-49　输入文字　　　　　　　　　图 15-50　设置位置

(50) 在【效果和预设】面板中搜索【梯度渐变】效果，将其添加到文字上，将【渐变起点】设为 524，494，将【渐变终点】设为 524，402，如图 15-51 所示。

(51) 在【效果和预设】面板中搜索【斜面 Alpha】，并将其添加到文字上，将【边缘厚度】设为 2，将【灯光角度】设为 0x-60°，如图 15-52 所示。

图 15-51　设置特效　　　　　　　　　图 15-52　设置特效参数

(52) 将当前时间设为 0:00:08:12，按 Alt+[组合键将时间前面的部分删除，如图 15-53 所示。

图 15-53 进行修剪

(53) 在【项目】面板中，按 Ctrl+N 组合键，弹出【合成设置】对话框，将【合成名称】设为"LOGO 动画最终"，将【预设】设为【PAL D1/DV 宽银幕方向像素】，【帧速率】设为 25 帧 / 秒，【持续时间】设为 0:00:16:00，【背景颜色】设为黑色，如图 15-54 所示。

(54) 按 Ctrl+Y 组合键，弹出【纯色设置】对话框，将【名称】设为"背景"，将【颜色】设为【黑色】，如图 15-55 所示。

图 15-54 新建合成

图 15-55 新建【纯色】图层

知识链接

【污点修复画笔工具】：用户可以创建任何纯色和任何大小（最大 30000 像素 x30000 像素）的图层。纯色图层以纯色素材项目作为其源。纯色图层和纯色素材项目通常都称作纯色。纯色与任何其他素材项目一样工作：用户可以添加蒙版、修改变换属性，以及向使用纯色作为其源素材项目的图层应用效果。使用纯色为背景着色，作为复合效果的控制图层的基础，或者创建简单的图形图像。纯色素材项目自动存储在【项目】面板中的【固态层】文件夹中。

(55) 在【效果和预设】面板中搜索【镜头光晕】特效，将其添加到【背景】图层上，在【效果控件】面板中将【光晕中心】设为 512，240，将【光晕亮度】设为 120%，【镜头类型】设为【105 毫米定焦】，将【与原始图像混合】设为 42%，如图 15-56 所示。

(56)【效果和预设】面板中搜索【色相 / 饱和度】特效，将其添加到【背景】图层上，在【效果和控件】面板中勾选【彩色化】复选框，将【着色色相】设为 0x+206°，【着色饱和度】设为 48，【着色亮度】设为 0，如图 15-57 所示。

(57) 在【效果和预设】面板中搜索【发光】特效，将其添加到【背景】图层上，在【效果控件】面板中将【发光半径】设为 147，将【发光强度】设为 2.3，如图 15-58 所示。

(58) 在【项目】面板中选择【LOGO 动画】合成，添加到时间轴的最上侧，在【效果和预设】面板中搜索 CC Light Burst2.5 并将其添加到【LOGO 动画】图层上，将当前时间设为 0:00:04:23，将 Ray Length 设为 220，并单击前面的添加关键帧按钮 设置关键帧，如图 15-59 所示。

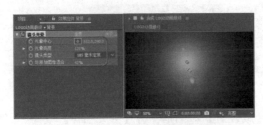

图 15-56　设置特效参数

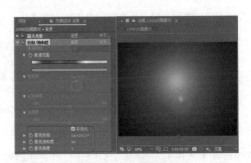

图 15-57　设置特效参数

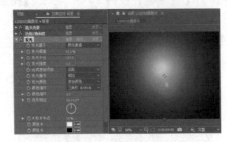

图 15-58　设置特效参数

图 15-59　设置关键帧

(59) 将当前时间设为 0:00:10:04，将 Ray Length 设为 180，在 0:00:11:00 处将 Ray Length 设为 0，如图 15-60 所示。

(60) 在【效果和预设】面板中搜索【色调】特效，将其添加到【LOGO 动画】图层上，在【效果控件】中将【将白色映射到】后面的色块的 RGB 值设为 0，203，254，如图 15-61 所示。

图 15-60　设置关键帧

图 15-61　设置特效的颜色值

(61) 在时间轴中选择【LOGO 动画】图层，按 Ctrl+D 组合键对其进行复制，将其名称设为 "LOGO 动画 1"，如图 15-62 所示。

(62) 切换到【效果和控件】面板中，将 CC Light Butst 2.5 特效删除，并将【色调】图层下的【将白色映射到】设为黑色，如图 15-63 所示。

图 15-62　复制图层

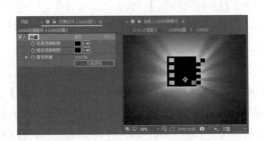

图 15-63　修改效果参数

(63) 在【项目】面板中选择LOGO3合成，将其添加到时间轴的最上侧，展开其【变换】选项组，将【位置】设为520，239，将当前时间设为 0:00:10:04，将【不透明度】设为 0%，并单击前面的添加关键帧按钮 ⏱，添加关键帧，如图 15-64 所示。

(64) 将当前时间设为 0:00:11:00，将【不透明度】设为 100%，如图 15-65 所示。

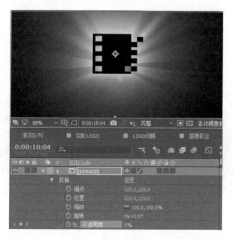

图 15-64　设置【位置】和【不透明度】

图 15-65　添加关键帧

(65) 在【效果和预设】面板中选择【梯度渐变】，将其添加到 LOGO3 图层上，将【渐变起点】设为 525，432，将【渐变终点】设为 525，258，如图 15-66 所示。

(66) 对【LOGO3】图层添加【斜面 Alpha】特效，在【效果控件】面板中将【边缘厚度】设为 3，将【灯光角度】设为 0x-60°，将【灯光强度】设为 0.4，如图 15-67 所示。

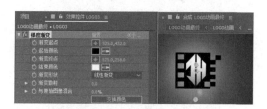

图 15-66　设置渐变参数

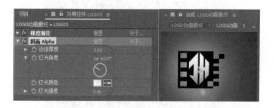

图 15-67 设置特效参数

(67) 在【项目】面板中选择【盛唐影业】合成，将其添加到时间轴的最上侧，开启【3D 图层】，将当前时间设为 0:00:00:00，将【位置】设为 525，392，-952，并单击前面的添加关键帧按钮，添加关键帧，如图 15-68 所示。

(68) 将当前时间设为 0:00:10:04，将【位置】设为 525，408，-952，如图 15-69 所示。

图 15-68　添加【位置】关键帧

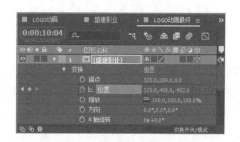

图 15-69　添加关键帧

(69) 将当前时间设为 0:00:12:11，将【位置】设为 527，289，0，如图 15-70 所示。

(70) 在工具选项栏中选择【横排文字工具】，输入"SHENG TANG PLCTARES"，在【字符】面板中将【字体】设为 Aparajita，将【字体大小】设为 58 像素，将【填充颜色】设为白色，将【垂直缩放】设为 60%，如图 15-71 所示。

图 15-70　添加关键帧

图 15-71　输入文字

(71) 在时间轴中展开上一步创建的文字的【变换】选项组，将【锚点】设为 -30，-9，将【位置】设为 520，450，如图 15-72 所示。

(72) 将当前时间设为 0:00:12:13，将【缩放】设为 0%，并设置关键帧，将时间设为 0:00:14:02，将【缩放】设为 100%，如图 15-73 所示。

图 15-72　设置【锚点】和【位置】

图 15-73　添加关键帧

(73) 在【效果和预设】面板中搜索【梯度渐变】特效，将其添加到文字图层上，在【效果控件】面板中将【渐变起点】设为 525，501，将【渐变终点】设为 525，438，如图 15-74 所示。

(74) 选择【斜面 Alpha】特效，对文字进行添加，将【边缘厚度】设为 1，将【灯光角度】设为 0x-60°，将【灯光强度】设为 0.4，如图 15-75 所示。

(75) 在【项目】面板中选择【Logo 配乐 .wav】音频素材，添加到时间轴最上侧，如图 15-76 所示。

图 15-74 设置特效参数

图 15-75 设置特效参数

图 15-76 添加音频素材

 提示

音频素材添加完成后，我们可以按小键盘上的表示小数点的键进行试听。

案例精讲 130 输出 LOGO 动画

动画制作完成后，要对动画进行输出，下面具体讲解如何输出，
输出后的效果如图 15-77 所示。

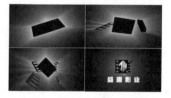

图 15-77 渲染完成后的动画

案例文件：CDROM\ 场景 \Cha15\ 电影片头动画 .aep
视频教学：视频教学 \Cha15\ 电影 LOGO 动画 .mp4

(1) 激活【LOGO 动画最终】合成，在菜单栏执行【文件】→【导出】→【添加到渲染队列】命令，
如图 15-78 所示。

(2) 激活【渲染队列】面板，单击【输出模块】后面的【无损】按钮，弹出【输出模块设置】对话框，
将【格式】设为 AVI，其他保持默认值，单击【确定】按钮，如图 15-79 所示。

图 15-78 输出文件

图 15-79 设置输出格式

(3) 然后单击【输出到】后面的按钮，弹出【将影片输出到】对话框，选择合适的位置，保持默认值，单击【确定】按钮，如图 15-80 所示。

(4) 返回到场景中，单击【渲染】按钮，对场景进行渲染输出，如图 15-81 所示。

图 15-80　选择保持的位置

图 15-81　单击【渲染】按钮